W0253710

MikroComputer-Praxis

Die Teubner Buch- und Diskettenreihe für Schule, Ausbildung, Beruf, Freizeit, Hobby

Danckwerts/Vogel/Bovermann: **Elementare Methoden der Kombinatorik**
Abzählen – Aufzählen – Optimieren – mit Programmbeispielen in ELAN
In Vorbereitung

Duenbostl/Oudin: **BASIC-Physikprogramme**
152 Seiten. DM 23,80

Duenbostl/Oudin/Baschy: **BASIC-Physikprogramme 2**
176 Seiten. DM 24,80

Erbs: **33 Spiele mit PASCAL**
... und wie man sie (auch in BASIC) programmiert
326 Seiten. DM 32,–

Erbs/Stolz: **Einführung in die Programmierung mit PASCAL**
2. Aufl. 240 Seiten. DM 24,80

Grabowski: **Computer-Grafik mit dem Mikrocomputer**
215 Seiten. DM 24,80

Haase/Stucky/Wegner: **Datenverarbeitung heute**
mit Einführung in BASIC
2. Aufl. 284 Seiten. DM 23,80

Hainer: **Numerik mit BASIC-Tischrechnern**
251 Seiten. DM 26,80

Hoppe/Löthe: **Problemlösen und Programmieren mit LOGO**
Ausgewählte Beispiele aus Mathematik und Informatik
168 Seiten. DM 21,80

Klingen/Liedtke: **ELAN in 100 Beispielen**
In Vorbereitung

Klingen/Liedtke: **Programmieren mit ELAN**
207 Seiten. DM 23,80

Koschwitz/Wedekind: **BASIC-Biologieprogramme**
In Vorbereitung

Lehmann: **Lineare Algebra mit dem Computer**
285 Seiten. DM 23,80

Lehmann: **Projektarbeit im Informatikunterricht**
Entwicklung von Softwarepaketen und Realisierung in PASCAL
236 Seiten. DM 24,80

Löthe/Quehl: **Systematisches Arbeiten mit BASIC**
2. Aufl. 188 Seiten. DM 21,80

Lorbeer/Werner: **Wie funktionieren Roboter**
In Vorbereitung

Menzel: **Dateiverarbeitung mit BASIC**
237 Seiten. DM 28,80

Fortsetzung auf der 3. Umschlagseite

Korrekturen zu K.MENZEL: LOGO in 100 Beispielen

Seite/Zeile	Korrektur
18 16 v.o.:	... S = 101*100/2 = 5050
28 4 v.u.:	... und .LEGE 36 ...
35 2 v.u.:	RG :ZAEHLER
36 9 v.o.:	... -3N4 (= -0.0003)
38 13 v.u.:	... Durch die **endständige Rekursion** ...
42 7 v.u.:	... (liefert WORT ALLO ab)
44 7 bzw. 8 v.u.:	... [11 12] bzw. ... [31 32]
56 6 v.u.:	... RUNDEN 1.23456 4 ...
58 13 v.o.:	... TEILER :N :T
78 10 v.o.:	... D = B^2 - 4*A*C < 0 ...
82 2 v.u.:	... **auf** Beispiel 26 ...
88 3 v.u.:	AUFXY :X :Y IGEL in Pos. :X :Y bringen.
102 1 v.u.:	... weiterer **Stern** ausgegeben werden.
108 9 v.o.:	... Prozedur UMKEHR :K :W :L ...
108 10 v.u.:	... Aus der LISTE :K **wird** mit den ....
124 13 v.o.:	... eine Zahl von **11** bis 25 ...
128 21 v.o.:	... als LISTE **:ZAHLEN** zurückge- ...
128 26 v.o.:	KEINE FAKTOREN! zurück.
132 12 v.o.:	... Die Prozedur ANFANG :I gibt ...
168 13 v.o.:	... Rückgabe und Ausgabe ....
184 5 und 9 v.o.:	< **LABYRINTH** statt FELD >
190/192 unten	< Das Testbeispiel gehört zur **Seite 190** >
219 3 v.o.:	PR ECHT? :N < **ohne** :LISTE >
219 14 v.o.:	(siehe unten)

```
PR UNECHT :N
 SETZE "LISTE []
 100: WENN :N = 0 RUECKGABE :LISTE
 SETZE "LISTE SATZ :N :LISTE
 SETZE "N :N - 1  GEHE "100
ENDE
```

MikroComputer-Praxis

Herausgegeben von
Dr. L. H. Klingen, Bonn, Prof. Dr. K. Menzel, Schwäbisch Gmünd
Prof. Dr. W. Stucky, Karlsruhe

LOGO
in 100 Beispielen

Von Prof. Dr. Klaus Menzel, Schwäbisch Gmünd

Mit 99 Aufgaben, 100 LOGO-Programmen mit Testbeispielen und zahlreichen Illustrationen

B. G. Teubner Stuttgart 1985

CIP-Kurztitelaufnahme der Deutschen Bibliothek

Menzel, Klaus:
LOGO in 100 Beispielen / von Klaus Menzel. –
Stuttgart : Teubner, 1985.
(Mikrocomputer-Praxis)

ISBN 978-3-519-02526-9 ISBN 978-3-322-96682-7 (eBook)

DOI 10.1007/978-3-322-96682-7

Gesamtherstellung: Beltz Offsetdruck, Hemsbach/Bergstraße
Umschlaggestaltung: W. Koch, Sindelfingen

Vorwort

Warum 100 Beispiele auch in LOGO?

Mit den Programmiersprachen ist es wie mit den Automarken. Fast jeder schwört auf die eigene. Es kann aber sicher nicht schaden, die andere Programmiersprache/Automarke auch mal zu erproben. Man kann dabei angenehme Überraschungen erleben. Diese Beispiel-Sammlung in LOGO hat deshalb zwei Ziele. Erstens kann der Einsteiger LOGO in seinen Grundzügen erlernen. Zweitens kann er viele LOGO-Beispiele kennenlernen und damit einen beispielhaften Vergleich zwischen BASIC und LOGO ziehen. Alle 100 Beispiele sind in dem Teubner-Band BASIC in 100 Beispielen bereits in der 4.Auflage zugänglich.

BASIC hat trotz seiner grundsätzlichen Schwächen gewissermaßen als populäre Sprache der HEIM/PERSONAL-Computer eine enorme Verbreitung gefunden. Die fachliche Kritik an BASIC ging solange ins Leere, wie auf den 'kleinen' Computern keine akzeptablen Alternativen zur Verfügung standen. PASCAL hat sich dabei trotz seiner Vorteile als compilierende und damit leider dialogunfreundliche Sprache nicht durchsetzen können. LOGO hat als dialogfreundliche Sprache da aber vielleicht mehr Chancen. Mit dieser Beispiel-Sammlung hat der Benutzer eines HEIM/PERSONAL-Computers selbst eine Möglichkeit, die Eigenschaften von LOGO und BASIC miteinander zu vergleichen und sich ein eigenes Urteil zu bilden.

Im ersten Kapitel werden die Haupteigenschaften von LOGO kurz beschrieben und die Unterschiede zu BASIC genannt.

Im zweiten Kapitel wird der grundsätzliche Aufbau von in LOGO geschriebenen Programmen erläutert. Außerdem werden Hinweise zur DATEN-Struktur bei LOGO und zu Standard-Prozeduren gemacht. Der Beschreibung wird eine deutsche LOGO-Version zugrundegelegt, die auf der APPLE- und COMMODORE-Familie verfügbar ist.

Das dritte Kapitel beschäftigt sich mit den LOGO-Grundworten. Es wird eine beispielorientierte Erklärung gegeben, die jedoch ein LOGO-Handbuch nicht ersetzen kann.

Das vierte Kapitel beschäftigt sich mit der DATEN-Behandlung in LOGO. Die Verwendung der DATEN-Typen ZAHL WORT SATZ und LISTE wird in Beispielen beschrieben.

Das fünfte Kapitel gibt 100 LOGO-Beispiele in einheitlicher Form an. Das jeweilige Problem wird angegeben, das verwendete Verfahren beschrieben und häufig Hinweise auf Besonderheiten gegeben. Kernstück ist ein vollständiges LOGO-Programm mit je einem Test-Beispiel.
Im letzten Kapitel wird ein Vergleich der praktischen Eigenschaften von LOGO mit denen von BASIC angestellt.
Die Arbeit mit LOGO verlangt vom Anfänger Geduld und etwas Stehvermögen. Wenn sich jedoch der Benutzer durch die ersten Schwierigkeiten durchgekämpft hat, wird er reichlich belohnt.
Die Struktur von LOGO führt nicht nur häufig zu überraschend kurzen und prägnanten Lösungen, sondern erlaubt vor allem ein schlagkräftiges Zusammenwirken der formulierten Prozeduren.
Gegenüber BASIC muß sich der Benutzer allerdings auf eine anspruchsvollere Denk- und Arbeitsweise einstellen. Auch in den Fällen, wo man aus praktischen Gründen weiter mit BASIC arbeitet, wird man von der LOGO-Denkweise profitieren.
Der LOGO-Kenner wird bemängeln, daß manche Beispiele die Stärken von LOGO nicht ausspielen. Das ist aber bewußt geschehen. Es sollte immer um das konkrete Anwendungsproblem und nicht um die eleganteste LOGO-Formulierung gehen. Jeder ist ja frei, die angegebenen LOGO-Lösungen nach Kräften zu verbessern.
Auch in dieser Beispiel-Sammlung mußte auf eine ausführliche Diskussion der fachlichen Hintergründe der einzelnen Beispiele aus Platzgründen verzichtet werden. Dazu muß sich der Leser der jeweiligen Fachliteratur bedienen.
Für die APPLE-Familie wird getrennt eine Disketten-Version mit allen 100 Beispielen angeboten, die auf DOS 3.3 lauffähig ist.
Für die COMMODORE-Familie wird eine Disketten-Version angeboten, die auf den Laufwerken VC 1541, CBM 2031 und CBM 4040 verwendbar ist. Die Disketten sind im Buch- und Fachhandel erhältlich.
Für Hinweise auf Denk-, Sach-, Programmier- und Druckfehler ist der Autor jedem Leser dankbar.
Meinen Töchtern Regine, Annegret und Evamarie danke ich für ihre auflockernden 'IGEL-Grafiken' und weitere Hilfen.
Dem TEUBNER-Verlag gebührt Dank für die gute Zusammenarbeit.

Schwäbisch Gmünd, im Dezember 1984 Klaus Menzel

INHALTSVERZEICHNIS

LOGO - Verzeichnis

GRUNDWORT	SEITE	BEISPIEL Nr
RUNDE :X	26	4 34 60f 64 66ff 87 89f 92ff 96f
SATZ	43	5f 9 17 19 22 25f 31 33f 38 40ff 50ff 65 77ff 84ff
SETZE	21,31	1ff
SIN :X	26	64 93
SONST	22,33	2 7ff 20ff 26f 30f 35ff 42 44ff 70 76ff 91 94 98
TASTE	20,29	36f 47f 50ff 57ff 62 65 86
TUE	38,218	1/3 7f 11f 16 29 76ff
WENN	22,33	1f 4ff 73f 76ff 98 99
WENNFALSCH	34	8 16 18 25 27 38 43 47ff 57 60 63 78ff 94 98
WIEDERHOLE	25	49 50 97
WORT	42	9 14 19f 37 40 44f 48f 52f 57f 62ff 88 91 99
WORT?	35	78f
ZAHL?	35	21 23f 27 30 37 48 50 53 59f 65 82 84 88
ZEICHEN	36	53
ZUFALLSZAHL	26	32ff 41ff 47ff 60 62 84ff 91 94
-		
IGELGRAFIK	24,37	61 90 97

GRUNDWORTE und ihre KURZSCHRIFT

DRUCKE	DR	DRUCKEZEILE	DZ	EINGABE	EG
ERSTES	ER	LETZTES	LZ	LIESLISTE	LL
LIESTASTE	LT	MITERSTEM	ME	MITLETZTEM	ML
OHNEERSTES	OE	OHNELETZTES	OL	RUECKGABE	RG
RUECKKEHR	RK	WENNFALSCH	WF	WENNWAHR	WW
WIEDERHOLE	WH	ZEIGE	ZG	ZUFALLSZAHL	ZZ

ACHTUNG!

Leider gibt es unterschiedliche deutsche LOGO-Versionen!!
Bei der Verwendung der in diesem Band angegebenen Beispiele mit Ihrer deutschen LOGO-Version ist folgendes zu beachten:

In den Beispielen werden folgende GRUNDWORTE verwendet:

EINGABE
TASTE
NICHT

In anderen deutschen LOGO-Versionen werden verwendet:

LIESLISTE	statt	EINGABE
LIESTASTE	statt	TASTE
NICHT?	statt	NICHT

Wenn Sie die Beispiele eingeben, müssen Sie natürlich die GRUNDWORTE Ihrer Version verwenden. Für die Verwendung der im Buch angebenen LOGO-Prozeduren müssen Sie ggf. die Grundworte abändern. Sie können aber auch folgende Hilfs-Prozeduren zur Umsetzung verwenden:

```
PR EINGABE            PR TASTE
 RG LIESLISTE          RG LIESTASTE
ENDE                  ENDE
```

Eine Umsetzung von NICHT mit einer Prozedur NICHT :X dagegen empfiehlt sich nicht, weil die Bedingung :X im ursprünglichen Programm eingeklammert werden müßte.

In der C 64-Diskettenversion sind die Änderungen durchgeführt. Die APPLE-Diskettenversion enthält beide LOGO-Versionen.

Für die Korrektheit der angegebenen LOGO-Prozeduren wird von B.G.TEUBNER keinerlei Garantie oder Haftung übernommen. Änderungen bleiben vorbehalten.

1 Einleitung

Was ist LOGO?

Wenn BASIC *der Volkswagen unter den Programmiersprachen ist, so ist* LOGO *eher vom Typ Jaguar. Mit beiden Sprachen/Wagen erreicht man sein Ziel, einmal etwas mühsamer und einmal mit mehr Komfort. Allerdings soll schon manchmal ein Volkswagen an einem liegengebliebenen Jaguar vorbeigezogen sein.*
LOGO *ist -wie alle problemorientierten Sprachen- ein sehr universelles Werkzeug zur Lösung jedes algorithmischen Problems mit einem Computer, wenn man vom Zeit- und Speicherbedarf absieht.* LOGO *ist auch keine ganz neue Konzeption, es wurde bereits 1967 am* Massachusetts Institute for Technology(MIT) *nach einem Entwurf von* Seymor Papert *entwickelt.* LOGO *steht als sehr leistungsfähige Sprache nun für 'kleine' Computer in 'deutschen' Versionen zur Verfügung.* LOGO *bietet dem Benutzer eines* HEIM-/PERSONAL-Computers *-auch im Schulbereich- viele Möglichkeiten.*

A. LOGO ist eine lernende Sprache
   LOGO besitzt einen festen Grundbestand an VOKABELN, die selbsttätig ausgeführt werden(Grundworte). Der Benutzer kann sich jedoch neue VOKABELN schaffen, die von LOGO gelernt werden und danach wie die Grundwörter ausgeführt werden können. In den neuen VOKABELN dürfen dabei nicht nur die ursprünglichen Grundworte, sondern auch die eigenen VOKABELN des Benutzers zur Formulierung verwendet werden. Je nach den Ansprüchen des Benutzers kann der Sprachumfang von LOGO also durch LERNEN erweitert werden.

B. LOGO ist eine modulare Sprache
   LOGO-Programme werden stets als Prozeduren formuliert. Jede Prozedur ist eine unabhängiger MODUL(Baustein), der von außen mit DATEN versorgt wird. Damit ist es möglich, Prozeduren in anderen Prozeduren ohne Konflikte der dabei verwendeten Namen zu verwenden. Mit diesem Baukastenprinzip läßt sich eine hohe Verflechtung von Prozeduren ohne jeden Datenkonflikt erreichen. Demgegenüber ist BASIC im krassen Nachteil. Dort muß man zur DATEN-Übertragung nicht nur die gleichen Namen für VARIABLE verwenden, sondern auch exakt die verwendeten Zeilennummern aufeinander abstimmen.

C. LOGO ist eine <u>rekursive</u> Sprache

Zur Struktur von LOGO gehört, daß sich eine Prozedur selbst (mehrfach) aufrufen darf. Damit ist es möglich, das Instrument der mathematischen Rekursion konsequent einzusetzen. Man kann sich also von der Nachahmung der computerinternen Ablaufvorstellung lösen und an deren Stelle das problembezogene Denken setzen. Ihre praktische Grenze findet diese Struktur jedoch in der 'Schachtelungstiefe', die vom verfügbaren Speicherplatz abhängt. Man kann jedoch i.a. mit 'endständigen' Rekursionen 'Schleifenlösungen' vermeiden.

D. LOGO ist eine <u>dialogorientierte</u> Sprache

Jede LOGO-Prozedur wird unabhängig von anderen Prozeduren vom LOGO-Editor verarbeitet und kann unter ihrem Namen mit entsprechenden DATEN unabhängig ausgeführt werden. Es ist also bei der Herstellung einer Prozedur nicht notwendig, die in der Prozedur verwendeten Prozeduren zu definieren. Der Benutzer kann daher im Dialog ohne Bindung an eine Reihenfolge seine Prozeduren aufbauen. Eine Gesamtcompilation (Übersetzung) des Programmes wie bei PASCAL entfällt. Es ist deshalb sogar möglich, in LOGO Prozeduren während der Ausführungsphase im Dialog zu verändern.

E. LOGO ist eine <u>listenorientierte</u> Sprache

LOGO unterscheidet selbständig zwischen ZAHLEN, WORTEN, SÄTZEN und LISTEN. Zwischen allen DATEN-Typen sind einfache Umwandlungen möglich. Anders als bei Sprachen mit festem DATEN-Typ wie PASCAL oder ELAN muß also der DATEN-Typ einer Variablen nicht von vornherein festgelegt werden.
Oberster DATEN-Typ bei LOGO ist die LISTE. Jede LISTE kann selbst wieder LISTEN enthalten. Niedrigster DATEN-Typ ist eine ZAHL oder ein WORT(=Zeichenkette ohne Leerstellen). ZAHLEN und WORTE können zu SÄTZEN(Zeichenketten mit einer Leerstelle zur Trennung) verbunden werden. Eine LISTE kann jeden anderen DATEN-Typ auch in gemischter Form enthalten.

F. LOGO ist eine <u>grafikfähige</u> Sprache

LOGO besitzt die sogenannte IGEL-Grafik(engl. Turtle graphics). Damit lassen sich 'Zeichnungen' vielfältiger Art in einer hochauflösenden Grafik auf dem Bildschirm erzeugen.

Die Grundelemente der IGEL-Grafik können auch in anderen Prozeduren verwendet werden. Die IGEL-Grafik kann nicht nur in der Grundschule, sondern auch in der Schulgeometrie sehr gute Dienste leisten. Da sich der Einsatz der IGEL-Grafik in wenigen Stunden erlernen läßt, wurde auf eine Beschreibung in diesem Band aus Platzgründen verzichtet. Sie wird jedoch in einigen Beispielen eingesetzt.

G. LOGO ist eine deutsche Sprache

Die hier verwendete LOGO-Version verwendet Grundwörter aus der deutschen Sprache. Das entspricht der Philosophie der LOGO-Väter, die dem LOGO-Benutzer aus didaktischen Gründen eine einheitliche Sprache bieten wollten. Der Benutzer kann also die deutschen LOGO-Grundworte mit den von ihm selbst entwickelten Sprachelementen(Prozeduren) in einer einheitlichen Sprachform einsetzen.

LOGO *ist mit den genannten Eigenschaften eine leistungsfähige, aber auch recht anspruchsvolle Sprache. Wenn man sich in die* LOGO-Philosophie *eingelebt hat, wird man den 'kleinen'* LOGO-Versionen *auch einige praktische Schwächen verzeihen. Mit dem anstehenden Übergang zu preiswerten* 128-K-Systemen *dürften auch noch einige Verbesserungen eintreten.*

LOGO *hat durchaus Chancen, zu einer schulgerechten Sprache zu avancieren. In* Kapitel 7 *wird dazu ein Vergleich zu* BASIC *gezogen. Dem Lehrer sei aber empfohlen, keine* Entweder-Oder-Haltung *einzunehmen, sondern nach den praktischen Erfahrungen zu entscheiden.* LOGO *läßt auch* BASIC-*ähnliche Formulierungen zu, wenn das irgendwie nötig werden sollte.*

Sowohl für den schulischen Anwender, wie auch für den Hobby-Programmierer kann die hier angebotene LOGO-Beispiele-Sammlung *gute Dienste leisten. Man hat einfach ohne großen Anlauf einen Grundstock an Programmen zu vielen Standardproblemen zur direkten Verfügung.*

Man kann die Beispiele zunächst nur nachvollziehen und mit wachsender Erfahrung auch sicher kritisch verbessern.

2 Aufbau eines LOGO-Programms

2.1 Die Grundstruktur

Jedes LOGO-Programm wird als PROZEDUR formuliert. Jeder PROZEDUR muß man einen NAMEN geben. Der NAME darf jedoch kein LOGO-Grundwort sein, keine Leerstellen oder Rechenzeichen (+ - * /) enthalten. Er darf aber mit einer ZIFFER beginnen. Die Herstellung einer PROZEDUR wird immer mit dem Kommando

PR *Name* bzw. LERNE *Name* bzw. EDIT *Name*

eröffnet. Hinter dem *Namen* können ein oder mehrere VARIABLE angegeben werden. Die PROZEDUR ist dann gewissermaßen eine Funktion der angegebenen Variablen. Als Beispiel wollen wir eine Prozedur SUMME schreiben, die uns die Summe der drei ZAHLEN A B C, also A + B + C liefert. Wir beginnen so:

```
PR SUMME :A :B :C
```

Der Doppelpunkt(:) wird uns in LOGO immer begleiten! Er ist das Kennzeichen für eine VARIABLE, ganz egal, ob es sich dabei um eine ZAHL, ein WORT, einen SATZ oder eine LISTE handelt.

Achtung! Der Doppelpunkt muß immer unmittelbar vor dem NAMEN stehen. Gehen Sie bei LOGO immer sorgfältig mit den Leerstellen um, da sie als Trennzeichen fungieren!

Jetzt kommen wir zu einem zentralen Punkt der LOGO-Struktur. Jede PROZEDUR soll eine bestimmte Wirkung erzielen(LOGO!). Es gibt zwei Möglichkeiten. Entweder führt die Prozedur etwas aus oder sie gibt ein ERGEBNIS an die rufende Prozedur zurück. Das ERGEBNIS muß ausdrücklich aus der Prozedur zurückgegeben werden. Dazu dient das LOGO-Grundwort

RUECKGABE (Abk. RG)

Die rufende Prozedur muß dann das ERGEBNIS verarbeiten. Wird absichtlich nichts zurückgegeben, so muß das Grundwort

RUECKKEHR (Abk. RK)

verwendet werden, wenn nicht mit dem abschließenden ENDE in der Prozedur aufgehört wird. Der häufigste Anfängerfehler ist die fehlende Rückgabe eines Ergebnisses an die rufende Prozedur. Prüfen Sie deshalb als LOGO-Anfänger immer genau, ob die Rückgabe eines Ergebnisses oder die Rückkehr(ohne Ergebnisübergabe) garantiert ist!

Betrachten wir dazu wieder die Prozedur SUMME :A :B :C, die mit der RÜCKGABE der Summe A + B + C lauten müßte

```
PR SUMME :A :B :C
RUECKGABE :A + :B + :C
ENDE
```

Jede Prozedur wird also mit dem GRUNDWORT ENDE abgeschlossen. Nachdem die Prozedur SUMME von LOGO gelernt wurde, können wir sie wie ein LOGO-Grundwort aufrufen. Der direkte Aufruf ist

SUMME 1 2 3 mit der Ausgabe ERGEBNIS: 6

auf dem Bildschirm. Geben wir aber die Anweisung

DRUCKEZEILE SUMME 1 2 3

ein, so erhalten wir als Ausgabe nur 6 auf dem Bildschirm. Beim direkten Aufruf des Namens SUMME 1 2 3 wird nur der von der Prozedur zurückgegebene WERT mit dem Vorwort ERGEBNIS: ausgegeben. Innerhalb einer PROZEDUR wirkt SUMME :A :B :C wie eine ZAHL.

Hier ist ein Vergleich mit BASIC angebracht. Während dort die Veränderung einer Variablen <u>überall</u> innerhalb des BASIC-Programms wirkt, beschränkt sich bei LOGO die Änderung der im PROZEDUR-Aufruf verwendeten Variablen nur auf die jeweilige PROZEDUR selbst. Jede PROZEDUR besitzt eine sogenannte <u>Privat-Bibliothek</u>, die nur die eigenen VARIABLEN verwaltet.

Der BASIC-Kenner würde das Beispiel SUMME :A :B :C eher so formulieren:

PR SUMME :A :B :C	oder	PR SUMME :A :B :C
DRUCKEZEILE :A+:B+:C		SETZE "A :A+:B+:C
ENDE		ENDE

Die 'linke' Prozedur gibt den Wert der Summe direkt aus, die andere setzt den Wert auf die Variable A <u>in</u> der Prozedur. Der Aufruf der 'rechten' Form liefert garnichts(dummy). Rufen wir die 'linke' Form auf, so wird das korrekte Ergebnis zwar ausgegeben, man kann diese Prozedur jedoch nicht als Funktion in einer PROZEDUR verwenden!

Es gilt als guter LOGO-Stil, Prozeduren funktional -wie in der ersten Fassung von SUMME :A :B :C - zu formulieren. Ein Ergebnis sollte also nicht in der Prozedur selbst, sondern erst in der rufenden Prozedur ausgegeben werden. Die Eingangsdaten sollten in der Regel über die Variablen im Prozedur-Aufruf und das Ergebnis an die rufende Prozedur zurückgeben werden(funktionales Prinzip).

Eine gelernte Prozedur kann man wie ein LOGO-Grundwort verwenden. Wir können also z.B. mit der Prozedur SUMME :A :B :C jetzt folgenden Direktaufruf durchführen

DZ (SUMME 1 2 3)*(SUMME 4 5 6)

und erhalten damit ERGEBNIS: 9Ø (für 6*15) als Ausgabe.

Achtung. Die beiden letzten Klammern könnten wir weglassen, nicht jedoch die beiden ersten Klammern! Der Aufruf DZ SUMME 1 2 3 * SUMME 3 4 5 ergibt ERGEBNIS:48 , weil der Faktor SUMME 4 5 6 nur auf die Zahl 3 wirkt.

Hinweis. Beachten Sie bei einer Verkettung immer die Vorrangregelung der Rechenoperationen (+ - * /).

Jetzt kennen wir bereits die drei wesentlichen Fehlerquellen bei der Arbeit mit LOGO

1. Überzählige oder fehlende Leerstellen
2. Fehlende Rückgabe(n) aus einer Prozedur
3. Fehlende Klammerung bei Rechenoperationen

Dafür lernen wir nun eine ausgesprochen freundliche Seite von LOGO kennen. Sie dürfen in einer Prozedur stets andere Prozeduren unter deren Namen mit den vereinbarten Variablen bei der Formulierung verwenden , auch wenn diese noch garnicht erklärt worden sind. Die verwendeten Eingangsvariablen müssen dabei nur in der Anzahl und dem Typ, nicht jedoch in den Namen übereinstimmen! LOGO lernt ihre neue Prozedur dann völlig korrekt. Erst bei der Ausführung müssen alle in der Prozedur verwendeten Unterprozeduren von LOGO gelernt worden sein. Wird eine verwendete Unterprozedur im Ablauf nicht (oder noch nicht) aufgerufen, so muß sie auch nicht vorher gelernt werden. Man kann also eine Prozedur auch teilweise austesten. Das ist eine besondere Stärke von LOGO gegenüber allen compilierenden(=übersetzenden) Sprachen wie PASCAL oder ELAN, in denen alle Sprachelemente bei der Ausführung vollständig erklärt sein müssen. Sie können deshalb eine LOGO-Prozedur auch schon direkt nach der Herstellung auf formale Schreibfehler testen.

2.2 Die Datenstruktur

Es gibt in LOGO die vier DATEN-Typen ZAHL, WORT, SATZ, LISTE. LOGO erkennt den jeweiligen DATEN-Typ selbständig, eine Typenvereinbarung kennt LOGO deshalb nicht.
Jede LOGO-Prozedur kann über ihre Eingangs-VARIABLEN, die dem Prozedurnamen nachgestellt sind, mit DATEN versorgt werden. Änderungen dieser DATEN wirken immer nur innerhalb der eigenen Prozedur. Das Ergebnis einer Prozedur muß als ZAHL, WORT, SATZ oder LISTE nach außen übertragen werden(Rückgabe!).
Werden in einer Prozedur neben den Eingangs-VARIABLEN andere VARIABLE verwendet, so sind zwei Fälle zu unterscheiden:

1. Lokale VARIABLE
   Eine Variable ist lokal und wirkt bei Veränderung nur auf die eigene Prozedur, wenn der NAME der Variablen nicht in einer übergeordneten Prozedur verwendet wird.
2. Freie VARIABLE
   Eine Variable ist frei, wenn ihr NAME bereits in einer übergeordneten(=rufenden) Prozedur verwendet wurde. Eine Änderung der Variablen bewirkt dann auch die Änderung in der übergeordneten Prozedur.

Ein fehlerfreies Arbeiten in LOGO ist eigentlich immer dann bezüglich der verwendeten NAMEN garantiert, wenn man nur mit lokalen Variablen arbeitet. Allerdings muß man dann immer alle benötigten DATEN über den Prozedur-Aufruf übertragen und die gewünschten Änderungen mit der Rückgabe nach außen übertragen. Diese Arbeitsweise ist aber häufig zu umständlich. Um DATEN-Konflikte über mehrere Prozeduren hinweg zu vermeiden, verwende man freie Variable nicht zu großzügig. LOGO durchsucht nämlich alle übergeordneten Prozeduren nach einer verwendeten Variablen, so daß auch über mehrere Prozedur-Aufrufe hinweg unerwünschte DATEN-Übertragungen stattfinden können!
Wenn man 'ältere' Prozeduren irgendwo verwendet, sollte man sich vergewissern, daß keine Konflikte mit den Variablen der rufenden Prozeduren auftreten können.
Der DATEN-Typ einer Variablen läßt sich in LOGO mit den Grundworten ZAHL?, WORT?, SATZ?, LISTE? direkt abfragen.

2.3 Die Rekursion

Ein grundlegendes Struktur-Element von LOGO ist die Möglichkeit, innerhalb einer Prozedur diese Prozedur selbst wieder aufzurufen. Diese Form des rekursiven Aufrufs eröffnet uns sehr knappe und elegante Formulierungen bei vielen Lösungen. Sehen wir uns dazu ein Beispiel an. Es soll die Summe aller natürlichen Zahlen von 1 bis N , also S = 1 + 2 + .. + N-1 + N gebildet werden. Man könnte dafür die explizite Formel

S = (N + 1) * N / 2

verwenden, die der berühmte deutsche Mathematiker GAUSS als zehnjähriger Schüler gefunden haben soll. Uns kommt es aber hier auf den leicht durchschaubaren Zählvorgang an. Wir wollen als S die Summe durch schrittweises Addieren gewinnen. Dazu formulieren wir die Prozedur

```
PR ANTIGAUSS :N
WENN :N = Ø DANN RUECKGABE Ø
RUECKGABE (ANTIGAUSS :N - 1) + :N
ENDE
```

Die zweite Zeile macht uns keine Probleme: WENN der Wert von N gleich Null ist, DANN wird als Wert der Summe korrekterweise Ø zurückgegeben.

Jetzt wird es jedoch knifflig!

Nehmen wir mal ganz vorsichtig für :N den Wert 1. Dann muß als Wert der Summe S = 1 herauskommen. Was passiert nun beim Aufruf von ANTIGAUSS 1 innerhalb der Prozedur? LOGO führt die Anweisungen der Reihe nach aus. Es geht also wieder los mit

WENN :N = Ø DANN RUECKGABE Ø

und da :N jetzt 1 ist, passiert erstmal garnichts, da die Bedingung nicht erfüllt(FALSCH) ist. Nun führt LOGO die nächste Anweisung aus. Die heißt jetzt mit :N = 1

RUECKGABE (ANTIGAUSS Ø) + 1

Kein Problem! ANTIGAUSS Ø kennen wir ja schon! Dafür wird der Wert Ø zurückgegeben. LOGO kann also nun die Summe Ø + 1 bilden und als Wert von ANTIGAUSS 1 (korrekt) zurückgeben. Man kann sich nun schnell klarmachen, daß dieses rekursive Abarbeiten für jedes natürliche N funktioniert. Mathematisch wird immer das Problem von N auf N-1 übertragen, bis es klappt.

Diesen grundlegenden Vorgang für das Arbeiten mit LOGO wollen wir uns am Beispiel ANTIGAUSS 3 noch grafisch klarmachen: Versuchen Sie sich den Ablauf in allen Schritten vor Augen zu führen, um die späteren Beispiele besser verstehen zu können.

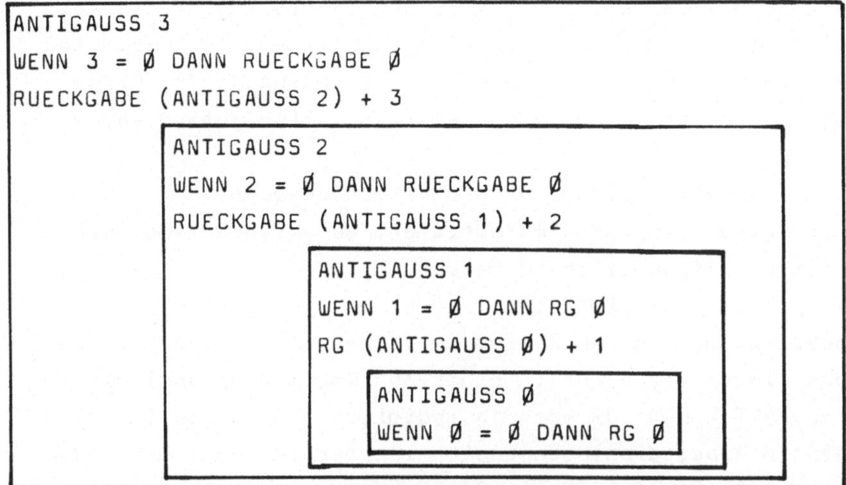

Der Ablauf des Aufrufes von ANTIGAUSS 3 ist mit den jeweiligen Werten für N dargestellt. Der rekursive 'Abstieg' endet, sobald eine RÜCKGABE tatsächlich ausgeführt wird. Nun läuft die Rekursion gewissermaßen zurück. Der von ANTIGAUSS Ø zurückgegebene Wert Ø wird in der rufenden Prozedur ANTIGAUSS 1 für ANTIGAUSS Ø eingesetzt, dann 1 addiert und als Wert von ANTIGAUSS 1 zurückgegeben. Jetzt kann die RÜCKGABE des Wertes 3 für ANTIGAUSS 2 erfolgen und schließlich wird der endgültige Wert 6 in ANTIGAUSS 3 gebildet und zurückgegeben.

Hinweis. Die Einklammerung des Prozeduraufrufes (ANTIGAUSS 2) usw. ist zwingend. Ohne Klammern wirkt das Plus + auf die Eingangsvariable von ANTIGAUSS. Probieren Sie aus, was dann passiert!

Man könnte den Aufbau der Summe in unserem Beispiel auch noch so beschreiben, daß man die Summe 1 + 2 + 3 mit symbolischen Klammern schreibt als

$$S = ((((0) + 1) + 2) + 3)$$

Für die Auswertung durchläuft man zunächst die vier öffnenden Klammern von links (=4 Prozeduraufrufe) bis man auf den Wert Ø stößt. Jetzt geht man weiter nach rechts. Jede schließende Klammer ist eine Rückgabe in die nächste Klammer (=Rückgabe an die rufende Prozedur). Jetzt wird die Addition der 1 ausgeführt und der Wert in die nächste Klammer übertragen, dann folgt die Addition der 2, Übertragung in die äußere Klammer, Addition von 3 und schließlich die Übertragung des Endwertes 6 aus der äußeren Klammer (=Rückgabe von ANTIGAUSS 3). Diese Klammervorstellung kann in verzwickten Fällen gute Dienste tun.

Jetzt kommt leider Wasser in den Rekursionswein!

Wenn wir etwa ANTIGAUSS 1ØØ aufrufen, so verabschiedet sich LOGO mit der 'freundlichen' Meldung

SPEICHER VOLL!

und überläßt uns, einen Ausweg zu suchen. Den Grund für den Abbruch finden wir nicht in einer Zahlüberschreitung; der Wert von ANTIGAUSS 1ØØ wäre ja lediglich S = 101*50/2 = 5050, sondern in einer drohenden Speicherüberschreitung. Für jeden Prozedur-Aufruf muß LOGO die Rückkehr und die lokalen DATEN getrennt aufbewahren. Also wird für jeden (rekursiven) Aufruf Speicherplatz verbraucht. Diese hardware-bedingte Schranke ist besonders bei den 'kleinen' Mikros sehr eng gezogen, da sich LOGO als System ja ständig im Hauptspeicher befindet und für sich kräftig Platz verbraucht.

Mit der anstehenden Erweiterung auf die 128-K-Hauptspeicher-Ausstattung wird es zwar zu einer Entspannung der Rekursionsgrenze kommen, dennoch kann man immer rekursive Aufgaben angeben, die jede Speichergrenze sprengen.

Hier ist der Ausweg: END-ständige Rekursion mit Rückgabe

```
PR ANTIGAUSS.END :N :S
 WENN :N = Ø RUECKGABE :S
 ANTIGAUSS.END :N - 1 :S + :N
ENDE
```

Mit dem Aufruf in der letzten Zeile vor ENDE <u>und</u> der Übertragung des Ergebnisses in den Prozeduraufruf wird die Rekursionsgrenze umgangen. Näheres zum indirekten Aufruf solcher Prozeduren siehe Abschnitt 6.2, Seite 219.

2.4 Die sieben Elemente

LOGO muß -wie jede andere universelle Programmiersprache- folgende Aufgaben erledigen können

- AUSGABE	- ZUWEISUNG	- ARITHMETIK/
- EINGABE	- VERZWEIGUNG	ANORDNUNG

Mit diesen fünf Bausteinen ließe sich bereits jeder Algorithmus mit LOGO formulieren. LOGO besitzt zusätzlich die Elemente

- IGELGRAFIK
- EXTRAS

Die IGELGRAFIK erlaubt es, vielfältige 'Zeichnungen' auf dem Bildschirm zu erzeugen und ggf. die Farbgebung zu steuern. Häufig wird LOGO zu stark mit der IGELGRAFIK identifiziert und als 'Kinder-Sprache' verstanden. LOGO besitzt jedoch alle Merkmale einer problemorientierten universellen Programmiersprache. Außerdem gibt es die IGELGRAFIK auch in anderen Programmiersprachen. Über die IGELGRAFIK gehen wir später schnell hinweg, da sie in wenigen Stunden erlernbar ist, was man von LOGO sonst nicht sagen kann.

Bevor wir uns die einzelnen LOGO-Grundworte näher ansehen, soll der VARIABLEN-Begriff in LOGO näher betrachtet werden.

Wir verwenden den Begriff VARIABLE statt Platzhalter, weil wir uns von der Vorstellung Platzhalter = Speicherplatz freimachen wollen.

Der VARIABLEN-Begriff ist in LOGO sehr universell!

Der Benutzer muß den DATEN-Typ einer Variablen nicht vorher vereinbaren. LOGO erkennt den DATEN-Typ selbständig.

Wird der WERT einer Variablen in LOGO verwendet, so steht immer unmittelbar vor dem Namen der Variablen ein Doppelpunkt:

Beispiele :A :SUMME :1 :HASE.UND.IGEL

Achtung. Namen von Variablen dürfen keine Leerstellen oder Rechenzeichen (+ - * /) enthalten!

Eine VARIABLE kann mit einer ZAHL, einem WORT, einem SATZ oder einer LISTE belegt werden. Der DATEN-Typ einer Variablen kann sich in einem LOGO-Programm auch (mehrfach) ändern, was zu einer großen Flexibilität führt.

Erstes Element: AUSGABE

Ohne jeden AUSGABE-Befehl wäre ein Programm praktisch sinnlos, weil wir nichts über das Ergebnis erfahren würden. In LOGO ist es jedoch zweckmässig, Prozeduren <u>ohne</u> direkte Ausgaben zu formulieren. Das erzielte Ergebnis soll aus der jeweiligen Prozedur in das Rahmen-Programm übertragen werden(Rückgabe!) und erst dort ausgegeben werden. Der Vorteil besteht darin, daß eine Prozedur dann wie eine <u>Funktion</u> wirkt und beim Aufruf ein Ergebnis abliefert, das dann in ganz verschiedener Weise weiterverwendet, also z.B. auch ausgegeben werden kann.

LOGO kennt zwei Grundworte für die AUSGABE

DRUCKEZEILE	Abkürzung DZ
DRUCKE	Abkürzung DR

Die erste Anweisung druckt eine Zeile mit den dazu gemachten Angaben <u>mit</u> anschließendem Übergang zur nächsten Zeile. DRUCKE liefert eine Zeile <u>ohne</u> Zeilenübergang und <u>ohne</u> trennende Leerstelle zwischen den einzelnen Ausgabe-Teilen(siehe 3.1 AUSGABE).

Zweites Element: EINGABE

Die meisten Programme benötigen zur Lösung eines bestimmten Problems unterschiedliche EINGANGS-Daten. Diese DATEN können ZAHLEN, WORTE, SÄTZE oder LISTEN oder eine Kombination davon sein.

Für die EINGABE bei LOGO gilt dasselbe wie für die AUSGABE. Es ist zweckmässig i.a. keine direkte EINGABE in einer der LOGO-Prozeduren durchzuführen, sondern die Eingabe der DATEN in das äußere Rahmen-Programm zu verlegen und die einzelnen EINGANGS-Daten über den Prozedur-Aufruf jeweils zu übertragen.

LOGO kennt zwei Grundworte für die EINGABE *(je nach* LOGO-*Version)*

	EINGABE	und	TASTE	APPLE 1.Form
bzw.	LIESLISTE	und	LIESTASTE	Commodore, APPLE 2.Form

Beide Anweisungen dürfen <u>keine</u> Variablen besitzen!

EINGABE bewirkt einen Programmstopp mit der Möglichkeit über die TASTATUR zeilenweise DATEN mit abschließendem RETURN (in einen Eingabe-Puffer) einzugeben. LOGO erzeugt eine LISTE mit der Eingabezeile von der Tastatur. Die Eingabe-DATEN müssen dann aus der LISTE EINGABE durch Zuweisung entnommen werden. TASTE hat die gleiche Wirkung für <u>ein ZEICHEN</u> ohne RETURN.

Drittes Element: ZUWEISUNG

Die Belegung einer VARIABLEN kann in LOGO immer nur auf eine Weise vorgenommen werden. Dazu dient das Grundwort

SETZE ... ,

dem immer eine <u>einzelne</u> VARIABLE mit vorangestelltem Anführungszeichen (") folgen muß, wie etwa

SETZE "SUMME ...

Hinter dem Namen der Variablen folgt <u>kein</u> Gleichheitszeichen -wie in BASIC-, sondern immer eine ZAHL, ein WORT, ein SATZ oder eine LISTE. Das Gleichheitszeichen tritt in LOGO immer nur in <u>logischen</u> Bedingungen auf.

In einer ZUWEISUNG dürfen sowohl explizite DATEN wie

SETZE "SUMME 1+2 oder VARIABLE wie

SETZE "SUMME :A+:B oder PROZEDUREN wie

SETZE "TEILER TEILERMENGE :M

oder eine sinnvolle Kombination davon verwendet werden.

Auch die Übernahme von EINGANGS-Daten erfolgt durch eine ZUWEISUNG wie

SETZE "ANFANG ERSTES EINGABE

wobei das (einzige) Element einer EINGABE aus der EINGABE-LISTE entnommen wurde!

Man beachte, daß in LOGO nur solche VARIABLE mit einem WERT-Aufruf verwendet werden dürfen, denen vorher tatsächlich ein WERT zugewiesen wurde! Anders als in BASIC muß man allen verwendeten VARIABLEN <u>immer</u> vor der Verwendung einen WERT (ZAHL, WORT, SATZ oder LISTE) zuweisen.

Viertes Element: VERZWEIGUNG

Mit den drei Elementen AUSGABE, EINGABE und ZUWEISUNG können wir bereits ein LOGO-Programm schreiben, das dann bei der Ausführung Zeile für Zeile abgearbeitet werden würde. Mit dem Element VERZWEIGUNG ist es nun aber möglich, verschiedene Teile eines LOGO-Programms <u>mehrfach</u> zu durchlaufen. Mit der in 2.3 beschriebenen Rekursion können wir zwar bereits eine Prozedur mehrfach aufrufen. Es fehlt uns aber noch die Möglichkeit, einen rekursiven Aufruf mit einer <u>Bedingung</u> zu beenden.

Die Verwendung von logischen Bedingungen ist gewissermaßen das Salz in der Suppe jeder Programmiersprache.

Die allgemeinste Form einer logischen Bedingung kann in LOGO mit der zweiseitigen VERZWEIGUNG

WENN ... DANN ... SONST ...

formuliert werden.
Hinter WENN steht immer eine Aussage(Bedingung), die entweder erfüllt(wahr) oder nicht erfüllt(falsch) ist. Ist die Aussage wahr, dann wird mit den hinter DANN stehenden LOGO-Anweisungen fortgefahren, während die hinter SONST stehenden Anweisungen anschließend übergangen werden. Ist die Aussage falsch, so werden nur die hinter SONST stehenden Anweisungen ausgeführt.

Beispiel `WENN :X<Ø DANN RG (-:X) SONST RG :X`

Ohne die Alternative SONST wird die Bedingung einseitig, die VERZWEIGUNG hat aber dennoch zwei Ausgänge: Ist die Bedingung erfüllt, wird wie bisher mit den Anweisungen hinter DANN fortgefahren, ist die Bedingung nicht erfüllt, so wird mit der nächsten LOGO-Zeile fortgesetzt.

Beispiel `WENN :N=Ø DANN RUECKGABE Ø`

Hinter DANN bzw. SONST dürfen mehrere Anweisungen in derselben Zeile folgen, eine Klammerung ist nicht notwendig.
Auf die Möglichkeit der logischen Verknüpfung von Aussagen mit 'und' bzw. 'oder' und das logische Negieren mit 'nicht' wird in Abschnitt 3.4 näher eingegangen.
Wie in BASIC kann in LOGO auch eine direkte Verzweigung ausgeführt werden. Dem GOTO-Befehl in BASIC entspricht in LOGO

GEHE "*Marke*

mit der Wirkung, daß auf eine LOGO-Zeile verzweigt wird, die am Anfang mit *Marke:* gekennzeichnet ist.

Beispiel

```
SCHLEIFE: SETZE "N :N + 1
WENN :N<1Ø DANN GEHE "SCHLEIFE
```

Eigentlich ist die GEHE-Anweisung der LOGO-Struktur fremd. Man kann jede iterative 'Schleife' theoretisch immer durch einen rekursiven Aufruf ersetzen. Das praktische Problem ist aber die begrenzte Schachtelungstiefe bei rekursivem Aufruf, die in manchen Fällen den Benutzer zu einer iterativen Lösung mit einer 'Schleifenlösung' animiert. Man kann jedoch i.a. mit einer 'endständigen' Form der Rekursion in Kombination mit dem TUE-Befehl eine logogerechte Lösung erhalten, näheres s. S.218.

Fünftes Element: ARITHMETIK, ANORDNUNG

Mit den bisherigen vier Elementen können wir schon fast alles in LOGO formulieren. Es fehlt uns aber noch die ganz normale Arithmetik zur Ausführung der vier Grundrechenarten + - * /. Das macht uns auch in LOGO keine Schwierigkeiten, wenn wir beachten, daß die übliche Vorangregel gilt, wonach die Multiplikation * und die Division / in einem arithmetischen Ausdruck(Term) stärker binden als die Addition + bzw. die Subtraktion. So liefert

DZ 7 * 5 + 3 das Ergebnis 38

und DZ 7 * (5 + 3) das Ergebnis 56

Ein wesentliches Teilelement fehlt uns jedoch immer noch. Es fehlt nämlich die Möglichkeit, zwei VARIABLE bezüglich ihrer ANORDNUNG zu vergleichen. Das ist insbesondere immer dann notwendig, wenn wir DATEN sortieren oder Elemente aus einer sortierten LISTE heraussuchen wollen.

Für den Vergleich von Variablen, die mit ZAHLEN belegt sind, können wir sofort auf die übliche < bzw. > oder = -Beziehung zurückgreifen, da für diese die ANORDNUNG auf der Zahlengeraden auch in LOGO gilt.

Schwieriger wird es, wenn wir zwei WORTE, SÄTZE oder LISTEN bezüglich ihrer Reihenfolge vergleichen müssen. In LOGO steht uns dafür zunächst nur der <u>direkte</u> Vergleich beim Gleichheitszeichen (=) zur Verfügung. Damit ergibt sich z.B. für

SATZ "KLAUS "MENZEL = [KLAUS MENZEL] <u>wahr</u> und

für "17+4 = "SIEBZEHNUNDVIER <u>falsch</u>.

Um die lexikografische Reihenfolge zweier WORTE, SÄTZE oder LISTEN zu ermitteln, müssen wir einen unangenehmen Umweg in LOGO machen. Es bleibt uns nämlich nichts anderes übrig, als Zeichen für Zeichen einen alphabetischen Vergleich zu organisieren. Dazu werden von links nach rechts immer erneut zwei Zeichen bezüglich ihres <u>ASCII-Zahlwertes</u> verglichen, bis die lexikografische Reihenfolge feststeht. Die ASCII-Tabelle liefert für jedes Zeichen unter Wahrung der üblichen alphabetischen Reihenfolge einen Zahlwert. Die explizite Vergleichs-Prozedur wird im Abschnitt 2.6 angegeben, da sie in vielen Anwendungen benötigt wird.

Sechstes Element: IGELGRAFIK

Dieses zusätzliche Element gestattet es, in LOGO mit einem fiktiven IGEL zu zeichnen. Die Bewegung des IGELS auf dem Bildschirm wird mit vier Grundoperationen gesteuert:

VORWAERTS	RUECKWAERTS
LINKS	RECHTS

Diesen vier Grundworten müssen ZAHLEN oder VARIABLE mit einer Leerstelle folgen. Sie geben die LÄNGE der vorwärts oder rückwärts zurückgelegten Strecke bzw. den WINKEL in Grad an, um den der IGEL gedreht werden soll.

Beispiel:
```
VORWAERTS 1ØØ
LINKS 12Ø
VORWAERTS 1ØØ
LINKS 12Ø
VORWAERTS 1ØØ
```

erzeugt ein gleichseitiges Dreieck, wobei der IGEL erst durch ein weiteres LINKS 12Ø in seine Ausgangsstellung zurückkehrt. Es leuchtet ein, daß man aus den vier Grundoperationen eine Vielfalt von Figuren erzeugen kann. Gute Dienste leistet dabei die Standard-Prozedur WIEDERHOLE :N [....] mit der man alle LOGO-Anweisungen in der Klammer N-mal nacheinander ausführen kann, so erzeugt z.B.

```
WIEDERHOLE 4 [VW 150 LI 90]
```
ein Quadrat.

Besonders effektiv ist auch in der IGELGRAFIK der rekursive Aufruf. Wir wollen eine Prozedur VIELECK schreiben, die uns ein regelmässiges N-Eck der Kantenlänge KANTE und des Drehwinkels DREHUNG (nach links) an jedem Eckpunkt liefert:

```
PR VIELECK :KANTE :DREHUNG
VORWAERTS :KANTE
LINKS :DREHUNG
VIELECK :KANTE :DREHUNG
ENDE
```

Testen Sie VIELECK mit geeigneten Werten für KANTE und DREHUNG, z.B. VIELECK 1ØØ 179, oder VIELECK 5 5

Die IGELGRAFIK enthält noch viele weitere Möglichkeiten etwa zu einer Farbgebung oder der Bewegung ohne Zeichnen (STIFTHOCH bzw. STIFTAB). Alle diese Elemente können auch in einem sonstigen LOGO-Programm verwendet werden.

Informieren Sie sich bitte in Ihrem Handbuch über weitere Einzelheiten der IGELGRAFIK.

Siebentes und letztes Element: EXTRAS

Die folgenden LOGO-Elemente sind für die Formulierung eines algorithmischen Verfahrens grundsätzlich entbehrlich, leisten aber als EXTRAS häufig sehr gute Dienste.

Die Möglichkeit der WIEDERHOLUNGS-Anweisung haben wir schon bei der IGELGRAFIK kennengelernt. So konnten wir ein Quadrat mit WIEDERHOLE 4 [VORWAERTS 100 LINKS 90] zeichnen. Allgemein lautet die Anweisung

```
WIEDERHOLE :X [ .... ]
```

mit der Wirkung, daß die LOGO-Anweisungen in der eckigen Klammer X-mal ausgeführt werden. In der Klammer dürfen wieder WIEDERHOLE-Anweisungen verwendet werden.

Eine weitere Möglichkeit liefert uns LOGO mit der <u>TUE-Anweisung</u>. Die hinter TUE stehenden LOGO-Anweisungen werden beim Aufruf ausgeführt. Man kann diese LOGO-Anweisungen auch hinter einer VARIABLEN verstecken und dann über einen Prozeduraufruf übertragen(siehe Abschnitt 3.8).

Es ist in LOGO sogar möglich, beim Aufruf einer Prozedur eine andere Prozedur zu definieren. Dazu dient die DEF-Anweisung. Die Verwendung dieses Elementes geht schon weit über eine Einführung hinaus. Es wird deshalb auf die Handbücher oder die weiterführende Literatur, wie etwa U.HOPPE und H.LÖTHE: Problemlösen und Programmieren mit LOGO, Teubner '84, verwiesen. Vollständigkeitshalber wird noch auf das Gegenstück zur DEF-Anweisung hingewiesen, mit der man eine vorhandene Prozedur in eine LISTE umwandeln und anschließend manipulieren kann. Eine mit der PRLISTE-Anweisung umgewandelte Prozedur kann nach einer Veränderung wieder über eine DEF-Anweisung als veränderte Prozedur verwendet werden. Ein Anwendungsbeispiel dafür ist die Überführung von Prozeduren mit englischen Grundworten in Prozeduren mit deutschen Grundworten. Damit kann man sich Zugang zu den umfangreichen Sammlungen von LOGO-Anwendungen in englischsprachiger Version verschaffen. Näheres zur Übersetzungs-Prozedur siehe bei

H.ABELSON: Einführung in LOGO (Übersetzung H.LÖTHE)
IWT-Verlag 1983

2.5 Die Standard-Prozeduren

Wie andere Programmiersprachen besitzt LOGO eine Reihe von festen Funktionen, hier Standard-Prozeduren, die direkt zur Formulierung von LOGO-Programmen verwendet werden können. Ihre Namen dürfen natürlich nicht vom Benutzer für die Bezeichnung eigener Prozeduren verwendet werden.
Standard-Prozeduren in LOGO sind:

INT :X	Wirkung: Es wird der ganzzahlige
Bsp. INT 2.3 ergibt 2	Anteil von :X zurückgegeben.
INT -1.4 " -1	
DIV :A :B	Wirkung: Es wird der ganzzahlige
Bsp. DIV 3 2 ergibt 1	Anteil von A/B zurückgegeben.
REST :A :B	Wirkung: Es wird der ganzzahlige
Bsp. REST 5 2 ergibt 1	Rest A/B zurückgegeben.
RUNDE :X	Wirkung: Die ZAHL X wird auf die
Bsp. RUNDE 5.6 ergibt 6	nächste ganze Zahl gerundet.
ZUFALLSZAHL :N	Wirkung: Es wird eine ganze (Pseudo-)
Bsp. 1 + ZZ 6 ergibt	Zufallszahl aus den N Zahlen Ø bis
eine Zahl aus 1 bis 6	N - 1 zurückgegeben.
QW :X	Wirkung: Es wird ein Näherungswert
Bsp. QW 2 ergibt 1.4143	für die Quadratwurzel aus X >= Ø zurückgegeben.
SIN :X COS :X ARCTAN :X :Y	Wirkung: Für Sinus bzw. Cosinus wird ein Näherungswert für die Grad-Zahl X und für Arcustangens das Bogenmaß für X/Y zurückgegeben. Alle anderen trigonometrischen Funktionen können damit formelmässig angegeben werden.

LOGO besitzt weder eine Prozedur für den Absolutbetrag, noch für das Vorzeichen einer Zahl. Wir formulieren sie indirekt:

```
PR ABS :X
WENN :X<Ø RG (- X)
RG :X
ENDE
```

```
PR SGN :X
WENN :X<Ø RG (-1)
WENN :X=Ø RG Ø SONST RG 1
ENDE
```

3 Elemente von LOGO

Die sieben Elemente von LOGO aus dem letzten Kapitel werden jetzt näher an einzelnen Beispielen erläutert.

3.1 Ausgabe

Die Ausgabe von Ergebnissen auf dem Bildschirm oder Drucker steht normalerweise am Ende einer Problemlösung. Im allgemeinen meldet sich ein Programm jedoch bereits nach dem Start mit seinem Namen und einem DIALOG zur EINGABE von DATEN.

LOGO besitzt zur AUSGABE von TEXTEN und DATEN zwei Grundworte

DRUCKEZEILE	Abk. DZ
DRUCKE	Abk. DR

Eine der häufigsten LOGO-Anweisungen ist die Ausgabe eines TEXTES wie etwa mit

```
DRUCKEZEILE "'MEIN ERSTES LOGO-PROGRAMM'
```

Bei der Ausführung der Anweisung erscheint auf dem Bildschirm

```
MEIN ERSTES LOGO-PROGRAMM
```

und der CURSOR(Blinker) steht am Anfang der <u>nächsten</u> Zeile. Man kann also beliebige Texte/Zeichenketten ausgeben, die in Apostrophe(') eingeschlossen sind.

Das Anführungszeichen(") hat in LOGO eine andere Bedeutung als in BASIC. Das Anführungszeichen(") ist in LOGO immer das <u>Kennzeichen</u> für den DATEN-Typ WORT(=Zeichenkette ohne Leerstellen!). Die zusätzlichen Apostrophe(') erlauben die Ausgabe eines Textes <u>mit</u> Leerstellen. Würden wir die Anweisung

```
DZ "MEIN ERSTES LOGO-PROGRAMM
```

ausführen, so erhalten wir die Fehlermeldung

```
PROZEDUR LOGO UNBEKANNT!
```

weil die Leerstelle hinter MEIN das WORT "MEIN <u>beendet</u>. LOGO akzeptiert ERSTES als ein LOGO-Grundwort. Der Ausdruck LOGO-PROGRAMM wird als Differenz zweier LOGO-Prozeduren LOGO und PROGRAMM interpretiert, die jedoch unbekannt sind!

Es gibt eine weitere Möglichkeit mit DZ bzw. DR TEXTE auszugeben, in dem man den TEXT in eckige Klammern einschließt.

```
DZ [MEIN ERSTES LOGO-PROGRAMM] liefert
MEIN ERSTES LOGO-PROGRAMM
```

LOGO interpretiert den TEXT als LISTE, bei deren Ausgabe die äußeren eckigen Klammern immer weggelassen werden!

Mit DRUCKEZEILE bzw. DRUCKE kann man außer reinen TEXTEN ZAHLEN, WORTE, SÄTZE und LISTEN direkt oder als VARIABLE ausgeben. Die Ausgabe mit DRUCKE erfolgt ohne abschließenden Übergang zur nächsten Zeile und ohne die jeweils trennende Leerstelle zwischen den einzelnen Ausgabe-Teilen.
Hier einige typische Ausgabe-Beispiele:

`DZ "`	erzeugt eine Leerzeile durch Ausgabe des leeren Wortes "
`DZ :A`	gibt die Belegung der Variablen A aus (ZAHL, WORT, SATZ oder LISTE)

Zur Unterscheidung von NAMEN und BELEGUNG einer VARIABLEN wird die Belegung künftig mit :A der Name mit A bezeichnet.

`(DZ "A= :A)`	gibt aus A= :A*(Belegung von A)*
`(DZ "'A =' :A)`	gibt aus A = :A (für die Leerstelle zwischen A und = sind die Apostrophe unentbehrlich!)
`DZ 1 + 2 * 3`	gibt die ZAHL 7 aus
`(DZ :A :B)`	gibt :A (Leerstelle) :B aus (ohne Klammern erfolgt Fehlermeldung)

Anhand der Beispiele können Sie sicher selbst Kombinationen von TEXTEN und VARIABLEN herstellen. Beachten Sie dabei stets die äußeren Klammern (...), da DZ und DR immer nur auf das erste nachgestellte Element einwirken würde!
Leider besitzt LOGO in den heutigen Fassungen keinerlei Hilfe zur TABELLIERUNG. Es gibt weder eine direkte Tabellierung, wie in BASIC mit PRINT A, B, C , noch eine TABULATOR- oder SPACE-Funktion. Wir geben deshalb dafür zwei explizite Prozeduren an, die Sie an geeigneter Stelle verwenden können.

```
PR SPC :X
.LEGE 36 :X + .HOLE 36
RUECKKEHR
```

```
PR TAB :X
.LEGE 36 :X
RUECKKEHR
```

.HOLE 36 entspricht einem PEEK 36 und .LEGE einem POKE 36 in bezug auf ein APPLE-System.

(DZ TAB 13 "AUSGABE SPC 8 "TEST) liefert

............AUSGABE........TEST

3.2 Eingabe

Die EINGABE von DATEN(ZAHLEN, WORTE, SÄTZE, LISTEN) von der TASTATUR erfolgt mit dem LOGO Grundwort

EINGABE bzw. LIESLISTE

ohne Angabe von VARIABLEN und mit abschließendem RETURN.
Die EINGABE eines einzelnen ZEICHENS von der TASTATUR ohne abschließendes RETURN erfolgt in LOGO mit dem Grundwort

TASTE bzw. LIESTASTE

ohne nachgestellte VARIABLE.
Die Wirkung der EINGABE ist von der in anderen Sprachen wie etwa BASIC deutlich zu unterscheiden. Sobald das Grundwort EINGABE oder TASTE im Programmaufruf angetroffen wird, erfolgt zwar der gewohnte STOPP und die anschließende manuelle DATEN-Eingabe von der TASTATUR. Dieser Vorgang bezieht sich jedoch in LOGO nicht auf eine oder mehrere VARIABLE. Die eingegebenen ZEICHEN werden vielmehr zunächst in einem 'Puffer' abgelegt. Zur Belegung bestimmter VARIABLEN müssen wir den Inhalt der EINGABE-LISTE erst ganz oder stückweise aus dem 'Puffer' übertragen. Die Übernahme der ganzen EINGABE-LISTE kann z.B. mit

SETZE "DATEN EINGABE

erfolgen. Es ist in diesem Falle ganz gleichgültig, ob Sie einzelne oder mehrere DATEN über die Tastatur eingegeben haben. LOGO übergibt die ganze EINGABE-LISTE an die VARIABLE(hier also DATEN).
Wollen wir jedoch einer VARIABLEN eine einzelne ZAHL oder ein einzelnes WORT mit der EINGABE übergeben, so lautet die Anweisung z.B.

SETZE "ANZAHL ERSTES EINGABE

und bewirkt, daß aus der EINGABE-LISTE das erste (und einzige) Element entnommen und auf ANZAHL abgelegt wird.
Dieses Vorgehen mag Ihnen gegenüber der einfachen Form mit INPUT A in BASIC recht umständlich erscheinen. Die Stärke dieses Konzeptes werden wir jedoch später noch erkennen.
Was machen wir nun, wenn wir mit einer EINGABE z.B. zwei VARIABLE mit je einer ZAHL versorgen wollen? Wir behelfen uns mit einer Art 'Verschiebe-Bahnhof', in dem wir zunächst die ganze EINGABE-LISTE(hier aus zwei ZAHLEN) übertragen etwa mit

```
SETZE "DATEN EINGABE
```

Nach dem STOPP können wir dann z.B. die ZAHLEN 1 und 2 mit Trennung durch mindestens eine Leerstelle(kein Komma!) und RETURN eingeben. Die VARIABLE"DATEN wird dann mit der EINGABE-LISTE [1 2] belegt, wobei zusätzliche Leerstellen verschwinden. Jetzt können wir die Elemente der LISTE einzeln aus :DATEN entnehmen durch

```
SETZE "A ERSTES :DATEN
SETZE "B LETZTES :DATEN
```

Völlig analog lassen sich auch mehr als zwei ZAHLEN, WORTE, SÄTZE oder LISTEN auf einzelne VARIABLE übertragen.

Hinweis. Sie können DATEN mit einer EINGABE nur einmal übertragen. Wenn Sie nämlich das Grundwort EINGABE erneut verwenden, so erfolgt immer ein neuer STOPP, wobei die bisherige EINGABE-LISTE gelöscht wurde!

Man darf das Grundwort EINGABE natürlich auch in einem Prozeduraufruf direkt verwenden wie etwa bei

```
DZ SUMME EINGABE
```

,

wobei aber immer nur eine LISTE der Eingabe-DATEN abgeliefert wird. Man kann dann wieder wie oben vorgehen

```
PR SUMME :DATEN
RG (ERSTES :DATEN)+ LETZTES :DATEN
ENDE
```

,

falls es sich um ein ZAHLEN-Paar handelt. Erweitern Sie zur Übung die Prozedur SUMME :DATEN auf die EINGABE einer beliebigen ZAHLEN-LISTE.

Die EINGABE eines einzelnen ZEICHENS(ohne RETURN) läßt sich mit dem Grundwort TASTE zweckmässig zu alternativen Verzweigungen verwenden. Häufig wird für eine Abfrage die Antwort J für Ja und N für Nein vorgesehen. Man kann dann direkt aus der gegebenen Antwort alternativ verzweigen wie etwa in

```
WENN TASTE = "J DANN DZ "JA SONST DZ "NEIN
```

mit der Wirkung, daß LOGO den Ablauf stoppt und nach jeder EINGABE eines Zeichens alternativ verzweigt. Im allgemeinen wird man natürlich nicht nur die (volle) Antwort drucken, sondern auf verschiedene Programmteile verzweigen, wobei auch mehr als zwei Ausgänge möglich sind.

3.3 Zuweisung

Die Belegung einer VARIABLEN mit einer ZAHL, einem WORT, einem SATZ oder einer LISTE erfolgt in LOGO mit der

SETZE-Anweisung

Hinter dem Grundwort SETZE folgt immer eine einzelne VARIABLE mit einem unmittelbar vorangestelltem Anführungszeichen(").
So wird etwa mit `SETZE "X 1` der VARIABLEN X der WERT 1 als ZAHL zugewiesen.
Im Gegensatz zu BASIC wird bei der ZUWEISUNG also das Gleichheitszeichen(=) vermieden, weil es sich i.a. dabei nicht um eine mathematische Gleichung handelt. So hat etwa

```
SETZE "N :N + 1
```

folgende Wirkung bei der Ausführung: Zum bisherigen WERT von N wird 1 addiert und der neue WERT wird wieder der Variablen N zugewiesen. Die Gleichung N = N + 1 wäre sinnlos, weil N in der Zuweisung mit zwei verschiedenen Belegungen verarbeitet wird.
In einer Zuweisung dürfen einer VARIABLEN Ausdrücke zugewiesen werden, die eine ZAHL, ein WORT, einen SATZ oder eine LISTE definieren. Dabei dürfen auch Prozeduren auftreten. Mit der Beispielprozedur SUMME :A :B :C können wir z.B. folgende Zuweisung machen `SETZE "X (SUMME :X :Y :Z)*SUMME :X+:Y :Z :Y`
Für X=1 Y=2 Z=3 würde X damit den Wert 48 erhalten, wenn Sie die Klammern bei der ersten SUMME nicht weglassen! Stellen Sie bitte fest, welchen Wert X ohne Klammern bekommt.

Die verwendeten Zahlenbeispiele sind recht einfach, deshalb wollen wir uns jetzt mit der ZUWEISUNG von WORTEN, SÄTZEN oder LISTEN beschäftigen.
Man kann einer VARIABLEN direkt ein WORT zuweisen. Zu Ihrer Erinnerung: Ein WORT ist eine ZEICHENKETTE ohne Leerstellen wie in den natürlichen Sprachen. In LOGO wird ein WORT durch ein vorangestelltes Anführungszeichen(") gekennzeichnet

```
SETZE "EVA "EVA
```

bewirkt, daß der Variablen EVA das WORT EVA zugewiesen wird.
Wenn man anschließend die Belegung von EVA ausgibt mit

```
DZ :EVA
```

so erhält man auf dem Bildschirm

EVA

ohne Anführungszeichen.
Wenn wir der Variablen ADAM das WORT ADAM zuweisen wollen, können wir auch so vorgehen

```
SETZE "ADAM WORT "A "DAM
```

mit der Wirkung, daß LOGO aus A und DAM mit dem Grundwort WORT ein einziges WORT ADAM bildet und der Variablen ADAM zuweist.
Jetzt wollen wir den SATZ ADAM UND EVA einer Variablen EDEN zuweisen. Die einfachste Möglichkeit dazu wäre

```
SETZE "EDEN [ADAM UND EVA]
```

mit der Wirkung, daß die LISTE aus den WORTEN ADAM, UND und EVA der Variablen EDEN direkt zugewiesen wird. Diese Form einer LISTE aus WORTEN heißt in LOGO SATZ analog zu einem Satz natürlicher Sprachen.
Wir hätten aber auch unter Benutzung des Grundwortes SATZ so vorgehen können

```
SETZE "EDEN (SATZ "ADAM "UND "EVA )
```

mit dem gleichen Ergebnis wie vorher. Das Grundwort SATZ verbindet also mehrere WORTE mit je einer trennenden Leerstelle. Bei mehr als zwei WORTEN ist dabei eine äußere Klammer notwendig!
Wir können aber auch unsere Variablen ADAM und EVA für die Zuweisung an die Variable EDEN einsetzen etwa in der Form

```
SETZE "EDEN SATZ [ADAM UND] :EVA
```

oder

```
SETZE "EDEN SATZ (SATZ :ADAM "UND ) :EVA
```

wobei wir auch die runden Klammern weglassen dürfen.

Jetzt kommen wir noch zum allgemeinsten Fall einer LISTEN-Zuweisung. Eine LISTE darf als Elemente wieder ZAHLEN, WORTE, SÄTZE oder auch LISTEN enthalten. Wir können eine LISTE z.B. explizit zuweisen wie etwa

```
SETZE "TEILER [[1 6] [2 3]]
```

als LISTE der Teiler/Gegenteiler der Zahl 6. Wir können aber auch das Grundwort LISTE verwenden z.B. in der Form

```
SETZE "TEILER LISTE [1 6] [2 3]
```

und erhalten damit wieder dasselbe Ergebnis wie vorher.

3.4 Verzweigung

Ohne die Möglichkeit der VERZWEIGUNG in einem Programm lassen sich nur sehr wenige und meist uninteressante Aufgaben lösen. Das Instrument VERZWEIGUNG erlaubt es, Teile eines Programmes mehrfach zu durchlaufen und führt uns damit erst zur universellen Lösbarkeit aller algorithmischen Ansätze.

Die allgemeinste Form der bedingten VERZWEIGUNG geht von einer Abfrage mit der Alternative WAHR oder FALSCH aus und führt in Abhängigkeit von der jeweiligen Antwort zu zwei verschiedenen Programmfortsetzungen.

WENN *Bedingung* DANN *Anweisung 1* SONST *Anweisung 2*

hat bei der Ausführung folgende Wirkung:

Ist die Bedingung erfüllt(WAHR), dann wird die Anweisung 1 ausgeführt, die Anweisung 2 übergangen und mit der nächsten LOGO-Zeile anschließend fortgefahren.

Ist die Bedingung nicht erfüllt(FALSCH), dann wird die Anweisung 1 übergangen, die Anweisung 2 ausgeführt und wieder mit der nächsten LOGO-Zeile fortgefahren.

```
WENN :N=Ø DANN DZ :SUMME SONST SETZE "N :N-1
```

Es kann auch eine einseitige Verzweigung vorgenommen werden, in dem man das Grundwort SONST und die Anweisung 2 wegläßt.

```
WENN :N = " DANN SETZE "N "LEER
```

mit dem Ergebnis, daß die Variable N mit dem WORT LEER belegt wird, wenn sie mit dem leeren WORT " belegt ist, sonst wird mit der nächsten LOGO-Zeile fortgefahren.

Hinweis. Das Grundwort DANN darf weggelassen werden. Hinter DANN und SONST dürfen in der gleichen Zeile mehrere LOGO-Anweisungen stehen. Schachteln von Verzweigungen ist zulässig.

Als größeres Beispiel ziehen wir PR ANTIGAUSS :N aus 2.3 heran

```
PR ANTIGAUSS :N
WENN :N = Ø DANN RG Ø
RG ANTIGAUSS (:N - 1) + :N
ENDE
```

Man könnte die Verzweigung auch in der zweiseitigen Form

```
WENN :N=Ø RG Ø SONST RG ANTIGAUSS (:N-1) + :N
```

formulieren.

Öfter hängt eine VERZWEIGUNG nicht nur von einer Bedingung ab. LOGO gestattet die Verbindung mehrerer Bedingungen mittels logischem 'und'(Konjunktion) und logischem 'oder'(Disjunktion) sowie die Verneinung(Negation) von Bedingungen.
Das logische 'und' wird mit dem Grundwort ALLE? vor den jeweiligen Bedingungen realisiert, etwa wie in

```
WENN ALLE? :X=Ø :Y=Ø DANN ..
```

Es können auch mehr als zwei Bedingungen verbunden werden. ALLE? muß mit den Bedingungen dann in Klammern (..) stehen!
Das logische 'oder' erfolgt mit dem Grundwort EINES? wie in

```
WENN EINES? :FRAGE = "JA :FRAGE = "J ...
```

womit man eine der Antworten JA oder J zulassen kann.
Die NEGATION geschieht mit dem Grundwort NICHT. Da es in LOGO keine Abfrage auf ungleich gibt, verwenden wir dazu NICHT wie

```
WENN NICHT :N = 2*DIV :N 2 DANN ..
```

als Abfrage, ob der Wert von N ungerade ist.
Natürlich sind auch Kombinationen aus den Grundworten NICHT, ALLE? und EINES? zugelassen. Man gehe damit aber vorsichtig um, wenn man sich der Wirkung der Kette nicht ganz sicher ist.

Aus Gründen der Übersichtlichkeit empfiehlt es sich häufiger, eine WENN .. DANN .. SONST-Zeile mit Hilfe des Grundwortes PRUEFE in drei LOGO-Zeilen aufzulösen, wie etwa bei

```
PRUEFE EINGABE = [JA]
WENNWAHR DZ "'ES GEHT WEITER!'
WENNFALSCH DZ "'AUF WIEDERSEHEN'
```

Beachten Sie, daß hinter WENNWAHR bzw. WENNFALSCH kein DANN folgt! WENNWAHR kann mit WW und WENNFALSCH mit WF abgekürzt werden. Die Abfrage WW und WF kann auch mehrfach nacheinander verwendet werden, sie bezieht sich immer auf das letzte Ergebnis (WAHR oder FALSCH) einer PRUEFE-Anweisung.
WW und WF dürfen auch einseitig abgefragt werden, wie z.B. in

```
PRUEFE :N = Ø
WENNFALSCH SETZE "N :N - 1
```

Es ist außerdem zulässig, PRUEFE-Anweisungen zu schachteln, wenn man beachtet, daß sich die Abfrage WW bzw. WF immer auf das letzte PRUEFE-Ergebnis bezieht.

Sehr angenehm ist, daß LOGO neben der Abfrage logischer Bedingungen auch noch die Abfrage des DATEN-Typs einer VARIABLEN erlaubt. Wir erinnern uns an die vier DATEN-Typen ZAHL, WORT, SATZ und LISTE. Da SATZ jedoch eine spezielle LISTE ist, gibt es in LOGO nur die drei Abfragen ZAHL? WORT? LISTE? mit der Antwort WAHR oder FALSCH. Dazu drei Beispiele

```
WENN ZAHL? :A DANN SETZE "A :A + 1
WENN WORT? :ANTWORT DANN DZ "O.K.
WENN LISTE? AUSWAHL :N DANN ..
```

In der letzten Zeile wird abgefragt, ob die Prozedur AUSWAHL :N eine LISTE zurückgibt.
Wir können die DATEN-Typ-Abfrage wie bei logischen Bedingungen mit der PRUEFE-Anweisung durchführen, wie etwa in

```
PRUEFE WORT? :ANTWORT
WW DZ "'ANTWORT O.K.'
WF DZ "'GIB EIN WORT EIN!'
```

oder eine Verknüpfung mit NICHT, ALLE? und EINES? verwenden.

Zu den Verzweigungs-Möglichkeiten in LOGO gehört auch noch die

```
GEHE-Anweisung
```

mit der eine 'Schleifenbildung' innerhalb eines LOGO-Programms möglich ist. Das kann immer dann notwendig werden, wenn eine rekursive Lösung aus praktischen Gründen am fehlenden Speicherplatz des verwendeten Computers scheitert. In den Beispielen des Kapitels 6 verwenden wir aus Gründen der Übersichtlichkeit den GEHE-Befehl öfter im äußeren Rahmenprogramm.
Zu einer GEHE-Anweisung gehört stets eine MARKE, mit der die LOGO-Zeile markiert ist, zu der mit

```
GEHE "Marke
```

verzweigt werden soll. Als Beispiel nehmen wir eine Zähl-Schleife von 1 bis N

```
PR ZÄHLEN :N
SETZE "ZAEHLER Ø
1ØØ: SETZE "ZAEHLER :ZAEHLER + 1
WENN :N>Ø SETZE "N :N-1 GEHE "1ØØ
RG ZAEHLER
ENDE
```

3.5 Arithmetik, Anordnung

LOGO verwendet wie andere Programmiersprachen drei Arten der Zahldarstellung

1. Ganze Zahlen
   Bsp. -7, Ø, 4711
2. Dezimalbrüche
   Bsp. -3.25 Ø.123 .78
3. Dezimalbrüche mit Zehnerexponent
   Bsp. 3.25E5(=325000) -3N4(=0.0003)

Das Zeichen E steht also für "10 hoch" und das Zeichen N für "10 hoch minus", wobei als Exponent nur eine nichtnegative Zahl, aber keine Variable zugelassen ist. Für eine variable Zehnerpotenz benötigt man daher eine entsprechende Prozedur (siehe Beispiel 4 RUNDEN VON ZAHLEN).

In einigen Anwendungen, etwa bei der Sortierung, ist es notwendig, DATEN bezüglich ihrer ANORDNUNG zu vergleichen. In LOGO ist nur der direkte Vergleich zweier ZAHLEN mit < > = zugelassen. Zum Vergleich zweier WORTE oder LISTEN ist nur die Abfrage der Gleichheit mit = und der Antwort WAHR bzw. FALSCH möglich. Zur Feststellung der lexikografischen Reihenfolge zweier WORTE oder LISTEN benötigen wir je eine Prozedur. Der zeichenweise Vergleich beruht dabei auf der ASCII-Tabelle aller zulässigen Zeichen(s. Handbuch) mit dem Grundwort ASC. Es wird jetzt eine Prozedur VWORT :A :B angegeben, die zwei WORTE bezüglich der Reihenfolge vergleicht. Kommt dabei A vor B oder ist A = B, so wird WAHR, sonst FALSCH zurückgegeben:

```
PR VWORT :A :B
WENN :A = :B RG "WAHR
WENN :A = "  RG "WAHR
WENN :B = "  RG "FALSCH
WENN ER :A = ER :B RG VWORT OE :A OE :B
WENN ASC ER :A > ASC ER :B RG "FALSCH SONST RG "WAHR
ENDE
```

Hinweis. ER :A liefert das erste ZEICHEN des WORTES :A
OE :A liefert WORT :A ohne das erste ZEICHEN

In Kap. 4.3(S.44) wird der Vergleich auf LISTEN erweitert.

3.6 IGEL-Grafik

Aus interessanten Anwendungen der IGEL-Grafik ließe sich schon allein eine umfangreiche Beispielsammlung zusammenstellen. Wir wollen dagegen lediglich unsere Beispiel-Prozedur VIELECK aus Abschnitt 2.4 noch ein bißchen erweitern.

```
PR VIELECK :KANTE :DREHUNG
VORWAERTS :KANTE
LINKS :DREHUNG
VIELECK :KANTE :DREHUNG
ENDE
```

Das 'offene' Ende der Prozedur ist absichtlich gewählt, um mit der Prozedur auch ohne geometrische Grundkenntnisse arbeiten bzw. experimentieren zu können. Selbstverständlich hätte man die volle Drehung von 360 Grad auch ordentlich durch die Anzahl der gewünschten Ecken teilen und die Prozedur nach N Wiederholungen korrekt beenden können. In der 'offenen' Form können auch Schüler ohne Kenntnisse über N-Ecke, ja selbst ohne Kenntnisse über Winkelmaße viele geometrische Entdeckungen machen.

Zu vielen geometrischen Fragen kann eine geringfügige Änderung der Vielecks-Prozedur führen. Wir lassen nämlich jetzt zu, daß die DREHUNG nach jedem Schritt um einen festen Summanden geändert wird. Damit wir diesen 'Störanteil' frei wählen können, setzen wir ihn als Variable STOER gleich in die Eingangsvariablenliste ein:

```
PR VIELES :KANTE :DREHUNG :STOER
VW :KANTE
LI :DREHUNG
VIELES :KANTE :DREHUNG + :STOER :STOER
ENDE
```

Bevor Sie die Prozedur VIELES ausprobieren, versuchen Sie mal, das Ergebnis ungefähr vorauszusagen. Wählen Sie zunächst kleine positive oder negative Werte für die Störung aus und brechen Sie das Experiment nicht zu früh ab.

Mancher kann und wird das für eine Spielerei halten. Man darf es aber auch positiver als Beleg für die Mächtigkeit der IGEL-Grafik ansehen. Vielleicht stören Sie auch mal die Kantenlänge?

3.7 EXTRAS

Als Anwendung des LOGO-Elementes TUE sollen zum Abschluß der kurzen LOGO-Einführung drei KONTROLL-STRUKTUREN simuliert werden, die in höherwertigen Programmiersprachen wie PASCAL verwendet werden.

1. SOLANGE [*Bedingung wahr*] [*Anweisung(en) ausführen*]

   Die angegebene(n) Anweisung(en) wird solange wiederholt, wie die angegebene Bedingung erfüllt ist. Es ist klar, daß die Ausführung nur abbricht, wenn durch die Ausführung der Anweisung(en) der WERT der Bedingung nach höchstens endlich vielen Ausführungsschritten FALSCH ist, wie etwa bei

   SOLANGE [:I<10] [DRUCKE :I SETZE "I :I+1]

   Außerdem benötigen wir immer einen Anfangswert der Bedingung, der hier durch den vorherigen WERT von I bestimmt wird. Die angegebene Beispiel-Zeile ist bereits eine gültige LOGO-Anweisung, wenn wir folgende Prozedur lernen lassen:

```
PR SOLANGE :BIS :MACHE
 WENN NICHT TUE :BIS DANN RUECKKEHR
 TUE :MACHE SOLANGE :BIS :MACHE
ENDE
```

   Das LOGO-Grundwort TUE bewirkt die Ausführung der nachfolgenden LISTE. Steht in LISTE :BIS eine BEDINGUNG, so wird durch TUE der Wahrheitswert WAHR oder FALSCH zurückgegeben. Das zweite TUE wird also genau dann ausgeführt, wenn die Bedingung erfüllt ist(WAHR). Durch die GEHE-Anweisung wird die Ausführung solange wiederholt, bis die Bedingung nicht mehr erfüllt ist(FALSCH).

   Für die korrekte Ausführung einer SOLANGE-Anweisung müssen alle in der benutzten Bedingung auftretenden Variablen bzw. Prozeduren einen aktuellen WERT zurückgeben können.

   Man kann die SOLANGE-Anweisung natürlich auch wieder in der Ausführungsliste verwenden(geschachtelte SOLANGE-Anweisung).

   Wesentlich ist bei der Formulierung von PR SOLANGE und den beiden folgenden Kontrollstrukturen, daß durch die Verwendung einer 'endständigen' Rekursion eine beliebige Tiefe der Rekursion möglich ist! Entscheidend dafür ist die Wirkung des Grundwortes TUE, siehe dazu auch Seite 218.

2. WIEDER [*Anweisung(en) ausführen*] [*bis Bedingung wahr*]

Gegenüber der vorherigen SOLANGE-Anweisung wird zunächst die Anweisung (oder mehrere) ausgeführt. Dann wird eine nachgestellte BEDINGUNG geprüft. Ist die Bedingung erfüllt (WAHR), so ist die gesamte Ausführung beendet. Ist sie aber nicht erfüllt(FALSCH), so wird die vorhergehende Anweisung wieder ausgeführt usf. Auch hier muß -wie bei der SOLANGE-Anweisung- die (nachgestellte) BEDINGUNG durch die vorhergehende Ausführung der Anweisung(en) beeinflußt werden, damit ein Abbruch der WIEDER-Anweisung eintritt, wie etwa in

```
WIEDER [DZ :X*:X SETZE "X :X+1] [:X=10]
```

Auch hier muß für X vor der WIEDER-Anweisung ein aktueller WERT (z.B. 1) vorliegen, damit eine korrekte Ausführung möglich ist. Es liegt bereits eine gültige LOGO-Anweisung vor, wenn wir die WIEDER-Prozedur wie folgt lernen lassen

```
PR WIEDER :MACHE :BIS
 TUE :MACHE
 WENN NICHT TUE :BIS WIEDER :MACHE :BIS
ENDE
```

Das obige Beispiel erzeugt mit der Prozedur WIEDER dann die Quadratzahlen von 1 bis 9, wenn der WERT von X zu Beginn 1 war. Da das Grundwort WIEDERHOLE als Name der Prozedur nicht benutzt werden darf, wurde das kürzere WIEDER verwendet.
Während die SOLANGE-Anweisung ohne Ausführung einer Anweisung verlaufen kann, wenn die angegebene BEDINGUNG von Anfang an FALSCH ist, so wird bei der WIEDER-Anweisung die angegebene Anweisung (oder mehrere) mindestens einmal ausgeführt.
Man kann die WIEDER-Prozedur auch mit der SOLANGE-Prozedur kombinieren, obwohl die Ausführung in einer direkten LOGO-Anweisungsfolge meist schneller ist. Für die indirekten Kontrollstrukturen mit WIEDER oder SOLANGE treten jedoch keine Schachtelungsprobleme wie beim rekursiven Aufruf auf.

3. FUER *Variable Wert A (bis) Wert B Schritt C* **[***Anweisung(en)***]**
Es handelt sich hier um die FOR-Schleife, bei der bestimmte Anweisungen unter fortlaufender Änderung einer (Lauf-)Variablen von einem Anfangswert bis zu einem Endwert mit einer festen Schrittweite ausgeführt werden sollen(Lauf-Anweisung). Auch diese Kontrollstruktur ist im Prinzip entbehrlich, weil sie sich in jeder Sprache auch direkt formulieren läßt. Bei geschachtelten Laufanweisungen kann sie dennoch gute Dienste tun, wenn sie auch deutlich langsamer gegenüber einer direkten LOGO-Formulierung ist.

```
FUER "X 1 10 1 [(DZ :X QW :X)]
```

ist bereits eine zulässige LOGO-Anweisung, wenn wir die FUER-Prozedur folgendermaßen lernen lassen:

```
PR FUER :1 :2 :3 :4 :MACHE
 SETZE :1 :2
 TUE :MACHE
 SETZE :1 :4 + WERT :1
 PRUEFE :4 > 0
 WW WENN WERT :1 > :3 RK
 WF WENN WERT :1 < :3 RK
 FUER :1 WERT :1 :3 :4 :MACHE
ENDE
```

Zunächst verwenden wir Ziffern als Variablen-Namen, um eine Übertragung auf Variable der Rahmenprozedur zu erschweren. Da die FUER-Prozedur für jeden beliebigen Namen einer später gewählten Variablen funktionieren soll, verwenden wir eine gute Eigenschaft von LOGO. Durch den Prozedur-Aufruf wird der Name der Laufvariablen der internen Variablen 1 zugewiesen. Mit SETZE :1 :2 (beachten Sie den ersten Doppelpunkt) können wir nun den WERT der Eingangsvariablen 2 (Anfangswert) auf die frei gewählte Laufvariable übertragen, deren Name als :1 verfügbar ist! Wenn wir den WERT der Laufvariablen dann verwenden, müssen wir WERT :1 verwenden. Die PRUEFE-Abfrage in Zeile 5 berücksichtigt, daß die Schrittweite auch negativ sein darf.
Wenn man die FUER-Prozedur in der Form verwendet

```
FUER "I Ø 1 Ø.1  [(DZ :I :I*:I)],
```

kann man eine unangenehme Überraschung erleben(s. auch 6.1).

4 Datenbehandlung in LOGO

Die Art der Datenbehandlung in LOGO wird besonders dem Anfänger einige Probleme bereiten. Wenn man sich jedoch mit don Grundprinzipien an einigen Beispielen vertraut gemacht hat, wird man die Stärken und vielfältigen Möglichkeiten schätzen lernen. Jede Programmiersprache muß für die DATEN-Verwaltung zwischen verschiedenen DATEN-Typen intern unterscheiden. Das mindeste ist die Unterscheidung von numerischen DATEN(=Zahlen) und nichtnumerischen DATEN(=Zeichenketten).
Die Unterscheidung verschiedener DATEN-Typen kann -wie bei PASCAL- dem Benutzer aufgenötigt werden, in dem von ihm für alle verwendeten DATEN des Programms eine vorherige direkte Typen-Vereinbarung verlangt wird. LOGO besitzt dagegen eine indirekte Typen-Vereinbarung, die den Benutzer von der Festlegung aller DATEN freihält und zudem Umwandlungen zwischen verschiedenen DATEN-Typen im Programm zuläßt. Damit erreicht LOGO ein sehr universelles DATEN-Konzept.
LOGO kennt vier DATEN-Typen: ZAHL, WORT, SATZ und LISTE.
Eine ZAHL wird direkt, ein WORT durch vorangestelltes Anführungszeichen("), SATZ bzw. LISTE durch Einschluß in eckige Klammern angegeben. Der DATEN-Typ einer LOGO-Variablen darf im Programm beliebig geändert werden! Die Abfrage des DATEN-Typs einer Variablen ist mit den LOGO-Grundworten ZAHL?, WORT? und LISTE? mit der Antwort WAHR oder FALSCH möglich.
Ungewohnt gegenüber fast allen anderen Sprachen ist das Fehlen indizierter Variabler(=Felder) in LOGO. DATEN-Felder werden in LOGO als LISTEN behandelt. Dieses Konzept löst sich von der speicherplatzorientierten Vorstellung der DATEN und vermeidet überdies lästige Dimensionierungsanweisungen.
Das DATEN-Konzept von LOGO gibt dem Benutzer ein elegantes Werkzeug zur Verarbeitung unterschiedlicher DATEN-Typen an die Hand. Der Preis dafür ist ein höherer gedanklicher Aufwand bei der Programmherstellung und ein höherer Zeitaufwand bei der Programmausführung. Das letztere dürfte sich jedoch nur bei kommerziellen Anwendungen mit großen DATEN-Mengen negativ auswirken.
Von den vielfältigen Möglichkeiten der DATEN-Behandlung werden nun einige für den Typ WORT, SATZ und LISTE angegeben.

4.1 DATEN-Typ WORT

Ein WORT ist eine Zeichenkette ohne Leerstellen.
Das explizite WORT wird in LOGO durch ein vorangestelltes Anführungszeichen (") gekennzeichnet. Das leere WORT ist " mit anschließender Leerstelle!
Mit dem Grundwort WORT lassen sich in LOGO neue WORTE bilden.

DZ WORT "OFEN "ROHR   gibt OFENROHR aus.

Wenn man mehr als zwei WORTE zu einem WORT verbinden will, so muß der Ausdruck von außen eingeklammert werden, wie etwa in

(WORT "BODEN "SEE "DAMPFER)

Wesentlich ist die Möglichkeit, einzelne ZEICHEN eines WORTES abzurufen. Dafür besitzt LOGO die Grundworte

ERSTES	Abk.	ER
LETZTES	Abk.	LZ
OHNEERSTES	Abk.	OE
OHNELETZTES	Abk.	OL

Die beiden ersten Grundworte geben das erste bzw. das letzte ZEICHEN eines WORTES zurück, wie etwa

DZ ER "HALLO!   das ZEICHEN H
oder DZ LZ "HALLO!   das ZEICHEN !

Als Argumente von ER LZ dürfen Variable und Prozeduren, nicht jedoch das leere WORT " verwendet werden.

Die beiden Grundworte OE bzw. OL geben das nachgestellte WORT ohne das erste bzw. ohne das letzte ZEICHEN zurück, wie etwa

DZ OE "HALLO!   das WORT ALLO!
oder DZ OL "HALLO!   das WORT HALLO

Will man ein ZEICHEN innerhalb des WORTES abrufen, so kann man die jeweiligen Grundworte kombinieren, wie etwa bei

DZ ER OE "HALLO!   (liefert ZEICHEN A ab)
oder DZ OE OL "HALLO!   (liefert WORT LL ab)

Allgemeiner ist aber die Möglichkeit, die ZEICHEN eines WORTES rekursiv abzurufen. Dazu benötigt man dann eine Prozedur, in der das betr. WORT als Eingangsvariable auftaucht; siehe dazu Prozedur VWORT in Abschnitt 3.6 zum Vergleich zweier WORTE. Unter den 100 Beispielen findet der Leser zahlreiche Anwendungen des DATEN-Typs WORT mit den hier erwähnten Grundworten.

4.2 DATEN-Typ SATZ

Ein SATZ ist eine LISTE, die aus WORTEN besteht.
Der explizite SATZ wird durch einschließende eckige Klammern gekennzeichnet, wie etwa [DAS IST EIN SATZ!] Zwischen den WORTEN des SATZES steht je eine Leerstelle, weitere Leerstellen werden von LOGO entfernt. Der leere SATZ ist [] .
Mit dem Grundwort SATZ lassen sich in LOGO neue SÄTZE bilden:

DZ SATZ "GUTEN "TAG gibt GUTEN TAG aus.

Wenn man mehr als zwei WORTE zu einem SATZ verbinden will, so muß man den ganzen Ausdruck in runde Klammern setzen, wie etwa

(SATZ "LOGO "IST "PRIMA!)

Die Grundworte ERSTES, LETZTES, OHNEERSTES und OHNELETZTES haben beim DATEN-Typ SATZ analoge Wirkung wie beim WORT:

ERSTES	gibt das erste WORT des SATZES,
LETZTES	gibt das letzte WORT des SATZES,
OHNEERSTES	gibt den SATZ ohne das erste WORT,
OHNELETZTES	gibt den SATZ ohne das letzte WORT zurück.

Bsp. OE OL [LOGO IST PRIMA!] liefert den SATZ [IST] ab!
Eine VARIABLE vom DATEN-Typ SATZ kann als eindimensionales Feld aufgefaßt werden. Auf seine Elemente(=WORTE) wird nicht mit einem Index, sondern durch wiederholtes ER bzw. LZ zugegriffen.
Ein SATZ darf natürlich auch aus ZAHLEN bestehen, sodaß z.B.

(SATZ 1 2 3 4 5) [1 2 3 4 5] abliefert.

LOGO besitzt für SÄTZE und allgemein für LISTEN zwei Möglichkeiten, um außerdem den SATZ bzw. die LISTE zu verändern:

MITERSTEM ergänzt eine LISTE von vorn
und MITLETZTEM ergänzt eine LISTE von hinten.

So gibt ME "Ø [1 2 3 4 5] den SATZ [Ø 1 2 3 4 5]
und ML "LOGO [GUTEN TAG] [GUTEN TAG LOGO] zurück.

Die zweite Angabe muß bei ME bzw. ML immer eine LISTE sein. Damit als Ergebnis ein SATZ entsteht, muß die erste Angabe ein WORT sein.

Natürlich dürfen für die angegebenen Grundworte als Argumente auch VARIABLE oder Prozeduren verwendet werden, wenn sie den zulässigen DATEN-Typ darstellen.

4.3 DATEN-Typ LISTE

Eine LISTE ist eine durch je eine Leerstelle getrennte Anordnung von ZAHLEN, WORTEN, SÄTZEN oder LISTEN, die in eckige Klammern eingeschlossen ist, wie etwa [DIES IST [EINE] LISTE]. Die leere LISTE wird mit [] bezeichnet.
LISTE ist der allgemeinste DATEN-Typ bei LOGO, da sie alle anderen DATEN-Typen einschließlich LISTE enthalten darf.
Mit dem Grundwort LISTE kann man aus ZAHLEN, WORTEN, SÄTZEN und LISTEN neue LISTEN bilden. So gibt etwa

```
LISTE 1 "PFENNIG        Ergebnis: [1 PFENNIG]
LISTE 1 + 2 "MAL        Ergebnis: [3 MAL]
LISTE 1 [PFENNIG]       Ergebnis: [1 [PFENNIG]]
```

Die Listenstruktur ist neben dem Prozedur-Konzept das Herzstück von LOGO. Sie erlaubt uns eine sehr elegante feldfreie Organisation und Verarbeitung der DATEN in einem Programm.
Neben dem Aufbau von LISTEN ist der Zugriff auf die ELEMENTE einer LISTE von zentraler Bedeutung. Dazu dienen die beiden Grundworte

ERSTES Abk. ER und **LETZTES** Abk. LZ ,

die uns das erste bzw. letzte ELEMENT einer LISTE zurückgeben.
Um nun eine LISTE elementeweise von vorn oder von hinten abzuarbeiten, verwenden wir die beiden LOGO-Grundworte

OHNEERSTES Abk. OE und **OHNELETZTES** abk. OL ,

die eine LISTE ohne das erste bzw. ohne das letzte ELEMENT zurückgeben. Sind die ELEMENTE der LISTE selbst wieder LISTEN, so kann man sie entsprechend abarbeiten. Damit erhält man ein universelles (mehrdimensionales) DATEN-Konzept ohne irgend eine Feldvereinbarung in LOGO.

Beispiele.

```
ER [1 2 3 4]                          1
LZ [1 2 3 4]                          4
ER [[11 12] [21 22] [31 32]]          11 12
LZ [[11 12] [21 22] [31 32]]          31 32
OE [1 2 3 4]                          [2 3 4]
OL [1 2 3 4]                          [1 2 3]
ER OE [1 2 3 4]                       2
ER OL [1 2 3 4]                       1
ER ER [[11 12] [21 22] [31 32]]       11
LZ ER [[11 12] [21 22] [31 32]]       12
```

Seine volle Wirkung entfaltet das LISTEN-Konzept von LOGO aber erst in Verbindung mit dem rekursiven Prozeduraufruf. Wenn wir von der speichebedingten Rekursionsgrenze absehen, kann man damit jede LISTE unabhängig von der jeweiligen Anzahl ihrer ELEMENTE verarbeiten.

Als abschließendes Beispiel für die DATEN-Verarbeitung in LOGO soll nun der VERGLEICH zweier WORTE aus Kap. 3.5 auf LISTEN erweitert werden. Damit ist es dann möglich, die lexikografische Anordnung zweier LISTEN gemäß des ASCII-Alphabetes zu prüfen. Die Prozedur VLISTE :A :B gibt "WAHR zurück, wenn die LISTE :A ASCII-alphabetisch <u>vor</u> der LISTE :B kommt oder die beiden LISTEN gleich sind, sonst wird "FALSCH zurückgegeben.

```
PR VLISTE :A :B
 WENN EINES? :A = :B :A = [] RG "WAHR
 WENN :B = [] RG "FALSCH
 WENN ER :A = ER :B RG VLISTE OE :A OE :B
 WENN ALLE? LISTE? ER :A LISTE? ER :B RG VLISTE ER :A ER :B
 WENN ALLE? WORT? ER :A WORT? ER :B RG VWORT ER :A ER :B
 RG "FALSCH
ENDE
```

<u>Hinweis.</u> Der Vergleich der LISTEN :A und :B wird von <u>vorn</u> elementeweise vorgenommen. Zunächst wird aber nachgeprüft, ob die LISTEN gleich sind oder eine der LISTEN (inzwischen) leer ist.

Stimmen die ersten beiden ELEMENTE der beiden LISTEN überein, so wird VLISTE ohne die ersten ELEMENTE von :A und :B rekursiv aufgerufen.

Stimmen die verglichenen ELEMENTE der beiden LISTEN nicht überein, so wird geprüft, ob beide ELEMENTE selbst LISTEN sind. Ist das der Fall, so wird der Vergleich mit den beiden ELEMENTEN als LISTEN rekursiv fortgesetzt. Das geschieht solange, bis entweder zwei WORTE mit der Prozedur VWORT :A :B (Seite 36) verglichen werden oder "FALSCH zurückgegeben wird.

Falls Ihr LOGO-System eine PROTOKOLL-Prozedur besitzt, sollten Sie die Arbeitsweise der Prozedur VLISTE bzw. VWORT an einigen Beispielen schrittweise beobachten.

```
LOGO LOGO LOGO LOGO LOGO LOGO
OGO LOGO LOGO LOGO LOGO LOGO L
GO LOGO LOGO LOGO LOGO LOGO LO
O LOGO LOGO LOGO LOGO LOGO LOG
 LOGO LOGO LOGO LOGO LOGO LOGO
LOGO LOGO LOGO LOGO LOGO LOGO
OGO LOGO LOGO LOGO LOGO LOGO L
GO LOGO LOGO LOGO LOGO LOGO LO
O LOGO LOGO LOGO LOGO LOGO LOG
 LOGO LOGO LOGO LOGO LOGO LOGO
LOGO LOGO LOGO LOGO LOGO LOGO
OGO LOGO LOGO LOGO LOGO LOGO L
GO LOGO LOGO LOGO LOGO LOGO LO
O LOGO LOGO LOGO LOGO LOGO LOG
 LOGO LOGO LOGO LOGO LOGO LOGO
LOGO LOGO LOGO LOGO LOGO LOGO
OGO LOGO LOGO LOGO LOGO LOGO L
GO LOGO LOGO LOGO LOGO LOGO LO
O LOGO LOGO LOGO LOGO LOGO LOG
 LOGO LOGO LOGO LOGO LOGO LOGO
LOGO LOGO LOGO LOGO LOGO LOGO
OGO LOGO LOGO LOGO LOGO LOGO L
GO LOGO LOGO LOGO LOGO LOGO LO
O LOGO LOGO LOGO LOGO LOGO LOG
 LOGO LOGO LOGO LOGO LOGO LOGO
LOGO LOGO LOGO LOGO LOGO LOGO
OGO LOGO LOGO LOGO LOGO LOGO L
GO LOGO LOGO LOGO LOGO LOGO LO
O LOGO LOGO LOGO LOGO LOGO LOG
 LOGO LOGO LOGO LOGO LOGO LOGO
LOGO LOGO LOGO LOGO LOGO LOGO
OGO LOGO LOGO LOGO LOGO LOGO L
GO LOGO LOGO LOGO LOGO LOGO LO
O LOGO LOGO LOGO LOGO LOGO LOG
 LOGO LOGO LOGO LOGO LOGO LOGO
LOGO LOGO LOGO LOGO LOGO LOGO
OGO LOGO LOGO LOGO LOGO LOGO L
GO LOGO LOGO LOGO LOGO LOGO LO
O LOGO LOGO LOGO LOGO LOGO LOG
 LOGO LOGO LOGO LOGO LOGO LOGO
LOGO LOGO LOGO LOGO LOGO LOGO
OGO LOGO LOGO LOGO LOGO LOGO L
GO LOGO LOGO LOGO LOGO LOGO LO
O LOGO LOGO LOGO LOGO LOGO LOG
 LOGO LOGO LOGO LOGO LOGO LOGO
LOGO LOGO LOGO LOGO LOGO LOGO
OGO LOGO LOGO LOGO LOGO LOGO L
GO LOGO LOGO LOGO LOGO LOGO LO
O LOGO LOGO LOGO LOGO LOGO LOG
 LOGO LOGO LOGO LOGO LOGO LOGO
LOGO LOGO LOGO LOGO LOGO LOGO
OGO LOGO LOGO LOGO LOGO LOGO L
GO LOGO LOGO LOGO LOGO LOGO LO
O LOGO LOGO LOGO LOGO LOGO LOG
 LOGO LOGO LOGO LOGO LOGO LOGO
```

5 1oo LOGO - Beispiele

Die nachfolgende Sammlung von LOGO-Beispielen stellt nur einen kleinen Ausschnitt aus den Anwendungsmöglichkeiten dieser Sprache dar. Mancher LOGO-Fan wird bemerken, daß ein Teil der Beispiele nicht LOGO-typisch sind, d.h. nicht auf die 'guten' Eigenschaften von LOGO zugeschnitten sind. Das ist jedoch Absicht! Erstens soll dem Benutzer ein direkter Vergleich mit den gleichen 100 BASIC-Beispielen geboten werden. Zweitens sollen die Schwächen von LOGO -etwa im numerischen Bereich- auch nicht umgangen werden.

Die Beispiel-Sammlung enthält neben sehr elementaren Anwendungen auch anspruchsvolle LOGO-Lösungen bis hin zur Simulation einer Mondlandung und naturwissenschaftlichen Modellbildungen.

Alle LOGO-Beispiele haben einen einheitlichen Aufbau. Es wird jeweils ein Rahmenprogramm angegeben, das die EINGABE der Daten und die AUSGABE der Ergebnisse besorgt. Die eigentliche Lösungs-Prozedur kann bis auf wenige Ausnahmen immer unabhängig vom Rahmenprogramm eingesetzt werden, um die prozedurale Stärke von LOGO auch definitiv zu nutzen.

Aus methodischen Gründen wird meist die rekursive Formulierung vorgezogen, um die 'Eleganz' von LOGO zu demonstrieren. Beim praktischen Einsatz wird deshalb eine Umsetzung in die iterative Schleifenlösung in manchen Fällen notwendig sein, worauf der Leser in den einzelnen Beispielen hingewiesen wird.

Die angegebenen Beispiele sind zunächst als Grundstock zu den einzelnen Problemkreisen gedacht. Sie sollen aber vor allem Anregungen zur eigenen Programmierung im Sinne eines 'Steinbruchs' sein. Die bloße Übernahme von Programmen etwa bei Spielen kann sinnvoll sein, wenn man sich zunächst Gedanken über die Spiel-Strategie machen will. Man sollte jedoch immer versuchen, das dem Programm zugrundeliegende Verfahren zu verstehen und dann Änderungen und Erweiterungen selbst vornehmen.

Die Beispiele beginnen mit mathematischen Aufgaben aus dem Schulbereich. Die Beispiele 33 bis 65 führen in die Lösung nichtnumerischer Probleme ein. In den restlichen Beispielen werden kaufmännische, statistische und Sortieraufgaben gelöst.

Beispiel 0 PROLOG

Problem. Ein bestimmter Text soll ausgegeben werden.

Verfahren. Die Textzeilen werden mit dem LOGO-Grundwort DRUCKEZEILE, Abkürzung DZ, erfaßt und ausgegeben.

Phantastereien von EUGEN ROTH

Ein Mensch denkt nachts in seinem Bette,
Was er gern täte, wäre, hätte.
Indes schon Schlaf ihn leicht durchrinnt,
Er einen goldnen Faden spinnt
Und spinnt und spinnt sich ganz zurück
In Märchentraum und Kinderglück.
Er möchte eine Insel haben,
Darauf ein Schloss mit Wall und Graben,
Das so geheimnisreich befestigt,
Daß niemand ihn darin belästigt.
Dann möchte er ein Schiff besitzen
Mit selbsterfundenen Geschützen,
Daß ganze Länder, nur vom Zielen,
In gläserne Erstarrung fielen.
Dann wünscht er sich ein Zauberwort,
Damit den Nibelungenhort-
Tarnkappe, Ring und Schwert - zu heben.
Dann möchte er tausend Jahre leben,
Dann möchte er... doch er findet plötzlich
Dies Traumgeplantsch nicht mehr ergötzlich.
Er schilt sich selbst: >Hanswurst, saudummer!<
Und sinkt nun augenblicks in Schlummer.

NOCH EIN SPRUCH:

IHR WOLLT UNSER BESTES - ABER DAS KRIEGT IHR NICHT!
BROT FUER DIE WELT - ABER DIE WURST BLEIBT HIER!
ES GIBT VIEL ZU TUN - NICHTS WIE WEG
ENDSTATION - ALLES EINSTEIGEN
GOTT STARB (NIETZSCHE) - NIETZSCHE STARB (GOTT)
WISSEN IST MACHT - WIR WISSEN NICHTS - MACHT NICHTS.
WASS GOTT WIRD FUGEN - DASS SOLL MIR GENUGEN
FREIHEIT FUER DAS PACKEIS - WEG MIT GROENLAND
ALLE SCHAUEN AUFS BRENNENDE HAUS, NUR KLAUS GUCKT RAUS
BOESE ELTERN HABEN OFT FROMME KINDER
AN DER LEINE FAENGT DER HUND KEINEN HASEN
PHANTASIE IST WICHTIGER ALS WISSEN(EINSTEIN)
WENN DIE SAU SATT IST, STOESST SIE DEN TROG UM
AUCH EIN KLEINER BESEN KEHRT DIE TENNE REIN
IST DIE BIRNE REIF, FAELLT SIE SELBER VOM AST
WILLST DU EIN BRAVES WEIB, SEI EIN RECHTER MANN
JEDES WEIBES FEHLER IST DES MANNES SCHULD
GOTT SCHICKT UNS DAS FLEISCH, DER TEUFEL DIE KOECHE
JEDES EDLE PFERD STOLPERT, JEDER WISSENDE IRRT SICH

```
PR Lieber.Roth.als.tot
 DZ "'Phantastereien von EUGEN ROTH'
 DZ "''
 DZ "'Ein Mensch denkt nachts in seinem Bette,'
 DZ "'Was er gern täte, wäre, hätte.'
 DZ "'Indes schon Schlaf ihn leicht durchrinnt,'
 DZ "'Er einen goldnen Faden spinnt'
 DZ "'Und spinnt und spinnt sich ganz zurück'
 DZ "'In Märchentraum und Kinderglück.'
 DZ "'Er möchte eine Insel haben,'
 DZ "'Darauf ein Schloss mit Wall und Graben,'
 DZ "'Das so geheimnisreich befestigt,'
 DZ "'Daß niemand ihn darin belästigt.'
 DZ "'Dann möchte er ein Schiff besitzen'
 DZ "'Mit selbsterfundenen Geschützen,'
 DZ "'Daß ganze Länder, nur vom Zielen,'
 DZ "'In gläserne Erstarrung fielen.'
 DZ "'Dann wünscht er sich ein Zauberwort,'
 DZ "'Damit den Nibelungenhort-'
 DZ "'Tarnkappe, Ring und Schwert - zu heben.'
 DZ "'Dann möchte er tausend Jahre leben,'
 DZ "'Dann möchte er... doch er findet plötzlich'
 DZ "'Dies Traumgeplantsch nicht mehr ergötzlich.'
 DZ "'Er schilt sich selbst: >Hanswurst, saudummer!<'
 DZ "'Und sinkt nun augenblicks in Schlummer.'
ENDE
```

```
PR SCHILLERND
 DZ [NOCH EIN SPRUCH:]
 DZ []
 DZ [IHR WOLLT UNSER BESTES - ABER DAS KRIEGT IHR NICHT!]
 DZ [BROT FUER DIE WELT - ABER DIE WURST BLEIBT HIER!]
 DZ [ES GIBT VIEL ZU TUN - NICHTS WIE WEG]
 DZ [ENDSTATION - ALLES EINSTEIGEN]
 DZ [GOTT STARB ( NIETZSCHE ) - NIETZSCHE STARB ( GOTT )]
 DZ [WISSEN IST MACHT - WIR WISSEN NICHTS - MACHT NICHTS.]
 DZ [WASS GOTT WIRD FUGEN - DASS SOLL MIR GENUGEN]
 DZ [FREIHEIT FUER DAS PACKEIS - WEG MIT GROENLAND]
 DZ [ALLE SCHAUEN AUFS BRENNENDE HAUS, NUR KLAUS GUCKT RAUS]
 DZ [BOESE ELTERN HABEN OFT FROMME KINDER]
 DZ [AN DER LEINE FAENGT DER HUND KEINEN HASEN]
 DZ [PHANTASIE IST WICHTIGER ALS WISSEN(EINSTEIN)]
 DZ [WENN DIE SAU SATT IST, STOESST SIE DEN TROG UM]
 DZ [AUCH EIN KLEINER BESEN KEHRT DIE TENNE REIN]
 DZ [IST DIE BIRNE REIF, FAELLT SIE SELBER VOM AST]
 DZ [WILLST DU EIN BRAVES WEIB, SEI EIN RECHTER MANN]
 DZ [JEDES WEIBES FEHLER IST DES MANNES SCHULD]
 DZ [GOTT SCHICKT UNS DAS FLEISCH, DER TEUFEL DIE KOECHE]
 DZ [JEDES EDLE PFERD STOLPERT, JEDER WISSENDE IRRT SICH]
ENDE
```

Hinweise zur praktischen Verwendung der LOGO-Beispiele.

Die behandelten Probleme sind in Themenkreisen geordnet. Sie können jedoch völlig unabhängig voneinander verwendet werden.

Alle Beispiele haben die gleiche formale Darstellung. Zuerst wird das gestellte Problem formuliert. Daran anschließend wird das verwendete Lösungsverfahren und die Umsetzung in die LOGO-Sprache beschrieben. Eine umfassende fachliche Darlegung des Hintergrundes der Lösungen war wegen der Vielzahl der behandelten Beispiele leider nicht möglich. Dazu muß der Leser im Einzelfall auf die einschlägige Fachliteratur selbst zurückgreifen. Bei vielen Beispielen werden noch kurze Hinweise auf einzelne Besonderheiten der LOGO-Lösung oder des Problems gegeben. Die Beschreibungen enden immer mit einer Aufgabe zur Änderung oder Weiterführung des angegebenen LOGO-Programms.

Neben dem LOGO-Programm wird stets ein Testbeispiel angegeben. Damit soll dem Benutzer ein kurzer formaler Test des Programms ermöglicht werden. Testbeispiele, bei denen wegen Verwendung von Zufallszahlen keine volle Reproduzierbarkeit gegeben sein muß, sind durch ein Fragezeichen ? gekennzeichnet.
Achtung! Dem LOGO-Einsteiger wird dringend geraten, die Trennwirkung von Leerstellen strikt zu beachten! Anders als bei BASIC kann eine zusätzliche oder eine fehlende Leerstelle oft zu Fehlern bei LOGO führen. Sorgfalt zahlt sich aus.
Aus Platzgründen werden nach den Anfangsbeispielen die LOGO-Grundworte meist in der abgekürzten Form verwendet. Machen Sie sich deshalb bald mit den Abkürzungen vertraut.
In der dt. C 64-LOGO-Version muß das LOGO-Grundwort EINGABE durch LIESLISTE und das Grundwort TASTE durch LIESTASTE ersetzt werden.
Weitere Hinweise auf LOGO-Besonderheiten findet der Leser auf Seite 88 nach dem Kap. 5.1 Schulbeispiele.
Es wird auch nochmals auf die verfügbaren Diskettenversionen aller Beispiele in APPLE- bzw. C 64-Form hingewiesen.
Für einen direkten Vergleich mit der BASIC-Form siehe:
K.Menzel: BASIC in 100 Beispielen(4.Auflage), Teubner-Verlag.

5.1 Schulbeispiele

Beispiel 1 TEILBARKEIT

Problem. Für je zwei natürliche Zahlen A und B soll ermittelt werden, ob A ein Teiler von B ist, d.h. ob bei der Division von B durch A der Rest Ø ist.

Verfahren. Nach der Eingabe der beiden Zahlen A und B wird A solange von B subtrahiert, bis entweder der neue Wert von B = Ø wird, d.h. es gilt A TEILT B , oder der Wert von B < Ø wird, d.h. es gilt A TEILT B NICHT!

Hinweis(e). Das Beispiel 1 hat keine praktische Bedeutung, da man in LOGO die Teilbarkeitsabfrage direkt mit dem Grundwort REST und der Abfrage

REST :B :A = Ø

als WAHR oder FALSCH entscheiden kann.
Das einfache Beispiel soll hier vielmehr dazu dienen, ganz ausführlich einige grundsätzliche Situationen in LOGO zu beschreiben.
Zunächst zur EINGABE. Die beiden Zahlen A und B werden mit dem LOGO-Grundwort EINGABE als LISTE von zwei Elementen gelesen und dem NAMEN AB zugeordnet: SETZE "AB EINGABE .
Mit den beiden folgenden SETZE-Anweisungen werden die Zahlen der LISTE :AB entnommen und einzeln den NAMEN A bzw. B zugeordnet. In der 3.Version von Beispiel 1 wird die Zerlegung von :AB unterlassen. Die Zahlen A und B werden dann indirekt als ERSTES :AB bzw. LETZTES :AB verwendet.
Nun aber zur eigentlichen Teilbarkeits-Prozedur:

PR A.TEILT.B :A :B

In den beiden ersten Versionen des Beispiels 1 beginnt die Prozedur mit den beiden Abbruchbedingungen:

```
WENN :B = Ø DANN RUECKGABE "
WENN :B < :A DANN RUECKGABE "' NICHT!'
```

Wenn der Wert von B = Ø ist, liegt Teilbarkeit vor und deshalb wird das leere WORT " zurückgegeben! Wenn der Wert von B < A ist (B = Ø ist bereits ausgeschlossen), so wird das WORT "' NICHT!' zurückgegeben, da keine Teilbarkeit vorliegt.
In der 1.Version folgt für den verbleibenden Fall Wert B > A die rekursive RÜCKGABE A.TEILT.B :A :B - :A

```
PR TEILBARKEIT
 DRUCKEZEILE "'01/1 TEILBARKEIT'
 30: DRUCKEZEILE "'TEILT A DIE ZAHL B?'
 DRUCKE "'WELCHE ZAHLEN A UND B?'
 SETZE "AB EINGABE
 SETZE "A ERSTES :AB
 SETZE "B LETZTES :AB
 ( DRUCKE :A "' TEILT ' :B )
 DRUCKEZEILE A.TEILT.B :A :B
 DRUCKEZEILE " GEHE "30
ENDE

PR A.TEILT.B :A :B
 WENN :B = 0 DANN RUECKGABE "
 WENN :B < :A DANN RUECKGABE "' NICHT!'
 RUECKGABE A.TEILT.B :A :B - :A
ENDE
```

```
01/1 TEILBARKEIT
TEILT A DIE ZAHL B?
WELCHE ZAHLEN A UND B?673 4711
673 TEILT 4711

TEILT A DIE ZAHL B?
WELCHE ZAHLEN A UND B?7 4711
7 TEILT 4711
Speicher voll!, in Zeile
  WENN :B = 0 DANN RUECKGABE "
in Aufruf-Ebene 78 von A.TEILT.B.
```

```
PR TEILBARKEIT
 DZ "'01/2 TEILBARKEIT'
 DZ "'TEILT A DIE ZAHL B?'
 DR "'WELCHE ZAHLEN A UND B?'
 SETZE "AB EINGABE
 SETZE "A ER :AB SETZE "B LZ :AB
 ( DZ :A "TEILT :B A.TEILT.B :A :B )
 DZ " TEILBARKEIT
ENDE

PR A.TEILT.B :A :B
 100: WENN :B = 0 DANN RUECKGABE "
 WENN :B < :A DANN RUECKGABE "NICHT!
 SETZE "B :B - :A GEHE "100
ENDE
```

```
01/2 TEILBARKEIT
TEILT A DIE ZAHL B?
WELCHE ZAHLEN A UND B?7 4711
7 TEILT 4711
```

In der 2.Version dagegen wird der Wert von B direkt durch

SETZE "B :B - :A

geändert und zur MARKE 1ØØ: zurückgesprungen(Schleife). Diese BASIC-artige Form verhindert, daß die Prozedur bereits bei trivialen Fällen wie A = 1 und B = 100 wegen fehlender Speichertiefe mit einer Fehlermeldung 'aussteigt'!

Achtung Die 3. Version liefert uns den idealen Ausweg!
Wir verwenden die Rekursion in endständiger Form, d.h. Rekursionsaufruf in der letzten Zeile ohne Rückgabe! in der Prozedur A.TEILT.B und Rückgabe des Ergebnisses aus einer der WENN-Abfragen. Das Ergebnis von PR A.TEILT.B aus der Rekursion kann aber nur unter Einsatz von TUE in der Rahmenprozedur TEILBARKEIT verarbeitet werden. Die 3.Version erhält uns das rekursive und das modulare Prinzip ohne Speicherprobleme! Näheres siehe in 6.2 auf Seite 218f.
Der endlose Aufruf der Rahmenprozedur wird in der 1.Version mit der GEHE-Schleife bewirkt, besser ist die 2. bzw. 3.Version.

Aufgabe 1 Studieren Sie alle drei Versionen gründlich.

Beispiel 2 TEILBARKEIT MIT INT

Problem. Für je zwei beliebige natürliche Zahlen A und B soll mit der INT-Funktion festgestellt werden, ob A ein Teiler von B ist, d.h. ob der Bruch B/A eine ganze Zahl ist.

Verfahren. Nach Angabe der Zahlwerte für A und B wird mit der Standard-Prozedur INT :X festgestellt, ob der Quotient B/A gleich dem ganzzahligen Anteil der Division von B durch A ist. Die Teilbarkeitseigenschaft läßt sich dabei mit der Abfrage

WENN :B/:A = INT :B/:A DANN ...

entscheiden.

Hinweis. Die Prüfung der Ganzzahligkeit ist in LOGO direkt mit der Standard-Prozedur DIV :B :A möglich, die den ganzzahligen Quotienten der Division zweier natürlicher Zahlen zurückgibt. Die Abfrage könnte also heißen

WENN DIV :B :A = Ø DANN ...

Aufgabe 2 Erweitern Sie das Programm so, daß neben der Teilbarkeit von B durch A auch die von A durch B geprüft wird.

```
PR TEILBARKEIT
 DRUCKEZEILE "'01/3 TEILBARKEIT'
 DZ "'TEILT A DIE ZAHL B?'
 DRUCKE "'WELCHE ZAHLEN A UND B?' SETZE "AB EINGABE
 ( DRUCKE ER :AB "' TEILT ' LZ :AB )
 TUE [DZ A.TEILT.B ER :AB LZ :AB]
 DZ " TEILBARKEIT
ENDE

PR A.TEILT.B :A :B
 WENN :B = 0 RUECKGABE "
 WENN :B < :A DANN RUECKGABE "' NICHT!'
 A.TEILT.B :A :B - :A
ENDE
```

```
     01/3 TEILBARKEIT
     TEILT A DIE ZAHL B?
     WELCHE ZAHLEN A UND B?7 4711
     7 TEILT 4711

     01/3 TEILBARKEIT
     TEILT A DIE ZAHL B?
     WELCHE ZAHLEN A UND B?123 456789
     123 TEILT 456789 NICHT!
```

```
PR TEILBARKEIT.MIT.INT
 DZ "'02 TEILBARKEIT MIT INT'
 DR "'WELCHE ZAHLEN A UND B?' SETZE "AB EINGABE
 SETZE "A ER :AB SETZE "B LZ :AB
 ( DR "'IST ' :B "/ :A "' GANZZAHLIG? ' )
 WENN :B = :A * INT :B / :A DZ "JA! SONST DZ "NEIN.
 DZ " TEILBARKEIT.MIT.INT
ENDE
```

```
     02 TEILBARKEIT MIT INT
     WELCHE ZAHLEN A UND B?7 4711
     IST 4711/7 GANZZAHLIG? JA!

     02 TEILBARKEIT MIT INT
     WELCHE ZAHLEN A UND B?1 0
     IST 0/1 GANZZAHLIG? JA!

     02 TEILBARKEIT MIT INT
     WELCHE ZAHLEN A UND B?123 456789
     IST 456789/123 GANZZAHLIG? NEIN.
```

Beispiel 3 DIVISION MIT REST

Problem. Für je zwei natürliche Zahlen A und B soll der ganzzahlige Anteil Q und der Rest R aus der Division von B durch A gemäß der eindeutigen Darstellung B = A*Q + R ermittelt werden.

Verfahren. Mit Hilfe der in LOGO verfügbaren Standard-Prozeduren DIV :B :A und REST :B :A lassen sich der Quotient Q und der Divisionsrest R direkt angeben.

Hinweis. Die Prozeduren DIV :B :A und REST :B :A geben auch für negative Zahlwerte von A und B korrekte Werte zurück.

Aufgabe 3 Testen Sie das LOGO-Programm für den Fall der Eingabe nichtganzzahliger Werte von A und B auf sein Verhalten.

Beispiel 4 RUNDEN VON ZAHLEN

Problem. Ein beliebiger Zahlwert soll auf N Stellen nach dem Komma gerundet werden. Die N-te Ziffer nach dem Komma wird dabei um 1 erhöht, falls die (N+1).Ziffer nach dem Komma größer als 4 ist und sonst um 1 reduziert.

Verfahren. LOGO besitzt die Standard-Prozedur RUNDE :X, die einen Zahlwert auf eine ganze Zahl (keine Stellen nach dem Komma) rundet. Um die Rundung auf eine variable Stellenzahl N nach dem Komma zu erreichen, benötigen wir eine Prozedur 10HOCH :N , die uns die Potenz 10 hoch N zurückgibt. Vor der RUNDE-Prozedur wird X um N Stellen durch Multiplikation mit 10HOCH :N verschoben und danach durch Multiplikation mit 10HOCH -:N wieder in die alte Kommaposition gebracht. Dieser Vorgang wird in der Prozedur RUNDEN :X :N so ausgeführt, daß z.B RUNDEN 1.23456 den Wert 1.2346 liefert.

Hinweis. Für negatives N wird die Rundung korrekt auf die Stellen vor dem Komma ausgedehnt.
Bsp. (RUNDE 10HOCH -2 5.1)*10HOCH 2 liefert korrekt 10 ab.

Aufgabe 4 Schreiben Sie ein LOGO-Programm, daß einen Zahlwert ohne Rundung auf N Stellen nach dem Komma abschneidet.

```
PR DIVISION.MIT.REST
 DZ "'03 DIVISION MIT REST'
 DR "'WELCHE ZAHLEN A UND B?' SETZE "AB EINGABE
 ( DR "'ES IST ' LETZTES :AB "= ERSTES :AB "* )
 ( DZ DIV LZ :AB ER :AB "+ REST LZ :AB ER :AB )
 DZ " DIVISION.MIT.REST
ENDE
```

```
03 DIVISION MIT REST
WELCHE ZAHLEN A UND B?7 4711
ES IST 4711=7*673 + 0

03 DIVISION MIT REST
WELCHE ZAHLEN A UND B?123 456789
ES IST 456789=123*3713 + 90
```

```
PR RUNDEN.VON.ZAHLEN
 DZ "'04  RUNDEN VON ZAHLEN'
 DR "'WELCHE ZAHL?' SETZE "X ER EINGABE
 DR "'WIEVIEL STELLEN NACH DEM KOMMA?'
 DZ RUNDEN :X ER EINGABE
 DZ " RUNDEN.VON.ZAHLEN
ENDE
```

```
PR RUNDEN :X :N
 RUECKGABE ( RUNDE :X * 10HOCH :N ) * 10HOCH - :N
ENDE
```

```
PR 10HOCH :N
 WENN :N = 0 RG 1
 WENN :N > 0 RG 10 * 10HOCH :N - 1
 WENN :N < 0 RG .1 * 10HOCH :N + 1
ENDE
```

```
04  RUNDEN VON ZAHLEN
WELCHE ZAHL?123.457
WIEVIEL STELLEN NACH DEM KOMMA?2
123.46

04  RUNDEN VON ZAHLEN
WELCHE ZAHL?123.457
WIEVIEL STELLEN NACH DEM KOMMA?0
123

04  RUNDEN VON ZAHLEN
WELCHE ZAHL?123.457
WIEVIEL STELLEN NACH DEM KOMMA?-2
100
```

Beispiel 5 TEILER EINER ZAHL

Problem. Für eine natürliche Zahl N sollen alle Teiler von N ermittelt werden.

Verfahren. Mit T = 1 beginnend werden der Reihe nach alle natürlichen Zahlen als Teiler von N getestet, bis T > N/T wird. Auf diese Weise werden alle Teiler von N mindestens einmal erfaßt, wenn man mit einem Teiler T zugleich seinen Gegenteiler N/T berücksichtigt.

Hinweis. Die Abbruchbedingung WENN :T * :T > :N DANN ... verhindert, daß die Paare T N/T doppelt berücksichtigt werden. Einerseits ergibt sich damit ein wesentlicher Zeitgewinn, andererseits verhindern wir das Überlaufen des Prozedurkellers. Beachten Sie, daß die Prozedur TEILERMENGE :N :T eine LISTE der Paare T N/T zurückgibt.
Für N,die Quadratzahlen sind, tritt wegen T * T = N ein Teiler doppelt auf (siehe Beispiel 6).

Aufgabe 5 Ändern Sie Beispiel 5 so ab, daß für ungerades N alle geraden Testteiler vermieden werden.

Beispiel 6 TEILERMENGE EINER ZAHL

Problem. Für eine natürliche Zahl N soll die Menge ihrer Teiler ermittelt werden.

Verfahren. Die Teiler und Gegenteiler werden wieder wie im Beispiel 5 ermittelt. Zusätzlich wird die Bedingung für einen doppelten Teiler, also T * T = N , abgefragt und die korrekte Anzahl der echten Teiler von N ermittelt. Die Eigenschaft, daß N Quadratzahl ist, läßt sich dann einfach dadurch ermitteln, daß man die Anzahl I der echten Teiler von N auf die Teilbarkeit durch 2 (=keine Quadratzahl) prüft. Die von der Prozedur TEILERMENGE zurückgegebene LISTE enthält die Anzahl der Teiler von N als letztes Element.

Hinweis. Aus der Paarbildung Teiler/Gegenteiler wird klar, daß nur Quadratzahlen eine ungerade Anzahl von Teilern haben.

Aufgabe 6 Ändern Sie das Programm 6 so ab, daß im Falle einer Primzahl N diese Eigenschaft mit ausgegeben wird.

```
PR TEILER.EINER.ZAHL
 DZ "'05  TEILER EINER ZAHL'
 DR "'WELCHER ZAHL?' SETZE "N ER EG
 ( DZ "'DIE TEILER/GEGENTEILER SIND:' TEILER :N 1 )
 DZ " TEILER.EINER.ZAHL
ENDE

PR TEILER :N :T
 WENN :T * :T > :N DANN RUECKGABE []
 WENN REST :N :T > 0 RG TEILER :N :T + 1
 RG ( MITERSTEM ( SATZ :T DIV :N :T ) TEILER :N :T + 1 )
ENDE
```

```
    05  TEILER EINER ZAHL
    WELCHER ZAHL?4711
    DIE TEILER/GEGENTEILER SIND: [1 4711] [7 673]

    05  TEILER EINER ZAHL
    WELCHER ZAHL?100
    DIE TEILER/GEGENTEILER SIND: [1 100] [2 50] [4 25] [5 20]
                                                       [10 10]
```

```
PR TEILERMENGE.EINER.ZAHL
 DZ "'06  TEILERMENGE EINER ZAHL'
 DR "'WELCHER ZAHL?' SETZE "N ERSTES EINGABE
 SETZE "LISTE TEILERMENGE :N 1 0
 ( DZ "'DIE TEILER SIND:' :LISTE )
 WENN REST LZ :LISTE 2 = 1 ( DZ :N "'IST QUADRATZAHL!' )
 DZ " TEILERMENGE.EINER.ZAHL
ENDE
PR TEILERMENGE :N :T :I
 WENN :T * :T > :N DANN RG SATZ "ANZAHL= :I
 WENN :T * :T = :N DANN RG ( SATZ :T "ANZAHL= :I + 1 )
 WENN REST :N :T > 0 DANN RG TEILERMENGE :N :T + 1 :I
 RG SATZ ( SATZ :T DIV :N :T ) TEILERMENGE :N :T + 1
ENDE                                                 :I + 2
```

```
    06  TEILERMENGE EINER ZAHL
    WELCHER ZAHL?4711
    DIE TEILER SIND: 1 4711 7 673 ANZAHL= 4

    06  TEILERMENGE EINER ZAHL
    WELCHER ZAHL?100
    DIE TEILER SIND: 1 100 2 50 4 25 5 20 10 ANZAHL= 9
    100 IST QUADRATZAHL!
```

Beispiel 7 IST N EINE PRIMZAHL?

Problem. Für eine natürliche Zahl N soll ermittelt werden, ob sie eine Primzahl ist, d.h. genau zwei Teiler besitzt.

Verfahren. Da jede natürliche Zahl N die beiden trivialen Teiler 1 und N besitzt, muß mit dem Testteiler T = 2 beginnend untersucht werden, ob es weitere Teiler von N gibt, solange bis T * T > N wird. Ist bis dahin kein weiterer Teiler aufgetaucht, so kann abgebrochen werden, da ein Teiler T mit T * T > N einen Gegenteiler N/T hätte, der wegen N/T < T bereits vorher aufgetreten sein müßte.
Natürlich wird die Teilersuche abgebrochen, sobald ein echter Teiler gefunden wurde, also keine Primzahl mit N vorliegt.
Die Sonderfälle N = 1 (keine Primzahl) und N = 2 (einzige gerade Primzahl) müssen gesondert abgefragt werden.

Hinweis. Die Kürze des angegebenen LOGO-Programmes wird damit erkauft, daß außer T = 2 auch die unnötigen geraden Testteiler 4, 6 usw. verwendet werden.
Probleme bei der Rekursion treten nicht auf, weil wir in der Prozedur PRIM? :N :T die endständige Form verwenden.

Aufgabe 7 Ändern Sie LOGO-Programm 7 so ab, daß außer T = 2 keine geraden Testteiler verwendet werden.

Beispiel 8 PRIMZAHLEN VON M BIS N

Problem. Alle Primzahlen, die im Abschnitt der natürlichen Zahlen M bis N liegen, sollen ermittelt werden.

Verfahren. Die Zahlen von M bis N werden auf ihre Teilbarkeit durch 2 und alle ungeraden Zahlen > 1 solange getestet, bis der Testteiler T die Bedingung T * T > M (=geprüfte Zahl) erfüllt und damit die geprüfte Zahl M eine Primzahl ist, oder ein echter Teiler vorher auftritt, so daß M keine Primzahl ist.

Hinweis. Um einen vorzeitigen Abbruch bei einem größeren Abschnitt M bis N zu vermeiden, wird die Primzahltabelle nicht als LISTE, sondern durch jede gefundene Primzahl als Ausgabe angegeben.

Aufgabe 8 Vermeiden Sie die Prüfung gerader Zahlen M > 2 .

```
PR IST.N.EINE.PRIMZAHL?
 DZ "'07  IST N EINE PRIMZAHL?'
 DR "'WELCHE ZAHL N?' SETZE "N ERSTES EINGABE
 WENN TUE ['PRIM?' :N 2] DR " SONST DR "K
 DZ "'EINE PRIMZAHL'
 DZ " IST.N.EINE.PRIMZAHL?
ENDE

PR 'PRIM?' :N :T
 WENN :N < 2 RG "FALSCH SONST WENN :T * :T > :N RG "WAHR
 WENN REST :N :T = 0 RG "FALSCH SONST 'PRIM?' :N :T + 1
ENDE
```

```
07  IST N EINE PRIMZAHL?
WELCHE ZAHL N?1049
EINE PRIMZAHL

07  IST N EINE PRIMZAHL?
WELCHE ZAHL N?4711
KEINE PRIMZAHL
```

```
PR PRIMZAHLEN.VON.M.BIS.N
 DZ "'08  PRIMZAHLEN VON M BIS N'
 DR "'WELCHE ZAHLEN M  N?' SETZE "MN EINGABE
 PRIMZAHLEN ER :MN LZ :MN
 DZ " PRIMZAHLEN.VON.M.BIS.N
ENDE

PR PRIMZAHLEN :M :N
 WENN :M > :N RK
 WENN TUE [PRIM? :M 2] ( DR :M "'   ' )
 PRUEFE EINES? REST :M 2 = 0 :M = 1
 WENNWAHR PRIMZAHLEN :M + 1 :N
 WENNFALSCH PRIMZAHLEN :M + 2 :N
ENDE

PR 'PRIM?' :N :T
 WENN :N < 2 RG "FALSCH SONST WENN :T * :T > :N RG "WAHR
 WENN REST :N :T = 0 RG "FALSCH SONST 'PRIM?' :N :T + 1
ENDE
```

```
08  PRIMZAHLEN VON M BIS N
WELCHE ZAHLEN M  N? 1000  1100
1009  1013  1019  1021  1031  1033  1039  1049
1051  1061  1063  1069  1087  1091  1093  1097
```

Beispiel 9 ZERLEGUNG IN PRIMFAKTOREN

Problem. Eine natürliche Zahl N soll in das Produkt ihrer Primfaktoren zerlegt werden.

Verfahren. Die Zahl N wird auf ihre Teilbarkeit durch 2 und die weiteren natürlichen Zahlen solange getestet, bis für den Testteiler T T * T > N gilt, oder bei der Division der Zahl N durch die gefundenen Teiler(=Primfaktoren) nur noch der Faktor 1 übrigbleibt. Man beachte, daß nach dem Auffinden eines Teilers T und der Division von N durch T nicht zum nächsten Testteiler T + 1 übergegangen werden darf. Es kann ja sein, daß der jeweilige Teiler mehrfach als Teiler bzw. Primfaktor auftritt.

Hinweis. Machen Sie sich klar, daß als Teiler bei diesem Verfahren tatsächlich nur Primzahlen gefunden werden. So kann z.B. der Teiler 4 oder 9 nicht als 'Primfaktor' erscheinen, weil 4 durch die zweimalige Division von N durch den Primteiler 2 und 9 durch die Division mit 3 aus N entfernt werden.

Aufgabe 9 Ändern Sie das LOGO-Programm so ab, daß außer 2 keine geraden T als Testteiler verwendet werden.

Beispiel 10 EUKLIDISCHER ALGORITHMUS

Problem. Für zwei natürliche Zahlen A und B soll ihr größter gemeinsamer Teiler GGT(A,B) ermittelt werden.

Verfahren. Zur Ermittlung des größten gemeinsamen Teilers zweier natürlicher Zahlen läßt sich der rekursive Aufruf in LOGO hervorragend einsetzen. Die Beschaffung des GGT(A,B) führen wir nämlich nach dem Algorithmus von EUKLID auf die Aufgabe GGT(A,R) zurück, wobei R der REST bei der Division von B durch A ist. Da der REST immer mindestens um 1 reduziert wird, muß das rekursive Verfahren mit REST gleich NULL enden. Der letzte Wert von A ist dann der gesuchte GGT(A,B).

Hinweis. Der Beweis dafür, daß der Algorithmus auch immer den GGT(A,B) liefert, ist nicht ganz einfach. Deshalb wird im Bsp. 11 eine elementare Form des Euklidischen Algorithmus gegeben.

Aufgabe 10 Erweitern Sie das LOGO-Programm auf die Ermittlung des größten gemeinsamen Teilers von drei natürlichen Zahlen.

```
PR ZERLEGUNG.IN.PRIMFAKTOREN
 DZ "'09  ZERLEGUNG IN PRIMFAKTOREN'
 30: DR "'WELCHE ZAHL N?' SETZE "N ERSTES EINGABE
 ( DZ SATZ :N "= TUE [PRIMFAKTOREN :N 2 "] )
 GEHE "30
ENDE
PR PRIMFAKTOREN :N :T :Z
 WENN :N = 1 DANN RG :Z
 WENN :T * :T > :N RG WORT :Z INT :N
 WENN REST :N :T = 0 DANN PRIMFAKTOREN :N / :T :T
  ( WORT :Z :T "* ) SONST PRIMFAKTOREN :N :T + 1 :Z
ENDE
```

```
09  ZERLEGUNG IN PRIMFAKTOREN
WELCHE ZAHL N?4711
4711 = 7*673
WELCHE ZAHL N?1111111
1111111 = 239*4649
WELCHE ZAHL N?100049
100049 = 100049
```

```
PR EUKLIDISCHER.ALGORITHMUS
 DZ "'10  EUKLIDISCHER ALGORITHMUS'
 DZ "GGT(A,B)
 DR "'WELCHE ZAHLEN A B?' SETZE "AB EINGABE
 SETZE "A ER :AB SETZE "B LZ :AB
 ( DZ "GGT( :A ", :B ")= GGT :A :B )
 DZ " EUKLIDISCHER.ALGORITHMUS
ENDE
PR GGT :A :B
 WENN REST :B :A = 0 RG :A SONST RG GGT REST :B :A :A
ENDE
```

```
10  EUKLIDISCHER ALGORITHMUS
GGT(A,B)
WELCHE ZAHLEN A B? 7  4711
GGT( 7 , 4711 )= 7

10  EUKLIDISCHER ALGORITHMUS
GGT(A,B)
WELCHE ZAHLEN A B? 123  456
GGT( 123 , 456 )= 3

10  EUKLIDISCHER ALGORITHMUS
GGT(A,B)
WELCHE ZAHLEN A B? 456  123
GGT( 456 , 123 )= 3
```

<u>Beispiel</u> 11 GRÖSSTER GEMEINSAMER TEILER

<u>Problem</u>. Für je zwei natürliche Zahlen A und B soll ihr größter gemeinsamer Teiler GGT(A,B) ermittelt werden.

<u>Verfahren</u>. Die Aufgabe der Ermittlung von GGT(A,B) wird auf die Aufgabe zur Ermittlung von GGT(A,B-A) für B > A und auf GGT(A-B,B) für A > B zurückgeführt. Dieser Schritt wird solange fortgesetzt bis wegen der ständigen Reduzierung einer der beiden Zahlen der Fall A = B eintritt. Der gesuchte GGT der beiden Ausgangszahlen ist dann A (=B) im letzten Reduktionsschritt. Das 'Subtraktionsverfahren' ist in Wahrheit wieder der Euklidische Algorithmus aus Beispiel 10, wobei jetzt lediglich die dortige DIVISION MIT REST durch eine fortgesetzte Subtraktion ersetzt wurde.

<u>Hinweis</u>. Mit der normalen Rekursion würde die Prozedur schon für kleinere Zahlen A und B wegen der Anzahl der Subtraktionen versagen. Durch die endständige Rekursion in GGT :A :B mit der Rückgabe von :A wird die Rekursionsschranke umgangen.

<u>Aufgabe</u> 11 Ändern Sie das LOGO-Programm so ab, daß der Abbruch A = B durch die beiden Teilbarkeitsabfragen REST :A :B = Ø bzw. REST :B :A = Ø ersetzt wird.

<u>Beispiel</u> 12 KLEINSTES GEMEINSAMES VIELFACHES

<u>Problem</u>. Für je zwei natürliche Zahlen A und B soll ihr kleinstes gemeinsames Vielfaches KGV(A,B) ermittelt werden.

<u>Verfahren</u>. Für die jeweils kleinere Zahl von beiden wird der ursprüngliche Wert von A bzw. B addiert(Erzeugung der Vielfachen durch fortgesetzte Addition) bis schließlich beide Werte erstmals gleich sind. Machen Sie sich das 'Einholungsverfahren' am Beispiel einer Treppe klar, bei dem die Person A immer zwei und die Person B immer drei Stufen gleichzeitig nimmt. Die Stufe 6 nehmen dann beide erstmals gemeinsam.

<u>Aufgabe</u> 12 Erweitern Sie das LOGO-Programm auf die Ermittlung des kleinsten gemeinsamen Vielfachen von drei natürlichen Zahlen A, B, C.

```
PR GROESSTER.GEMEINSAMER.TEILER
 DZ "'11  GROESSTER GEMEINSAMER TEILER'
 DR "'WELCHE ZAHLEN A B?'
 SETZE "AB EG SETZE "A ER :AB SETZE "B LZ :AB
 ( DZ "GGT( :A ", :B ")= TUE [GGT :A :B] )
 DZ " GROESSTER.GEMEINSAMER.TEILER
ENDE

PR GGT :A :B
 WENN :A = :B DANN RG :A
 WENN :A > :B GGT :A - :B :B SONST GGT :A :B - :A
ENDE
```

```
11  GROESSTER GEMEINSAMER TEILER
WELCHE ZAHLEN A B?123 561741
GGT( 123 , 561741 )= 123

11  GROESSTER GEMEINSAMER TEILER
WELCHE ZAHLEN A B?4567 561741
GGT( 4567 , 561741 )= 4567
```

```
PR KLEINSTES.GEMEINSAMES.VIELFACHES
 DZ "'12  KLEINSTES GEMEINSAMES VIELFACHES'
 DR "'GIB A UND B AN:' SETZE "AB EINGABE
 SETZE "A ER :AB SETZE "B LZ :AB
 ( DZ "KGV( :A ", :B ")= TUE [KGV :A :B] )
 DZ " KLEINSTES.GEMEINSAMES.VIELFACHES
ENDE

PR KGV :X :Y
 WENN :X = :Y DANN RG :X
 WENN :X < :Y KGV :X + :A :Y SONST KGV :X :Y + :B
ENDE

PR GGT :A :B
 WENN REST :B :A = 0 RG :A SONST RG GGT REST :B :A :A
ENDE
```

```
12  KLEINSTES GEMEINSAMES VIELFACHES
GIB A UND B AN:673 4711
KGV( 673 , 4711 )= 4711

12  KLEINSTES GEMEINSAMES VIELFACHES
GIB A UND B AN:123 4567
KGV( 123 , 4567 )= 561741

12  KLEINSTES GEMEINSAMES VIELFACHES
GIB A UND B AN:4567 123
KGV( 4567 , 123 )= 561741
```

<u>Beispiel</u> 13 KÜRZEN EINES BRUCHES

<u>Problem</u>. Ein gewöhnlicher Bruch, der durch die Werte des Zählers und des Nenners vorgegeben ist, soll mit dem größten gemeinsamen Teiler von Z und N gekürzt werden.

<u>Verfahren</u>. Mit Hilfe des Euklidischen Algorithmus aus Bsp. 10 (LOGO-Prozedur GGT :A :B) wird der GGT(Z,N) von Zähler Z und Nenner N in der LOGO-Standard-Prozedur DIV zum Kürzen von Zähler und Nenner eingesetzt. Bei der Ausgabe des gekürzten Bruches in der Rahmen-Prozedur wird der Wert von GGT :Z :N mit ausgegeben.

<u>Hinweis</u>. Der WERT des GGT :Z :N wird an drei Stellen unabhängig voneinander ermittelt. Wenn man das umgehen will, müßte der WERT von GGT :Z :N einmal einer Variablen zugewiesen werden. Der Fall, daß Zähler oder Nenner Null sind, wird abgewiesen. Der Fall GGT :Z :N gleich 1 wird nicht gesondert behandelt.

<u>Aufgabe</u> 13 Ändern Sie das LOGO-Programm so ab, daß der Fall eines bereits vollständig gekürzten Bruches, d.h. GGT :Z :N gleich 1 bei der Ausgabe angegeben wird.

<u>Beispiel</u> 14 UMWANDLUNG IN DEZIMALBRUCH

<u>Problem</u>. Ein gewöhnlicher Bruch, der durch die Werte des Zählers und des Nenners vorgegeben ist, soll in einen Dezimalbruch mit einer vorgegebenen Stellenzahl K nach dem Komma umgewandelt werden.

<u>Verfahren</u>. In einer Prozedur DEZIMALBRUCH :Z :N :K wird erst der ganzzahlige Anteil des Dezimalbruches durch die Standard-Prozedur DIV :Z :N gebildet und mit dem Grundwort WORT der Dezimalpunkt sowie über die Prozedur STELLEN :K die Nachkommastellen rekursiv gebildet. Dabei wird der Rest des Zählers solange mit 10 multipliziert und dann wieder der ganzzahlige Anteil durch DIV :Z :N gebildet, bis die vorgegebene Stellenzahl K auf Null abgearbeitet ist.

<u>Hinweis</u>. Gegenüber der direkten Angabe von :Z/:N können hier beliebig viele Stellen (bis zur Schachtelungstiefe) entstehen.

<u>Aufgabe</u> 14 Sehen Sie einen Abbruch vor, falls :Z Null wird.

```
PR KUERZEN.EINES.BRUCHES
 DZ "'13  KUERZEN EINES BRUCHES'
 30: DR "ZAEHLER: SETZE "Z ER EG
 DR "/NENNER: SETZE "N ER EG
 WENN EINES? :Z = 0 :N = 0 DANN GEHE "30
 ( DR :Z "/ :N "= DIV :Z GGT :Z :N "/ DIV :N GGT :Z :N )
 ( DZ "'  GEKUERZT MIT' GGT :Z :N )
 DZ " GEHE "30
ENDE

PR GGT :A :B
 WENN REST :B :A = 0 RG :A SONST RG GGT REST :B :A :A
ENDE
```

```
13  KUERZEN EINES BRUCHES
ZAEHLER: 673
/NENNER: 4711
673/4711=1/7  GEKUERZT MIT 673

ZAEHLER: 4711
/NENNER: 673
4711/673=7/1  GEKUERZT MIT 673
```

```
PR UMWANDLUNG.IN.DEZIMALBRUCH
 DZ "'14  UMWANDLUNG IN DEZIMALBRUCH'
 DR "ZAEHLER: SETZE "Z ER EG
 DR "/NENNER: SETZE "N ER EG
 DR "'STELLEN NACH DEM KOMMA:'
 ( DZ :Z "/ :N "= DEZIMALBRUCH :Z :N ER EG )
 DZ " UMWANDLUNG.IN.DEZIMALBRUCH
ENDE

PR DEZIMALBRUCH :Z :N :K
 RG ( WORT DIV :Z :N ". STELLEN :K )
ENDE

PR STELLEN :K
 WENN :K = 0 DANN RG "
 SETZE "Z 10 * REST :Z :N RG WORT DIV :Z :N STELLEN :K - 1
ENDE
```

```
14  UMWANDLUNG IN DEZIMALBRUCH
ZAEHLER: 1
/NENNER: 13
STELLEN NACH DEM KOMMA: 12          1 / 13 = 0.076923076923

14  UMWANDLUNG IN DEZIMALBRUCH
ZAEHLER: 673
/NENNER: 4711
STELLEN NACH DEM KOMMA: 6           673 / 4711 = 0.142857
```

<u>Beispiel</u> 15 VOLLKOMMENE ZAHLEN VON M BIS N

<u>Problem</u>. Für einen vorgegebenen Abschnitt der natürlichen Zahlen von M bis N soll ermittelt werden, welche dieser Zahlen gleich der Summe ihrer Teiler abzüglich der Zahl selbst ist.

<u>Verfahren</u>. Für jede Zahl des Abschnitts (beginnend mit M) wird die Summe der Teiler/Gegenteiler (ohne M selbst) solange gemäß Beispiel 6 gebildet, bis entweder für den Testteiler T gilt T * T > M oder die Teiler-Summe S > M wird. Falls die Teiler-Summe S = M ist, wird M als vollkommene Zahl ausgegeben. Anschließend wird zur Zahl M + 1 übergegangen, bis das Ende des Abschnitts N überschritten ist.

<u>Hinweis</u>. Eigentlich handelt es sich hier um ein 'Antibeispiel', weil die direkte Suche nach vollkommenen Zahlen ignoriert, daß man mathematische Kenntnisse über die möglichen, wenn auch 'seltenen' vollkommenen Zahlen besitzt(s. z.B. H.Scheid: Einführung in die Zahlentheorie, Stuttgart 1972).
Man hat aber ein Beispiel für ein sehr zeitaufwendiges Programm, das für großes N bzw. M bald an die Schachtelungstiefe von LOGO stößt.

<u>Aufgabe</u> 15 Schreiben Sie ein LOGO-Programm, das feststellt, welche Zahlenpaare A,B zwischen M und N existieren, für die A + B gleich der Summe der echten Teiler von A und B ist; sie heißen <u>befreundete</u> Zahlen.

<u>Beispiel</u> 16 PRIMZAHLZWILLINGE VON M BIS N

<u>Problem</u>. Aus dem gegebenen Abschnitt M bis N von natürlichen Zahlen sollen die Primzahlpaare ermittelt werden, die durch genau eine gerade Zahl voneinander getrennt werden.

<u>Verfahren</u>. Wenn M eine gerade Zahl ist, wird :M :M + 1 gesetzt. Falls M und M + 2 Primzahlen sind, werden sie als Zwillinge ausgegeben. Es wird solange :M :M + 2 gesetzt, bis das Ende N des Abschnitts überschritten wird.

<u>Hinweis</u>. Die gefundenen Primzahlzwillinge werden direkt ausgegeben, um auch größere Abschnitte bearbeiten zu können.

<u>Aufgabe</u> 16 Schreiben Sie ein LOGO-Programm zur Ermittlung von Primzahldrillingen.

```
PR VOLLKOMMENE.ZAHLEN.VON.M.BIS.N
 DZ "'15  VOLLKOMMENE ZAHLEN'
 DR "'GIB M UND N AN:' SETZE "MN EINGABE
 DZ "'       GEDULD BITTE!'
 VOLLKOMMEN ER :MN LZ :MN
 DZ "'DAS WAR ES.'
ENDE

PR VOLLKOMMEN :M :N
 WENN :M > :N DANN RK SONST SUMME 2
 WENN ALLE? :M > 1 :S = :M DZ :M
 VOLLKOMMEN :M + 1 :N
ENDE

PR SUMME :T
 WENN :T = 2 DANN SETZE "S 1
 WENN EINES? ( :T * :T > :M ) ( :S > :M ) RK
 WENN :T * :T = :M DANN SETZE "S :S + :T RK
 WENN REST :M :T = 0 DANN SETZE "S :S + :T + DIV :M :T
 SUMME :T + 1
```

```
15  VOLLKOMMENE ZAHLEN
GIB M UND N AN: 1  50000
      GEDULD BITTE!
6
28
496
8128
DAS WAR ES.
```

```
PR PRIMZAHLZWILLINGE.VON.M.BIS.N
 DZ "'16  PRIMZAHLZWILLINGE VON M BIS N'
 START: DR "'GIB M,N AN:' SETZE "MN EINGABE
 ZWILLINGE ER :MN LZ :MN
 DZ " GEHE "START
ENDE

PR ZWILLINGE :M :N
 WENN :M + 2 > :N DANN RK
 PRUEFE ALLE? TUE ['PRIM?' :M 2] TUE ['PRIM?' :M + 2 2]
 WW ( DR :M ": :M + 2 "'    ' )
 PRUEFE REST :M 2 = 0
 WW ZWILLINGE :M + 1 :N
 WF ZWILLINGE :M + 2 :N
ENDE

PR PRIM? :N :T
 WENN EINES? :N < 2 REST :N :T = 0 RG "FALSCH
 WENN :T * :T > :N RG "WAHR SONST PRIM? :N :T + 1
ENDE
```

```
16  PRIMZAHLZWILLINGE VON M BIS N
GIB M,N AN: 1  300
3:5     5:7      11:13        17:19       29:31     41:43
  59:61     71:73      101:103       107:109     137:139
 149:151     179:181      191:193      197:199     227:229
    239:241      269:271       281:283
```

Beispiel 17 QUERSUMME EINER ZAHL

Problem. Für eine beliebige natürliche Zahl N soll die Summe ihrer Ziffern(=Quersumme) gebildet werden.

Verfahren. Die Quersumme wird rekursiv durch Verkürzung der Zahl :N um die führende Ziffer und Addition dieser Ziffern gebildet.

Hinweis. Die 'ZAHL' N wird als WORT verarbeitet, deshalb kann man durch Eingabe mit vorangestelltem Anführungszeichen (") den zulässigen Zahlbereich für ganze Zahlen umgehen und die Ziffernfolge bis zur zulässigen Länge des EINGABE-Puffers ausdehnen.

Aufgabe 17 Erweitern Sie das LOGO-Programm zu Beispiel 17 so, daß die Quersummenbildung wiederholt vorgenommen wird, d.h. die Quersumme der Quersumme undsofort gebildet wird, bis ein einstelliges Ergebnis vorliegt.

Beispiel 18 QUERSUMMENREGEL

Problem. Die Quersummenregel für die Teilbarkeit einer vorgegebenen natürlichen Zahl N durch 3 oder 9 soll angewendet werden.

Verfahren. Die Quersumme der gegebenen Zahl N wird gemäß Beispiel 17 gebildet und anschließend auf ihre Teilbarkeit durch 3 und 9 geprüft.

Hinweis. Da jede durch 9 teilbare Zahl auch durch 3 teilbar ist, kann die Teilbarkeitsabfrage für 3 entfallen, sobald die Quersumme durch 9 teilbar ist.

Aufgabe 18 Verwenden Sie die Lösung der Aufgabe 17 zu einer 'direkten' Lösung der Quersummenregel-Aufgabe.

```
PR QUERSUMME.EINER.ZAHL
 DZ "'17  QUERSUMME EINER ZAHL'
 20: DR "'WELCHE ZAHL?'
 DZ SATZ "'DIE QUERSUMME IST ' QUERSUMME ERSTES EINGABE
 DZ " GEHE "20
ENDE

PR QUERSUMME :N
 WENN :N = " DANN RG 0
 WENN ER :N = "" DANN RG QUERSUMME OHNEERSTES :N
 RG ( QUERSUMME OHNEERSTES :N ) + ERSTES :N
ENDE
```

```
17  QUERSUMME EINER ZAHL
WELCHE ZAHL? "123456789987654321
DIE QUERSUMME IST  90

WELCHE ZAHL? 123456789
DIE QUERSUMME IST  45
```

```
PR QUERSUMMENREGEL
 DZ "'18  QUERSUMMENREGEL'
 DZ "'IST N DURCH 3 ODER 9 TEILBAR?'
 DR "'GIB N AN:' SETZE "S QUERSUMME ERSTES EINGABE
 DZ "''
 PRUEFE :S = 9 * DIV :S 9
 WENNWAHR DR "'IST DURCH 9 UND '
 WENNFALSCH PRUEFE :S = 3 * DIV :S 3
 WENNWAHR DZ "'IST DURCH 3 TEILBAR'
 WENNFALSCH DZ "'IST WEDER DURCH 3 NOCH DURCH 9 TEILBAR'
 DZ "'' QUERSUMMENREGEL
ENDE

PR QUERSUMME :N
 WENN :N = "'' DANN RG 0
 WENN ER :N = "" DANN RG QUERSUMME OHNEERSTES :N
 RG ( QUERSUMME OHNEERSTES :N ) + ERSTES :N
ENDE
```

```
18  QUERSUMMENREGEL
IST N DURCH 3 ODER 9 TEILBAR?
GIB N AN: "123456789987654321
IST DURCH 9 UND IST DURCH 3 TEILBAR

18  QUERSUMMENREGEL
IST N DURCH 3 ODER 9 TEILBAR?
GIB N AN: "3333333333333333
IST DURCH 3 TEILBAR

18  QUERSUMMENREGEL
IST N DURCH 3 ODER 9 TEILBAR?
GIB N AN: 4711
IST WEDER DURCH 3 NOCH DURCH 9 TEILBAR
```

Beispiel 19 UMWANDLUNG ZUR BASIS G

Problem. Eine gegebene natürliche Zahl N soll in ihre Darstellung zur Basis G (G-adische Form) umgewandelt werden.

Verfahren. Jede natürliche Zahl hat eine eindeutige Zerlegung in Potenzen der gegebenen Basis G in der Form

$$N = A_k G^k + A_{k-1} G^{k-1} + \dots + A_1 G^1 + A_0$$

mit $A_i < G$. Die Ziffern A_i der G-adischen Form werden aus der fortgesetzten Division von N durch die Basis G gewonnen. Der jeweilige Divisionsrest liefert die G-adischen Ziffern von A_0 bis A_k . Die Division endet, sobald der ganzzahlige Anteil bei der Division durch G Null wird.

Hinweis. Um für große Werte von N und kleine Werte von G eine ausreichende Länge der G-adischen Darstellung zu erreichen, wird die Ziffernfolge als WORT aufgebaut. Beachten Sie, daß durch die Reihenfolge der WORT-Bildung die G-adischen Ziffern wieder in der 'richtigen' Reihenfolge verbunden werden.

Aufgabe 19 Schreiben Sie ein LOGO-Programm, das die Anzahl der G-adischen Ziffern mit ausgibt.

Beispiel 20 G-ADISCHE DARSTELLUNG

Problem. Eine natürliche Zahl N soll in ihre G-adische Darstellung zu einer vorgegebenen Basis G mit $G \leq 16$ umgewandelt werden.

Verfahren. Das Verfahren ist gegenüber Beispiel 19 dadurch zu erweitern, daß die Basis G auch die Zahlwerte 11 bis 16 annehmen darf. Dabei treten die G-adischen Ziffern A,B,C,D,E und F für 10,11,12,13,14 und 15 auf. Die jeweilige G-adische Ziffer wird einem WORT mit den Zeichen von Ø bis F mit einer Prozedur ZIFFER entnommen.

Hinweis. Die LISTE mit den G-adischen Ziffern Ø bis F wurde als Eingangsvariable für die Umwandlungs-Unterprozedur aufgenommen, um deren Verwendung als direkte Prozedur zu erlauben.

Aufgabe 20 Schreiben Sie ein LOGO-Programm für eine beliebige Basis G, wobei die G-adischen Ziffern als Zahlen mit Trennung durch je eine Leerstelle unterschieden werden.

```
PR UMWANDLUNG.ZUR.BASIS.G
 DZ "'19  UMWANDLUNG ZUR BASIS G'
 30: DR "'GIB NAT. ZAHL N AN:' SETZE "N ER EG
 DR "'GIB BASIS G AN:' SETZE "G ER EG
 DZ ( SATZ :N "=( UMWANDLUNG :N :G ") :G )
 DZ " GEHE "30
ENDE
PR UMWANDLUNG :N :G
 WENN :N = 0 DANN RG "'0 '
 RG ( WORT UMWANDLUNG DIV :N :G :G REST :N :G "' ' )
ENDE
```

```
19  UMWANDLUNG ZUR BASIS G
GIB NAT. ZAHL N AN: 123456789
GIB BASIS G AN: 12
123456789 =( 0 3 5 4 1 8 10 9 9  ) 12

GIB NAT. ZAHL N AN: 4096
GIB BASIS G AN: 2
4096 =( 0 1 0 0 0 0 0 0 0 0 0 0 0 0  ) 2

GIB NAT. ZAHL N AN: 4711
GIB BASIS G AN: 10
4711 =( 0 4 7 1 1  ) 10
```

```
PR G.ADISCHE.DARSTELLUNG
 DZ "'20  G-ADISCHE DARSTELLUNG'
 30: DR "'GIB NAT. ZAHL N AN:' SETZE "N ER EG
 DR "'GIB BASIS G<17 AN:' SETZE "G ER EG
 ( DR :N "=( G.DAR :N :G "0123456789ABCDEF ") :G )
 DZ " GEHE "30
ENDE
PR G.DAR :N :G :L
 WENN :N = 0 DANN RG "
 RG WORT ( G.DAR DIV :N :G :G :L ) ( ZIFFER REST :N :G :L )
ENDE
PR ZIFFER :R :L
 WENN :R = 0 DANN RG ER :L SONST RG ZIFFER :R - 1 OE :L
ENDE
```

```
20  G-ADISCHE DARSTELLUNG
GIB NAT. ZAHL N AN: 123456789
GIB BASIS G<17 AN: 12
123456789=(35418A99)12
GIB NAT. ZAHL N AN: 4095
GIB BASIS G<17 AN: 2
4095=(111111111111)2
GIB NAT. ZAHL N AN: 4711
GIB BASIS G<17 AN: 10
4711=(4711)10
```

Beispiel 21 UMWANDLUNG IN DEZIMALZAHL

Problem. Die G-adische Darstellung einer Zahl N soll in die dezimale Darstellung von N überführt werden. Dabei soll als Basis G jede natürliche Zahl G mit $G \leq 16$ zugelassen werden.

Verfahren. Die eingegebene G-adische Ziffernfolge aus

$$N = (A_k A_{k-1} \dots A_1 A_0)_G$$

ergibt $N = (\dots(A_k G + A_{k-1})G + \dots A_1)G + A_0$,

wenn man die HORNER-Darstellung verwendet. Die Summe für N wird rekursiv von innen nach außen ausgewertet.

Hinweis. Zur Ausdehnung der Länge der G-adischen Ziffernfolge kann diese als WORT mit vorangestelltem Anführungszeichen (") eingegeben werden. Wenn eine G-adische Ziffer keine ZAHL ist (A, B, C, D, E oder F), so wird ihr dezimaler Wert in der Prozedur ZAHL rekursiv ermittelt.

Aufgabe 21 Schreiben Sie ein LOGO-Programm, das die G-adische Darstellung einer Zahl N in die H-adische Darstellung zur Basis H umwandelt.

Beispiel 22 UMWANDLUNG DEZIMALBRUCH

Problem. Ein Dezimalbruch X mit $\emptyset \leq X < 1$ soll in seine G-adische Darstellung zur Basis G mit $G \leq 10$ umgewandelt werden. Dabei soll die Stellenzahl K vorgegeben werden.

Verfahren. Die G-adischen Ziffern A_{-i} werden aus der Darstellung

$$X = G^{-1}A_{-1} + G^{-1}(A_{-2} + G^{-1}(\dots + G^{-1}A_{-K})\dots)$$

durch schrittweise Multiplikation von X mit der Basis G und die Abtrennung des ganzzahligen Anteils des Produktes der Reihe nach gewonnen.

Hinweis. Da bei der Umwandlung z.B. bei X = 0.1 zur Basis 2 unendliche periodische Ziffernfolgen entstehen können, ist eine grundsätzliche Begrenzung auf K Stellen notwendig.

Aufgabe 22 Schreiben Sie ein LOGO-Programm, das einen G-adischen Bruch mit K Stellen in seine dezimale Darstellung umwandelt(Umkehraufgabe).

```
PR UMWANDLUNG.IN.DEZIMALZAHL
 DZ "'21  UMWANDLUNG IN DEZIMALZAHL'
 30: DR "'WELCHE BASIS < 17 ?'
 SETZE "G ERSTES EINGABE WENN :G > 16 GEHE "30
 ( DR :G "'-ADISCHE DARSTELLUNG:' )
 ( DZ "N= DEZIMAL ER EG :G )
 DZ " GEHE "30
ENDE

PR DEZIMAL :Z :G
 WENN EINES? :Z = "" :Z = " DANN RG 0
 RG ( DEZIMAL OL :Z :G ) * :G + ZAHL LZ :Z "ABCDEF
ENDE

PR ZAHL :Z :W
 WENN ZAHL? :Z DANN RG :Z
 WENN :Z = ER :W RG 10 SONST RG ( ( ZAHL :Z OE :W ) + 1 )
ENDE
```

```
     21  UMWANDLUNG IN DEZIMALZAHL
     WELCHE BASIS < 17 ?16
     16-ADISCHE DARSTELLUNG: FFFFF
     N= 1048575

     WELCHE BASIS < 17 ?10
     10-ADISCHE DARSTELLUNG: 123456789
     N= 123456789
```

```
PR UMWANDLUNG.DEZIMALBRUCH
 DZ "'22  UMWANDLUNG DEZIMALBRUCH'
 30: DR "'        BASIS G ?' SETZE "G ER EG
 DR "'ZAHL X: 0<X<1 ?' SETZE "X ER EG
 DR "'STELLENZAHL K ?'
 ( DZ :X "=(0. DEZBRUCH :X :G ER EINGABE ") :G )
 DZ " GEHE "30
ENDE

PR DEZBRUCH :X :G :K
 WENN :K = 0 DANN RG " SONST SETZE "X :X * :G
 RG SATZ INT :X DEZBRUCH :X - INT :X :G :K - 1
ENDE
```

```
     22  UMWANDLUNG DEZIMALBRUCH
            BASIS G ?2
     ZAHL X: 0<X<1 ?0.1
     STELLENZAHL K ?13
     .1 =(0. 0 0 0 1 1 0 0 1 1 0 0 1 1  ) 2

            BASIS G ?10
     ZAHL X: 0<X<1 ?0.123456788
     STELLENZAHL K ?9
     .123457 =(0. 1 2 3 4 5 6 7 1 6  ) 10
```

Beispiel 23 POLYNOM(VERTAFELUNG/NULLSTELLE)

Problem. Ein Polynom vom Grad N

$$P(X) = A_N X^N + A_{N-1} X^{N-1} + \ldots + A_1 X + A_0$$

soll in einem vorgegebenen Intervall I = (A,B) mit der Schrittweite C vertafelt werden.

Verfahren. Es sollen der Reihe nach die Polynomwerte P(X) an den Stellen A, A+C, A+2*C, .. nach dem HORNERSCHEMA gebildet werden, bis der rechte Intervallrand B überschritten wird.

HORNERSCHEMA: $P(X) = (\ldots(A_N X + A_{N-1})X + \ldots + A_1)X + A_0$

(durch wiederholtes Ausklammern von X)

Hinweis. Für die Bildung eines Polynom-Wertes nach HORNER sind nur N Multiplikationen notwendig, während in der Normaldarstellung bereits für $A_N X^N$ N Multiplikationen nötig sind. Da die Anzahl der gewünschten Polynom-Werte die rekursive Schachtelungstiefe überschreiten kann, werden die Werte einzeln aus- bzw. zurückgegeben.

Aufgabe 23 Verändern Sie das LOGO-Programm so, daß bei einem Vorzeichenwechsel der Polynomwerte (=Nullstelle) eine Meldung ausgegeben wird.

Beispiel 24 POLYNOM(VERTAFELUNG/NULLSTELLE)

Problem. Eine (ungerade) Nullstelle $\bar{X}$ eines Polynoms P(X) im Intervall I = (A,B) soll durch eine Näherung $\tilde{X}$ so angenähert werden, daß mit einer vorgegebenen Fehlerschranke K > 0 gilt $|\bar{X} - \tilde{X}| < K$.

Verfahren. Unter der Voraussetzung eines Vorzeichenwechsels zwischen A und B, d.h. P(A)*P(B) < Ø, wird durch fortgesetzte Halbierung des Intervalls eine Folge von Teilintervallen bestimmt, bis die erreichte Intervallänge kleiner als 2*K wird. Als Näherungswert der Nullstelle wird der Mittelwert (A+B)/2 des letzten Intervalls zusammen mit dem Polynomwert $P(\tilde{X})$ ausgegeben.

Aufgabe 24 Ändern Sie das Programm so ab, daß bei einem Vorzeichenwechsel die zugehörige Nullstelle direkt bestimmt wird.

```
PR POLYNOM
 DZ "'23/24 POLYNOM(VERTAFELUNG/NULLSTELLE)'
 DR "'GIB GRAD N AN:' SETZE "FELD DATEN ER EG
 TAFEL: TAFEL
 NULLSTELLE?: DZ " DR "'NULLSTELLE BESTIMMEN?'
 WENN ER ER EINGABE = "N GEHE "TAFEL
 DZ " SETZE "X NULLSTELLE
 WENN NICHT ZAHL? :X DANN GEHE "NULLSTELLE?
 ( DZ "'NAEHERUNG M=' :X "F(M)= F :X )
 DZ " POLYNOM
ENDE

PR DATEN :N
 DZ " WENN :N < 0 DANN RG []
 ( DR "'KOEFFIZIENT VON X HOCH' :N "? )
 RG ME ER EG DATEN :N - 1

PR TAFEL
 DR "'VERTAFELUNG IN A B:' SETZE "AB EG
 SETZE "A ER :AB SETZE "B LZ :AB
 DR "'SCHRITTWEITE C?' SETZE "C ER EG
 DZ "' X          F(X)' INTERVALL :A :B :C

PR INTERVALL :A :B :C
 WENN :A > :B DANN RK
 DR :A BLINKER 11 .HOLE 37 DZ F :A
 INTERVALL :A + :C :B :C
ENDE

PR F :X
 RG HORNER :X :FELD
ENDE

PR HORNER :X :L
 WENN :L = [] DANN RG 0
 RG ( HORNER :X OHNELETZTES :L ) * :X + LETZTES :L

PR NULLSTELLE
 DR "'WELCHES INTERVALL A B?'
 SETZE "AB EINGABE DZ " SETZE "A ER :AB SETZE "B LZ :AB
 DR "'WELCHE GENAUIGKEIT?' SETZE "K ER EG
 WENN ( F :A ) * F :B > 0 RG "FEHLER SONST RG MITTEL :A :B

PR MITTEL :A :B
 SETZE "M ( :A + :B ) / 2 WENN ( :M - :A ) < :K DANN RG :M
 PRUEFE ( F :A ) * ( F :M ) < 0
 WENNWAHR RG MITTEL :A :M SONST RG MITTEL :M :B
```

```
23/24 POLYNOM(VERTAFELUNG/NULLSTELLE)
GIB GRAD N AN: 3
KOEFFIZIENT VON X HOCH3? 1
KOEFFIZIENT VON X HOCH2? -1
KOEFFIZIENT VON X HOCH1? 1
KOEFFIZIENT VON X HOCH0? -1

VERTAFELUNG IN A B: 0  2
SCHRITTWEITE C? 0.5
 X          F(X)
0           -1
.5          -.625
1.          0.
1.5         1.625
2.          5.

NULLSTELLE BESTIMMEN?  JA
WELCHES INTERVALL A B? 0 1.5
WELCHE GENAUIGKEIT?  1N6
NAEHERUNG M= 1. F(M)= -4.76837N7
```

Beispiel 25 MITTERNACHTSFORMEL

Problem. Die reellen Nullstellen einer durch die Koeffizienten A, B und C gegebenen quadratischen Gleichung

$$A*X^2 + B*X + C = 0$$

sollen für den 'Normalfall' $A \neq 0$ ermittelt werden.

Verfahren. Die Nullstellen X_1 und X_2 werden direkt aus der Mitternachtsformel

$$X_1, X_2 = \frac{-B \pm \sqrt{B^2 - 4*A*C}}{2*A}$$ bestimmt.

Für den Wert der Quadratwurzel wird die Standard-Prozedur QW verwendet. Im Falle $D = B^2 - 4*A*C = 0$ hat die Parabel keinen Schnittpunkt mit der X-Achse(Keine reelle Nullstelle).

Aufgabe 25 Schreiben Sie ein LOGO-Programm, das zu zwei beliebigen Zahlwerten für die Nullstellen X_1, X_2 die Koeffizienten A,B und C einer zugehörigen quadratischen Gleichung ermittelt (Umkehraufgabe).

Beispiel 26 KUBISCHE GLEICHUNG

Problem. Eine Nullstelle der kubischen Gleichung

$$A*X^3 + B*X^2 + C*X + D = 0$$

soll für $A \neq 0$ mit einer Fehlerschranke K ermittelt werden.

Verfahren. Um das Halbierungsverfahren aus Beispiel 24 anwenden zu können, benötigen wir ein Ausgangsintervall mit einem Vorzeichenwechsel der beiden Intervallenden. Ein solches Intervall $I = (-Y, +Y)$ kann mit den Koeffizienten durch

$$Y = 1 + |B/A| + |C/A| + |D/A|$$

angegeben werden.

Das Ausgangsintervall wird nun solange halbiert und ein Teilintervall mit einem Vorzeichenwechsel bestimmt, bis die Länge des neuen Intervalls kleiner als die doppelte Fehlerschranke K wird. Der Mittelwert des letzten Intervalles wird als Näherung für die gesuchte Nullstelle ausgegeben.

Aufgabe 26 Schreiben Sie ein LOGO-Programm, das eine reelle Nullstelle einer beliebigen Gleichung 5.Grades annähern kann.

```
PR MITTERNACHTSFORMEL
 DZ "'25   MITTERNACHTSFORMEL'
 30: DR "'KOEFFIZIENTEN A B C?' SETZE "ABC EINGABE
 SETZE "ERG FORMEL ER :ABC ER OE :ABC LZ :ABC
 WENN :ERG = "FEHLER DANN GEHE "30
 PRUEFE ER :ERG = "KEINE WW DZ :ERG
 WF ( DZ "X1= ER :ERG "' X2=' LZ :ERG )
 DZ " GEHE "30
ENDE

PR FORMEL :A :B :C
 WENN :A = 0 DANN RG "FEHLER
 SETZE "D :B * :B - 4 * :A * :C
 WENN :D < 0 DANN RG [KEINE REELLE NULLSTELLE!]
 RG SATZ ( - :B + QW :D ) / 2 / :A ( - :B - QW :D )/2/:A
ENDE
```

```
25   MITTERNACHTSFORMEL
KOEFFIZIENTEN A B C?   1 -3 2
X1= 2.  X2= 1.

KOEFFIZIENTEN A B C?   1 1 1
KEINE REELLE NULLSTELLE!
```

```
PR KUBISCHE.GLEICHUNG
 DZ "'26  KUBISCHE GLEICHUNG'
 DR "'KOEFFIZIENTEN A B C D?' SETZE "KOEFF EINGABE
 DR "'GENAUIGKEIT?' SETZE "ERG KUBIK :KOEFF ER EG
 DZ " ( DZ "NAEHERUNG= ERSTES :ERG )
 ( DZ "'      F(X)=' LETZTES :ERG )
ENDE
PR KUBIK :L :K
 WENN ER :L = 0 RG [FEHLER]
 SETZE "Y GRENZE :L SETZE "X ( - :Y )
 ( DZ "'INTERVALL:' :X "<X< :Y )
 RG TUE [MITTEL :X :Y]
```

```
PR ABS :X
 PRUEFE :X < 0
 WF RG :X
 RG - :X
ENDE
```

```
PR GRENZE :L
 WENN :L = [] DANN RG 0
 RG ( ABS ( LZ :L ) / ( ER :L ) ) + GRENZE ( OL :L )

PR MITTEL :A :B
 SETZE "M ( :A + :B ) / 2
 WENN EINES? F :M = 0 ( :M - :A ) < :K RG SATZ :M F :M
 PRUEFE ( F :A ) * ( F :M ) < 0
 WW MITTEL :A :M SONST MITTEL :M :B


PR F :X
 RG (((ER :L)*:X+ER OE :L)*:X+ER OE OE :L)*:X+LZ :L
```

```
26  KUBISCHE GLEICHUNG
KOEFFIZIENTEN A B C D? 1 -1 1 -1
GENAUIGKEIT? 1N6
INTERVALL: -4. <X< 4.
NAEHERUNG= 1.
     F(X)= 0.
```

Beispiel 27 LINEARES 2x2-GLEICHUNGSSYSTEM

Problem. Die Lösungsmenge eines linearen Gleichungssystems (2 Gleichungen für 2 Variable) soll ermittelt werden. Mit den gegebenen Koeffizienten lautet das System

$$A*X + B*Y = R \quad (1)$$
$$C*X + D*Y = S \quad (2)$$

Verfahren. Unter der allgemeinen Voraussetzung $A \neq \emptyset$ werden drei Fälle unterschieden:

1. Für $D = A*D - C*B \neq \emptyset$ existiert eine einzige Lösung

$$X = \frac{R*D - S*B}{A*D - C*B} \qquad Y = \frac{A*S - C*R}{A*D - C*B}$$

Man erhält sie durch Subtraktion des C/A-fachen der Gleichung (1) von der Gleichung (2), Auflösung nach Y und Einsetzen für Y in die Gleichung (1).

2. Für $A*D = C*B$ und $A*S = C*R$ gibt es beliebig viele Lösungspaare (X,Y), wobei für einen vorgegeben Y-Wert der zugehörige X-Wert mit $X = (R-B*Y)/A$ feststeht.

3. Für $A*D = C*B$ und $A*S \neq C*R$ existiert keine Lösung, d.h. die Lösungsmenge ist leer!

Hinweis. Die allgemeine Voraussetzung $A \neq \emptyset$ schließt nur den Fall $A=B=C=D=R=S = \emptyset$ aus, bei dem jedes Zahlenpaar (X,Y) eine Lösung ist. In allen anderen Fällen kann durch die Vertauschung der Gleichungen (1),(2) oder der Variablen X, Y die Forderung $A \neq \emptyset$ erfüllt werden oder das System ist unlösbar.

Wie schon in Beispiel 25 (Nullstellen einer quadratischen Gleichung) ist eine formelmässige Lösung in LOGO nicht sehr elegant. Die Behandlung der Koeffizienten in zwei Listen ist bei der direkten Formelauswertung recht umständlich.

Aufgabe 27 Schreiben Sie ein LOGO-Programm, das zu einem Zahlenpaar (X Y) die Koeffizienten A,B,C,D,R und S eines linearen 2x2-Gleichungssystems ermittelt, dessen Lösung (X Y) ist. Dabei sollen die vier Koeffizienten A, B, C und D alle von Null verschieden sein!

```
PR LINEARES.2X2.GLEICHUNGSSYSTEM
 DZ "'27   LINEARES 2X2 GLEICHUNGSSYSTEM'
 30: DR "'KOEFFIZIENTEN 1.GL. A B R:' SETZE "1 EG
 WENN ER :1 = 0 GEHE "30
 DR "'KOEFFIZIENTEN 2.GL. C D S:' SETZE "2 EG
 SETZE "A ER :1 SETZE "B ER OE :1 SETZE "R LZ :1
 SETZE "C ER :2 SETZE "D ER OE :2 SETZE "S LZ :2
 SETZE "L 2X2.LGS ER :A :B :R :C :D :S
 PRUEFE ZAHL? ER :L
 WW ( DZ "X= ER :L "Y= LZ :L ) GEHE "30 SONST DR :L
 WENN ER :L = "L GEHE "30 SONST SETZE "Y ER EG
 ( DZ "X= ( :R - :B * :Y ) / :A "Y= :Y )
 DZ " GEHE "30
ENDE

PR 2X2.LGS :A :B :R :C :D :S
 SETZE "N :A * :D - :C * :B PRUEFE :N = 0
 WF RG SATZ (:R*:D - :S*:B)/:N (:A*:S - :C*:R)/:N
 WENN :A * :S = :C * :R RG "'Y FREI WAEHLBAR, WELCHES Y?'
 RG "'LOESUNGSMENGE IST LEER!'
ENDE
```

```
27   LINEARES 2X2 GLEICHUNGSSYSTEM
KOEFFIZIENTEN 1.GL. A B R: 1 2 3
KOEFFIZIENTEN 2.GL. C D S: 4 5 6
X= -1. Y= 2.
KOEFFIZIENTEN 1.GL. A B R: 1 0 1
KOEFFIZIENTEN 2.GL. C D S: 0 1 1
X= 1. Y= 1.
KOEFFIZIENTEN 1.GL. A B R:
KOEFFIZIENTEN 2.GL. C D S:
Y FREI WAEHLBAR, WELCHES Y?1
X= 0. Y= 1
```

Beispiel 28 QUADRATWURZELNÄHERUNG

Problem. Für einen gegebenen Radikanden R > Ø soll eine Näherung X̃ > Ø für die Quadratwurzel √R so bestimmt werden, daß mit einer gegebenen Fehlerschranke K > Ø |X̃ - √R| < K gilt.

Verfahren. Wir wandeln ein Rechteck mit dem Flächeninhalt R schrittweise in ein flächeninhaltsgleiches Quadrat um. Ist A > Ø eine frei gewählte Länge für eine Rechteckseite, so ist R/A die Länge der zweiten Rechteckseite. Wir ermitteln als neue Seitenlänge den Mittelwert (A + R/A)/2, der dann sicher zwischen den bisherigen Seitenlängen liegt, solange bis die Differenz |A - R/A| < K (Fehlerschranke) wird.

Hinweis. Da das hier verwendete NEWTON-HERON-Verfahren ein 'schnelles' Verfahren ist, kann man die angegebene rekursive Lösung meist problemlos verwenden. Als Startwert für die erste Rechteckseite verwenden wir den Zahlwert für den Radikanden R.

Aufgabe 28 Verwenden Sie die Näherung nach NEWTON-Heron im Beispiel 25 (Mitternachtsformel) statt der Standard-Prozedur QW als Prozedur und vergleichen Sie die Ergebnisse.

Beispiel 29 QUADRATWURZELEINSCHACHTELUNG

Problem. Für einen gegebenen Radikanden R > 0 soll ein Intervall I = (A B) gefunden werden, in dem die Quadratwurzel +√R liegt und dessen Länge kleiner als eine vorgegebene Zahl K > Ø ist.

Verfahren. Als Ausgangsintervall wählen wir (1 R) oder (R 1), je nachdem, ob R > 1 oder R < 1 ist. Das Intervall wird von links nach rechts nach einem Vorzeichenwechsel abgesucht mit einer Schrittweite von 1/10 der Intervallänge. Das Teilintervall, in dem X^2 - R das Vorzeichen wechselt, wird neues Ausgangsintervall, solange bis die Intervallänge kleiner als K ist. Die Randwerte des letzten Teilintervalls werden ausgegeben.

Aufgabe 29 Wenden Sie das 'Zehntel-Verfahren' aus Beispiel 26 (Kubische Gleichung) an.

```
PR QUADRATWURZELNAEHERUNG
 DZ "'28  QUADRATWURZELNAEHERUNG'
 DR "'GIB RADIKAND AN:' SETZE "R ER EG
 DR "'     GENAUIGKEIT:' SETZE "K ER EG
 ( DZ "'NAEHERUNG X=' WURZEL :R :R :K )
 DZ " QUADRATWURZELNAEHERUNG
ENDE

PR WURZEL :R :X :K
 WENN EINES? :R < 0 :X < 0 DANN RG "FEHLER
 WENN ABS ( :X - :R / :X ) < :K DANN RG :X
 RG WURZEL :R ( :X + :R / :X ) / 2 :K
ENDE

PR ABS :X
 WENN :X < 0 DANN RG :X SONST RG :X
ENDE
```

```
28  QUADRATWURZELNAEHERUNG
GIB RADIKAND AN:2
    GENAUIGKEIT:1N6
NAEHERUNG X= 1.41421

28  QUADRATWURZELNAEHERUNG
GIB RADIKAND AN:4
    GENAUIGKEIT:1N5
NAEHERUNG X= 2.
```

```
PR QUADRATWURZELEINSCHACHTELUNG
 DZ "'29  QUADRATWURZELEINSCHACHTELUNG'
 DR "'GIB RADIKAND AN:' SETZE "R ER EG
 DR "'     GENAUIGKEIT:' SETZE "K ER EG
 WENN :R > 0 DANN ( DZ "'NAEHERUNG X=' WURZEL :R :K )
 DZ " QUADRATWURZELEINSCHACHTELUNG
ENDE
PR WURZEL :R :K
 WENN :R < 1 DANN TUE [RG TEST :R 1 ( 1 - :R ) / 10]
 TUE [RG TEST 1 :R ( :R - 1 ) / 10]
ENDE

PR TEST :A :B :S
 WENN 10 * :S < :K DANN RG :B
 WENN :A * :A < :R DANN TEST :A + :S :B :S SONST
                        TEST :A - :S :A :S / 10
ENDE
```

```
29  QUADRATWURZELEINSCHACHTELUNG
GIB RADIKAND AN: 2
    GENAUIGKEIT: 1N5
NAEHERUNG X= 1.41421

29  QUADRATWURZELEINSCHACHTELUNG
GIB RADIKAND AN: 4
    GENAUIGKEIT: 1N5
NAEHERUNG X= 2.
```

Beispiel 30 INTERPOLATION

Problem. Es sollen N+1 verschiedene Zahlenpaare

$(X_0, Y_0)\ (X_1, Y_1)\ \ldots\ (X_N, Y_N)$ durch ein Polynom

$P(X) = A_N X^N + \ldots + A_1 X + A_0$ vom Grad N

so interpoliert werden, daß

$P(X_I) = Y_I$ für die N+1 Wertepaare gilt.

Verfahren. Das Interpolationspolynom P(X) wird additiv nach LAGRANGE ermittelt als

$$P(X) = Y_0 L_0(X) + \ldots + Y_N L_N(X)$$

mit den N+1 Grundpolynomen

$$L_I(X) = \frac{(X-X_0)(X-X_1)..(X-X_{I-1})(X-X_{I+1})..(X-X_N)}{(X_i-X_0)\ \ldots.\ (X_I-X_{I-1})(X_I-X_{I+1})..(X_I-X_N)}$$

Für jeden gewünschten X-Wert wird das LAGRANGE-Polynom mit den Zahlenwerten berechnet und P(X) als Zahlwert ausgegeben.

Aufgabe 30 Ändern Sie das LOGO-Programm so ab, daß für eine LISTE von X-Werten eine LISTE von P(X)-Werten ausgegeben wird.

Beispiel 31 HARMONISCHE REIHE

Problem. Die harmonische Reihe

$$1 + \frac{1}{2} + \frac{1}{3} + \ldots + \frac{1}{N} + \ldots$$

soll bis zu einem vorgegebenen "Summenwert" aufsummiert und nach je 50 Summanden ein Zwischenergebnis ausgegeben werden.

Hinweis. Mit hinreichend vielen Summanden kann jeder feste Wert für den "Summenwert" überschritten werden, da die Summe wegen der Divergenz der Reihe beliebig groß wird. Wegen der festen Stellenzahl eines Computers darf der vorgegebene "Wert" der Summe S nicht größer als 20 sein. Das Beispiel zeigt, daß man aus dem "Stehenbleiben" von Stellen nicht auf die Korrektheit des Ergebnisses schließen darf!

Aufgabe 31 Ändern Sie das LOGO-Programm so ab, daß die Summe der Reihe

$$S = \frac{1}{2} + \frac{1}{4} + \frac{1}{6} + \ldots + \frac{1}{2*N} + \ldots.$$

angenähert wird.

```
PR INTERPOLATION
 DZ "'30  INTERPOLATION'
 DR "'WIEVIEL WERTEPAARE?' SETZE "N ER EG
 ( DZ "'POLYNOMGRAD <=' :N - 1 ) SETZE "FELD PAAR :N
 WEITER: DZ " DR "'INTERPOLATION WO?'
 SETZE "X ER EG DZ " PRUEFE ZAHL? :X
 WW ( DZ "INTERPOL-WERT= LAGRANGE :N :FELD ) GEHE "WEITER
 DZ " INTERPOLATION
ENDE

PR PAAR :N
 DZ " WENN :N = 0 DANN RG []
 ( DR "'WERTEPAAR:' ) RG ME EINGABE PAAR :N - 1

PR LAGRANGE :N :L
 WENN :L = [] DANN RG 0
 WENN LZ LZ :L = 0 DANN RG LAGRANGE :N - 1 OL :L
 RG ( LZ LZ :L ) * ( GP :N :FELD ) + LAGRANGE :N - 1 OL :L

PR GP :N :FELD
 WENN :FELD = [] RG 1 SONST SETZE "XI ER ER :FELD
 WENN ER LZ :L = :XI DANN RG GP :N OE :FELD
 RG ( :XI - :X ) / ( :XI - ER LZ :L ) * GP :N OE :FELD
```

```
30  INTERPOLATION
WIEVIEL WERTEPAARE? 3
POLYNOMGRAD <= 2

WERTEPAAR: -1  1
WERTEPAAR:  0  0
WERTEPAAR:  1  1

INTERPOLATION WO? -0.5
INTERPOL-WERT= .25
```

```
PR HARMONISCHE.REIHE
 DZ "'31  HARMONISCHE REIHE'
 DR "'WELCHE SUMME?' SETZE "S ER EG
 SETZE "N 0 DZ "'N  SUMME' SETZE "R 0
 100: SETZE "R HARM :R ( DZ :N :R )
 WENN NICHT LZ :R = "ENDE GEHE "100
 DZ " HARMONISCHE.REIHE
ENDE

PR HARM :R
 SETZE "N :N + 1 WENN REST :N 50 = 0 RG :R + 1 / :N
 WENN :R > :S RG SATZ :R "ENDE SONST RG HARM :R + 1 / :N
ENDE
```

```
31  HARMONISCHE REIHE
WELCHE SUMME? 6
```

```
N  SUMME
50 4.49919
100 5.18734
150 5.59113
200 5.87795
228 6.00428 ENDE
```

Beispiel 32 NÄHERUNG FÜR PI

Problem. Für die Kreiszahl π sollen Näherungswerte nach verschiedenen Verfahren ermittelt werden.

Verfahren. Es werden die folgenden drei Näherungsverfahren der Reihe nach verwendet.

1.Archimedes: Der halbe Umfang eines Kreises vom Radius 1 hat die Maßzahl π. Wir bestimmen deshalb als Näherung die halbe Länge des Umfanges regelmässiger Vielecke, die den Einheitskreis ($r=1$) einbeschreiben bzw. umbeschreiben. S ist die halbe Länge der einbeschreibenden Sehnenzüge, T die halbe Länge der umbeschreibenden Tangentenzüge. Es wird abgebrochen, sobald durch Rundungseffekte $S \geqq T$ wird.

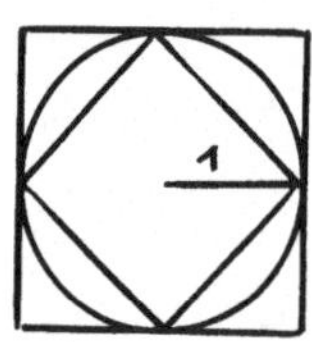

2.Cusanus : Anders als **Archimedes**, der einen Halbkreis der Länge π durch regelmässige Vielecke annäherte, bestimmte Cusanus(1450 n.Chr.) die Radien der In- bzw. Umkreise regelmässiger 2^n-Ecke mit dem festen Umfang 2 so, daß $2\pi h_n < 2 < 2\pi r_n$ gilt. Als jeweilige Näherung ergibt sich dann $1/r_n$ bzw. $1/h_n$. Abbruch erfolgt, sobald $r_n \leqq h_n$ wird.

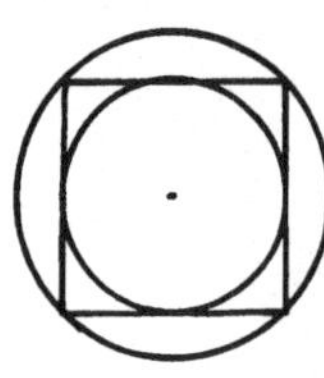

3. "Regen" : Auf ein Quadrat der Kantenlänge 1 geht ein Zufallsregen von N "Tropfen" nieder. Zwei gegenüberliegende Ecken des Quadrates sind durch ein Viertel einer Kreislinie (Radius 1) verbunden. Der Anteil der "Tropfen" innerhalb des Viertelkreises (Fläche gleich $\pi/4$) wird gezählt. Das Vierfache des Anteils R geteilt durch die frei gewählte Gesamtzahl N der "Tropfen" ist eine Näherung für π.

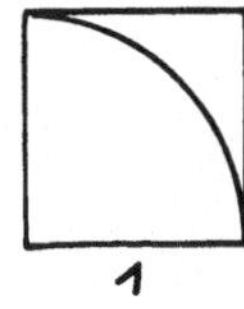

4.Leibniz : Es werden N Glieder der Leibnizreihe mit Faktor 4 $\pi/4 = S = 1 - 1/2 + 1/4 - 1/6 + \ldots$ ermittelt.

Aufgabe 32 Ändern Sie das LOGO-Programm so ab, daß eines der Näherungsverfahren ausgewählt werden kann.

```
PR NAEHERUNG.FUER.PI
 DZ "'32  NAEHERUNG FUER PI'
 ( DZ "ARCHIMEDES: ARCHIMEDES 0 )
 DR "'    CUSANUS: ' SETZE "H 1 / 4 SETZE "R ( QW 2 ) / 4
 100: SETZE "H ( :R + :H ) / 2 SETZE "R QW ( :R * :H )
 WENN :R > :H GEHE "100 SONST DZ 1 / :R
 DZ "ZUFALLSREGEN
 DR "'WIEVIEL TROPFEN?' SETZE "N ER EG
 SETZE "R 0 SETZE "I 0
 200: SETZE "R :R + TROPFEN SETZE "I :I + 1
 WENN :I < :N GEHE "200 SONST DZ 4 * :R / :N
 DZ "LEIBNIZREIHE
 DR "'WIEVIEL GLIEDER?' SETZE "N ER EG
 SETZE "R 0 SETZE "K 1
 300: PRUEFE :N > 0
 WW SETZE "R :R + :K / ( 2 * :N - 1 ) SETZE "K ( - :K )
 WW SETZE "N :N - 1 GEHE "300
 WENN :R < 0 DZ - 4 * :R SONST DZ :R * 4
ENDE

PR ARCHIMEDES :C
 WENN :C = QW ( ( 1 + :C ) / 2 ) DANN RG 2
 RG ( ARCHIMEDES QW ( 1 + :C ) / 2 ) / QW ( 1 + :C ) / 2
ENDE

PR TROPFEN
 SETZE "X ( ZZ 32000 ) / 32000
 SETZE "Y ( ZZ 32000 ) / 32000
 RG 1 - INT ( :X * :X + :Y * :Y )
ENDE
```

```
32  NAEHERUNG FUER PI
ARCHIMEDES: 3.14159
   CUSANUS: 3.1416
ZUFALLSREGEN
WIEVIEL TROPFEN? 1000
3.096
LEIBNIZREIHE
WIEVIEL GLIEDER? 1000
3.14059
```

Hinweise auf grafische Funktionen

1.BLINKER-Prozedur

Die in LOGO verfügbare BLINKER-Prozedur gestattet eine Tabellierung durch das Setzen der CURSOR-Position auf dem Bildschirm. Der BLINKER-Aufruf BLINKER :X :Y hat dazu zwei Eingabewerte für die SPALTENZAHL :X und die ZEILENZAHL :Y Die Numerierung ist auf die linke obere Ecke des Bildschirms bezogen, die BLINKER 0 0 entspricht.

Um eine von der jeweiligen ZEILENZAHL :Y unabhängige Tabellierung in einer ZEILE zu erreichen, bedarf es eines Tricks. Die ZEILENZAHL wird mit dem .HOLE-Befehl in den BLINKER-Aufruf eingesetzt:

```
BLINKER :X .HOLE 37
```

Der Mangel besteht darin, daß die jeweilige Speicherzelle, in der die ZEILENZAHL steht, vom Computersystem abhängt. Die Zelle 37 gilt deshalb nur für APPLE //-Systeme. Für COMMMDORE C 64-Systeme ist es dagegen die Zelle 214 .

Mit der BLINKER-Prozedur kann man dann eine Tabellierung in einer Zeile formulieren:

```
PR TAB :X
 BLINKER :X - 1 .HOLE 37
ENDE
```

Der TAB-Aufruf darf jedoch nicht als Argument von einer DRUCKEZEILE-Anweisung erfolgen. Z.B. würde

```
( DZ  TAB 10 "'ZINSEN' )
```

wegen fehlender Rückgabe von TAB :X zu einer Fehlermeldung führen. Ein korrektes Ergebnis erhält man dagegen mit

```
TAB 10  DZ "'ZINSEN'
```

2.IGELGRAFIK in den Beispielen

In einigen Beispielen wird die IGELGRAFIK zur Darstellung der Ergebnisse eingesetzt. Dabei werden folgende ELEMENTE der IGELGRAFIK verwendet:

MITTE	der IGEL wird auf Bild-MITTE gesetzt.
STIFTAB	Zeichenfunktion des IGELS aktivieren.
STIFTHOCH	Zeichenfunktion des IGELS deaktivieren.
VERSTECKIGEL	IGEL-Figur auf Bildschirm ausblenden.
ZEIGIGEL	IGEL-Figur auf dem Bildschirm zeigen.
AUFX :X	IGEL horizontal in Position :X bringen.
AUFY :Y	IGEL vertikal in Position :Y bringen.
AUFXY :Z	IGEL in Position :Z bringen.

Für ausführliche Informationen zur IGELGRAFIK verwenden Sie bitte Ihr LOGO-Handbuch.

5.2 Spiele und Simulationen

Beispiel 33 WÜRFELN VON 1 BIS N

Problem. Aus den natürlichen Zahlen von 1 bis N soll K-mal eine Zahl X zufällig ausgewählt, d.h. 'gewürfelt' werden.

Verfahren. LOGO besitzt eine Standard-Prozedur ZUFALLSZAHL, Abkürzung ZZ, zur Erzeugung von Pseudo-Zufallszahlen. Für den Wert N des Argumentes der Prozedur wird eine Zahl aus dem Abschnitt Ø bis N-1 zurückgegeben. Will man z.B. den normalen Spielwürfel mit den Augenzahlen 1 bis 6 simulieren, so kann man den Ausdruck 1 + ZZ 6 dazu verwenden. ZUFALLSZAHL 6 liefert selbst eine Zufallszahl aus Ø bis 5, so daß die Addition der 1 das gewünschte Ergebnis liefert.
Allgemein erhalten wir je eine Pseudo-Zufallszahl aus dem Abschnitt 1 bis N durch den Ausdruck

1 + ZUFALLSZAHL :N

zugewiesen.
Die LOGO-Prozedur PR WUERFELN :N :K gibt einen SATZ von K Zufallszahlen aus dem Abschnitt 1 bis N zurück.

Hinweis. Beachten Sie, daß bei jedem Aufruf i.a. eine andere Zufallszahl, beim Start von LOGO aber stets die gleiche Folge von Pseudo(!)-Zufallszahlen zurückgegeben wird.

Aufgabe 33 Ändern Sie das LOGO-Programm so ab, daß für ein gegebenes I die Prozedur ZZ :N I-mal 'leer' aufgerufen wird.

Beispiel 34 WÜRFELTEST

Problem. Es soll die Verteilung von N 'Würfen' eines normalen Spielwürfels auf die sechs Augenzahlen getestet und mit der 'idealen' Gleichverteilung verglichen werden.

Verfahren. Es werden N Würfe aus 1 bis 6 simuliert und in einer LISTE mit 6 Elementen den Augenzahlen saldierend zugeordnet. Es wird dann eine Tabelle mit den Augenzahlen, den erzielten Würfen, die 'ideale' Wurfzahl und die Prozentabweichung ausgegeben.

Aufgabe 34 Ändern Sie das Programm so ab, daß ein "Würfel" mit der Augenzahl 1 bis N getestet werden kann.

```
PR WUERFELN.VON.1.BIS.N
 DZ "'33  WUERFELN VON 1 BIS N'
 DRUCKE "'WELCHES N?' SETZE "N ERSTES EINGABE
 DR "'  WIE OFT?' SETZE "K ERSTES EINGABE
 DZ WUERFELN :N :K
 DZ " WUERFELN.VON.1.BIS.N
ENDE
```

```
PR WUERFELN :N :K
 WENN :K = 0 DANN RUECKGABE "
 RG SATZ 1 + ZUFALLSZAHL :N WUERFELN :N :K - 1
ENDE
```

```
33  WUERFELN VON 1 BIS N
WELCHES N?12
  WIE OFT?12
9 2 5 12 3 7 2 7 3 11 6 5
```

```
PR WUERFELTEST
 DZ "'34  WUERFELTEST'
 30: DR "'WIEVIEL WUERFE?' SETZE "N ERSTES EG
 SETZE "W [0 0 0 0 0 0] SETZE "I RUNDE :N / 6
 i00: WENN :N = 0 AUSGABE :W 1 DZ " GEHE "30
 SETZE "W WURF 1 + ZZ 6 :W SETZE "N :N - 1
 GEHE "100
ENDE
```

```
PR WURF :A :W
 WENN :A = 1 DANN RG ( SATZ 1 + ER :W OE :W )
 RG SATZ ER :W WURF :A - 1 OE :W
ENDE
```

```
PR AUSGABE :W :Z
 WENN :W = [] DANN RK
 WENN :Z = 1 ( DZ "'AUGEN WUERFE IDEAL PROZENT' )
 ( DR "'    ' :Z "'      ' ER :W "'      ' :I "'        ' )
 PRUEFE :I = 0 WW DZ 0 AUSGABE OE :W :Z + 1
 WF DZ RUNDE 100 * ( ER :W ) / :I AUSGABE OE :W :Z + 1
ENDE
```

```
34  WUERFELTEST
WIEVIEL WUERFE?300
AUGEN WUERFE IDEAL PROZENT
    1     48    50      96
    2     67    50     134
    3     46    50      92
    4     56    50     112
    5     37    50      74
    6     46    50      92
```

```
WIEVIEL WUERFE?1200
AUGEN WUERFE IDEAL PROZENT
    1    208   200     104
    2    196   200      98
    3    171   200      86
    4    209   200     105
    5    203   200     102
    6    213   200     107
```

Beispiel 35 ZAHLENLOTTO

Problem. Es sollen jeweils sechs verschiedene Lottozahlen aus 1 bis 49 und eine Zusatzzahl zufällig ausgewählt werden.

Verfahren. Der Reihe nach wird mit 1 + ZZ 49 eine Lottozahl zufällig ausgewählt. Sie wird jedoch nur zugelassen, wenn sie kein ELEMENT der bereits erzeugten LISTE der vorherigen Zahlen ist, sonst wird erneut aus 1 bis 49 ausgewählt. Die LISTE wird einschließlich der (letzten) Zusatzzahl N-mal als 'Ziehung' ausgegeben.

Hinweis. Wenn man verhindern will, daß nach dem LOGO-Start stets die gleiche Folge von "Lottozahlen" ausgegeben wird, muß man die Prozedur ZZ in irgend einer variablen Form vor dem eigentlichen Ablauf 'leer' laufen lassen.
Machen Sie sich bei der Prozedur ZIEHUNG :N klar, warum neben den sechs Lottozahlen die siebte als Zusatzzahl gebildet wird.

Aufgabe 35 Ergänzen Sie das Lotto-Programm so, daß die Anzahl der notwendigen Würfe zur Erzeugung einer ZIEHUNG mit ausgegeben wird.

Beispiel 36 RUSSISCHES ROULETTE

Problem. Das (makabre) 'Spiel' Russisches Roulette mit einem sechsschüssigen Trommelrevolver soll als Spiel gegen den Computer simuliert werden.

Verfahren. Der Revolver soll in Kammer 1 geladen und in den Kammern 2 bis 6 entladen sein. Zunächst wird für eine abgefragte Zahl :N (<2Ø) das 'Durchdrehen der Trommel durch einen N-maligen Zufallsaufruf simuliert. Dann wird mit 1 + ZZ 6 eine der sechs Kammern 'gewürfelt'. Ist das Ergebnis 1, d.h. die Kammer geladen, so wird der Spieler, bzw. der Computer als 'tot' abgemeldet, bzw. an den jeweiligen Partner übergeben. Das 'Spiel' wird vom 'Bruder' des Computers oder durch ein 'neues Leben' des Spielers fortgesetzt.

Aufgabe 36 Ergänzen Sie das Programm so, daß ein 'Spielstand' nach jedem abgeschlossenen Spielvorgang ausgegeben wird.

```
PR ZAHLENLOTTO
 DZ "'35  ZAHLENLOTTO'
 DR "'WIEVIELE SPIELE?' SETZE "N ERSTES EINGABE
 100: DZ ZIEHUNG 6
 SETZE "N :N - 1 WENN :N > 0 GEHE "100
ENDE

PR ZIEHUNG :N
 WENN :N = 6 DANN SETZE "Z SATZ 1 + ZZ 49 "
 WENN :N = 0 DANN RG :Z SONST SETZE "KUGEL 1 + ZZ 49
 WENN ELEMENT? :KUGEL :Z DANN RG ZIEHUNG :N
 SETZE "Z SATZ :Z :KUGEL RG ZIEHUNG :N - 1

PR ELEMENT? :X :Z
 WENN :Z = [] DANN RG "FALSCH
 WENN :X = ER :Z RG "WAHR SONST RG ELEMENT? :X OE :Z
```

```
35  ZAHLENLOTTO
WIEVIELE SPIELE?5                 44   49 46 6 8 9 30
40   16 14 35 6 34 11             27   24 36 6 18 46 11
26   42 13 29 32 2 27             25   8 27 11 42 19 14
```

```
PR RUSSISCHES.ROULETTE
 DZ "'36  RUSSISCHES ROULETTE'
 DR "'WER SPIELT GEGEN MICH?' SETZE "SPIELER ER EG
 ( DZ "'GUTEN TAG,' :SPIELER )
 100: DR "'GIB EINE ZAHL<10 AN:'
 SETZE "N TASTE DZ :N PRUEFE DREHEN :N = 1
 WW ( DZ "PENG. :SPIELER "'DU BIST LEIDER TOT.' )
 WW DZ "' ,DU BEKOMMST EIN NEUES LEBEN!' GEHE "100
 ( DZ :SPIELER "' ,DU LEBST NOCH!' )
 PRUEFE DREHEN 1 = 1
 WW DZ "'PENG. ICH BIN TOT.'
 WW DZ "'MEIN BRUDER NIMMT REVANCHE.' GEHE "100
 DZ "'KLICK. ICH LEBE AUCH NOCH.'
 DZ "'' GEHE "100

PR DREHEN :N
 WENN :N = 0 DANN RG 1 + ZZ 6 SONST RG DREHEN :N - 1
ENDE
```

```
36  RUSSISCHES ROULETTE
WER SPIELT GEGEN MICH?KLAUS
GUTEN TAG, KLAUS
GIB EINE ZAHL<10 AN:5

KLAUS , DU LEBST NOCH!
KLICK. ICH LEBE AUCH NOCH.

GIB EINE ZAHL<10 AN:5
KLAUS , DU LEBST NOCH!
KLICK. ICH LEBE AUCH NOCH.

GIB EINE ZAHL<10 AN:5

KLAUS , DU LEBST NOCH!
PENG. ICH BIN TOT.
MEIN BRUDER NIMMT REVANCHE.

PENG. DU BIST LEIDER TOT.
KLAUS , DU BEKOMMST EIN NEUES LEBEN!
GIB EINE ZAHL<10 AN:5
```

Beispiel 37 SUPERHIRN

Problem. Das Spiel SUPERHIRN (engl. MASTERMIND) soll so simuliert werden, daß die Anzahl N der zu ermittelnden Positionen bis zu 9 betragen kann. Keine Position(=Stecker) soll mit einer anderen übereinstimmen.

Verfahren. Die Anzahl N der gewünschten Positionen(Stecker) wird abgefragt. Danach ist die Anzahl der verschiedenen Ziffern (Farben) anzugeben, die mindestens so groß wie die Anzahl der Positionen sein muß. Es werden zufällig verschiedene Ziffern für die N Positionen ausgewählt. Der Spieler wird solange aufgefordert, eine Besetzung der N Positionen anzugeben, bis eine vollständige Übereinstimmung festgestellt wird. Nach jeder Test-Belegung wird die Anzahl der vorhandenen Übereinstimmungen(Treffer), die Anzahl der Fast-Übereinstimmungen (Ziffer richtig, Position aber falsch) und die Anzahl der Nieten angegeben.

Hinweis. Die zufällige Belegung der N Positionen wird als WORT gebildet (PR STELLUNG :N :Z :STELLUNG), da nur einstellige Ziffern erlaubt sind. Die Eingabe der Test-Belegung mit der Standard-Prozedur TASTE erlaubt es, die Auswertung in der gleichen Zeile auszugeben (Wegfall von RETURN).
Die Auswertung der Übereinstimmungen und Fast-Übereinstimmungen wird in der Prozedur ERGEBNIS gebildet und als WORT aus zwei einstelligen Zahlen zurückgegeben.

Aufgabe 37 Simulieren Sie das Ergebnis der Übereinstimmungen bzw. Fast-Übereinstimmungen durch eine entsprechende Anzahl zweier verschiedener Zeichen -analog dem realen Spiel- als Ergänzung des SUPERHIRN-LOGO-Programmes.

```
37  SUPERHIRN      ?
WIEVIEL POSITIONEN<10 ?3
VON 1 BIS ?5
GIB 3 ZIFFERN<= 5 AN!
           TREFFER FAST NIETEN
123           1     0     2
451           0     2     1
135           0     1     2
314           1     0     2
124           2     0     1
524           3     0     0
SIEG!!! DU BIST SPITZE
```

```
PR SUPERHIRN
 DZ "'37  SUPERHIRN'
 DR "'WIEVIEL POSITIONEN<10 ?' SETZE "N ER EG
 DR "'VON 1 BIS ?' SETZE "Z ERSTES EINGABE
 WENN EINES? :Z < :N :N > 9 DANN SUPERHIRN
 SETZE "ST STELLUNG :N :Z "
 ( DZ "GIB :N "ZIFFERN<= :Z "AN! )
 DZ "'          TREFFER FAST NIETEN'
 200: SETZE "A ERGEBNIS ZUG :N :ST "00 DR "'                  '
 ( DZ ER :A "'    ' LZ :A "'    ' :N - ( ER :A ) - LZ :A )
 WENN ER :A < :N DANN GEHE "200
 DZ "'SIEG!!! DU BIST SPITZE'
 DZ " SUPERHIRN
ENDE

PR STELLUNG :N :Z :ST
 WENN :N = 0 DANN RG " SONST SETZE "STECKER 1 + ZZ :Z
 WENN ELEMENT? :STECKER :ST DANN RG STELLUNG :N :Z :ST
 RG WORT :STECKER STELLUNG :N - 1 :Z WORT :STECKER :ST
ENDE

PR ELEMENT? :X :Z
 WENN :Z = " DANN RG "FALSCH
 WENN :X = ER :Z RG "WAHR SONST RG ELEMENT? :X OE :Z
ENDE

PR ERGEBNIS :X :A :L
 WENN :X = " DANN RG :L
 PRUEFE ER :X = ER :A
 WW RG ERGEBNIS OE :X OE :A WORT 1 + ER :L LZ :L
 PRUEFE ELEMENT? ER :X :ST
 WW RG ERGEBNIS OE :X OE :A WORT ER :L 1 + LZ :L
 RG ERGEBNIS OE :X OE :A :L
ENDE

PR ZUG :N
 WENN :N = 0 DANN RG " SONST SETZE "T TASTE
 WENN ZAHL? :T DR :T RG WORT :T ZUG :N - 1 SONST RG ZUG :N
ENDE
```

```
37  SUPERHIRN
WIEVIEL POSITIONEN<10 ?5
VON 1 BIS ?5
GIB 5 ZIFFERN<= 5 AN!
          TREFFER FAST NIETEN
12345          1     4     0
45321          0     5     0
21453          2     3     0
12453          1     4     0
23154          2     3     0
32541          0     5     0
21435          3     2     0
23415          5     0     0
SIEG!!! DU BIST SPITZE
```

Beispiel 38 SIEBZEHNUNDVIER

Problem. Das Kartenspiel "17 + 4" soll als Spiel gegen den Computer simuliert werden. Es soll ein übliches Skatblatt mit 32 Karten aus 7,8,9,10 Bube, Dame, König, As verwendet werden. Wer zuerst mehr als 21 Augen zieht, verliert, sonst gewinnt die höhere Augenzahl, gleiche Augenzahl ergibt ein Unentschieden.

Verfahren. Mit einer Prozedur KARTE :X wird das Ziehen einer zulässigen Karte für den Spieler :X=1 bzw. den Computer :X=Ø, die Abfrage der Augenzahl des Computers und die Angabe der Augenzahl des Spielers durchgeführt. Der Computer zieht nur solange, bis seine Augenzahl nicht größer als 15 ± 1 wird. Danach kommt die Meldung: ICH ZIEHE NICHT MEHR!
Der Spieler wird mit der Rückgabe TASTE=1 zum Ziehen bzw. TASTE=Ø zum Nichtziehen aufgefordert. Die Auswertung des Ergebnisses wird in der Prozedur SPIELENDE vorgenommen.

Hinweis. Das Ende des Ziehens durch den Computer wird durch Setzen der Augenzahl :C des Computers auf -:C markiert.

Aufgabe 38 Ändern Sie das Programm so ab, daß vor dem Ziehen beim Beginn jedes Spieles dem Spieler und dem Computer zwei Karten vorab zugeteilt werden.

Fortsetzung Testbeispiel

```
WILLST DU EINE KARTE(1=JA/0=NEIN)?1
                    DU HAST JETZT 9 AUGEN
WILLST DU EINE KARTE(1=JA/0=NEIN)?1
                    DU HAST JETZT 11 AUGEN
WILLST DU EINE KARTE(1=JA/0=NEIN)?1
                    DU HAST JETZT 19 AUGEN
WILLST DU EINE KARTE(1=JA/0=NEIN)?0
ICH HABE GEZOGEN.
WILLST DU EINE KARTE(1=JA/0=NEIN)?0
ICH HABE GEZOGEN.
WILLST DU EINE KARTE(1=JA/0=NEIN)?0
ICH ZIEHE NICHT MEHR!

ICH HABE  23  AUGEN
DU HAST GEWONNEN! NEUES SPIEL!
DU GEGEN MICH  1 : 0
```

```
PR SIEBZEHNUNDVIER
 DZ "'38  SIEBZEHNUNDVIER'
 SETZE "S1 0 SETZE "C1 0
 100: SPIEL 0 0
 ( DZ "'DU GEGEN MICH ' :S1 ": :C1 )
 GEHE "100
ENDE
PR SPIEL :S :C
 DR "'WILLST DU EINE KARTE(1=JA/0=NEIN)?'
 SETZE "ANTWORT ERSTES TASTE DZ "
 WENN :ANTWORT = "1 DZ KARTE 1 SONST DZ KARTE 0
 PRUEFE EINES? :C > 0 :ANTWORT = "1
 WW SPIEL :S :C
 WF ( DZ SPIELENDE "'NEUES SPIEL!' )
PR KARTE :X
 WENN ALLE? :X = 0 :C < 0 RG "'ICH ZIEHE NICHT MEHR!'
 SETZE "'AUGEN' 2 + ZZ 11
 WENN ALLE? :'AUGEN' > 4 :'AUGEN' < 7 RG KARTE :X
 PRUEFE :X = 1 WW SETZE "S :S + :'AUGEN'
 WW RG ( SATZ "'                  DU HAST JETZT' :S "AUGEN )
 PRUEFE :C > 14 + ZZ 3 WW SETZE "C ( - :C )
 WW RG "'ICH ZIEHE NICHT MEHR!'
 SETZE "C :C + :'AUGEN' RG "'ICH HABE GEZOGEN.'
PR SPIELENDE
 SETZE "C ( - :C ) DZ " WENN :C = :S RG "UNENTSCHIEDEN!
 ( DZ "'ICH HABE ' :C "' AUGEN' )
 WENN ALLE? :S > 21 :C > 21 RG "'DAS WAR NICHTS!'
 PRUEFE EINES? :C > 21 ALLE? :C < :S :S < 22
 WW SETZE "S1 :S1 + 1 RG "'DU HAST GEWONNEN!'
 SETZE "C1 :C1 + 1 RG "'DIESMAL HABE ICH GEWONNEN.'
ENDE
```

```
38  SIEBZEHNUNDVIER
WILLST DU EINE KARTE(1=JA/0=NEIN)?1
                      DU HAST JETZT 10 AUGEN
WILLST DU EINE KARTE(1=JA/0=NEIN)?1
                      DU HAST JETZT 19 AUGEN
WILLST DU EINE KARTE(1=JA/0=NEIN)?0
ICH HABE GEZOGEN.
WILLST DU EINE KARTE(1=JA/0=NEIN)?0
ICH HABE GEZOGEN.
WILLST DU EINE KARTE(1=JA/0=NEIN)?0
ICH HABE GEZOGEN.
WILLST DU EINE KARTE(1=JA/0=NEIN)?0
ICH ZIEHE NICHT MEHR!

UNENTSCHIEDEN! NEUES SPIEL!
DU GEGEN MICH  0 : 0
```

<u>Beispiel</u> 39 NIM-SPIEL(1 HAUFEN)

<u>Problem</u>. Das bekannte NIM-Spiel mit einem Haufen von N Hölzchen soll simuliert werden. Bei jedem Spielzug darf jeder der Partner (Spieler oder Computer) M Hölzchen, mindestens aber eines wegnehmen. Wer den <u>letzten</u> Zug machen kann, der gewinnt das Spiel.

<u>Verfahren</u>. Zunächst wird die Ausgangszahl der Hölzchen vom Gegenspieler des Computers angefordert, ebenso das Maximum der Hölzchen, die pro Zug höchstens weggenommen werden dürfen. Dann beginnt der Computer das Spiel mit dem ersten Zug, wobei er die optimale Strategie anwendet auf eine Anzahl N zu reduzieren, die durch M+1 teilbar ist oder einen Verlegenheitszug macht. Der Gegenspieler wird nach der Angabe der noch vorhandenen Hölzchen zu seinem Zug aufgefordert. Das Spiel endet mit dem "Siegeszug" bei zulässiger Wegnahme der restlichen Hölzchen durch Spieler oder Computer. Danach wechselt die Vorgabe der Ausgangszahl N an den Computer, falls dieser verloren hat usw.

<u>Hinweis</u>. An einem Beispiel erkennt man, daß die Teilbarkeitsstrategie durch M+1 eine globale Strategie ist, weil der Gegenspieler dann nicht mehr gewinnen kann.

<u>Aufgabe</u> 39 Ändern Sie das Spiel und die Gewinnstrategie so ab, daß der Spieler mit dem letzten Zug <u>verliert</u>!

Fortsetzung Testbeispiel

```
VORHANDENE HOELZER: 15
AM ZUG: DU
WIEVIEL NIMMST DU?2
VORHANDENE HOELZER: 13
AM ZUG: COMPUTER
VORHANDENE HOELZER: 12
AM ZUG: DU
WIEVIEL NIMMST DU?2
VORHANDENE HOELZER: 10
AM ZUG: COMPUTER
VORHANDENE HOELZER: 9
AM ZUG: DU
WIEVIEL NIMMST DU?2
VORHANDENE HOELZER: 7
```

```
AM ZUG: COMPUTER
VORHANDENE HOELZER: 6
AM ZUG: DU
WIEVIEL NIMMST DU?2
VORHANDENE HOELZER: 4
AM ZUG: COMPUTER
VORHANDENE HOELZER: 3
AM ZUG: DU
WIEVIEL NIMMST DU?1
VORHANDENE HOELZER: 2
AM ZUG: COMPUTER
VORHANDENE HOELZER: 0
GEWINNER: COMPUTER
```

REVANCHE!!

```
PR NIM.SPIEL
 DZ "'39  NIM-SPIEL(1 HAUFEN)'
 30: DZ " DR "'WIEVIEL HOELZER?' SETZE "N ERSTES EG
 DR "'MAXIMUM PRO ZUG:' SETZE "M ERSTES EG DZ "
 ( DZ "'ES DUERFEN BIS ZU' :M "'WEGGENOMMEN WERDEN!' )
 DZ "'LETZTER ZUG GEWINNT!'
 NIM :N "COMPUTER "DU
 DZ " NIM.SPIEL
ENDE

PR NIM :N :1 :2
 ( DZ "'VORHANDENE HOELZER:' :N )
 WENN :N > 0 NIM ( :N - ZUG :1 ) :2 :1 RK
 ( DZ "GEWINNER: :2 "'     REVANCHE!!' )
 WENN :2 = "DU NIM 5 * ( :M + 1 ) :2 :1
ENDE

PR ZUG :SPIELER
 ( DZ "'AM ZUG:' :SPIELER )
 PRUEFE :SPIELER = "COMPUTER
 WW WENN REST :N :M + 1 = 0 RG 1 SONST RG REST :N :M + 1
 DR "'WIEVIEL NIMMST DU?' SETZE "Z ER EG DZ "
 WENN NICHT ( EINES? :Z < 1 :Z > :M :Z > :N ) RG :Z
 RG ZUG :SPIELER
ENDE
```

```
39  NIM-SPIEL(1 HAUFEN)  ?

WIEVIEL HOELZER?12
MAXIMUM PRO ZUG:2
ES DUERFEN BIS ZU 2 WEGGENOMMEN WERDEN!
LETZTER ZUG GEWINNT!
VORHANDENE HOELZER: 12
AM ZUG: COMPUTER
VORHANDENE HOELZER: 11
AM ZUG: DU
WIEVIEL NIMMST DU?2
VORHANDENE HOELZER: 9
AM ZUG: COMPUTER
VORHANDENE HOELZER: 8
AM ZUG: DU
WIEVIEL NIMMST DU?2
VORHANDENE HOELZER: 6
AM ZUG: COMPUTER
VORHANDENE HOELZER: 5
AM ZUG: DU
WIEVIEL NIMMST DU?2
VORHANDENE HOELZER: 3
AM ZUG: COMPUTER
VORHANDENE HOELZER: 2
AM ZUG: DU
WIEVIEL NIMMST DU?2
VORHANDENE HOELZER: 0
GEWINNER: DU     REVANCHE!!
```

Beispiel 40   ZWEIDIMENSIONALES NIM-SPIEL

Problem. Auf einem rechteckigen 'Spielfeld' werden M Reihen mit je N gleichen Spielsteinen plaziert. Ein Spielzug besteht darin, die Position eines Steines durch Angabe der Zeile und der Spalte anzugeben. Der Zug bewirkt, daß alle Steine, die 'links' der angegebenen Spalte und oberhalb der angegebenen Zeile stehen, erhalten bleiben. Alle anderen Steine verschwinden dann mit dem Eckstein. Wer den 'Gift-Stein' in Position 1 1 nehmen muß, verliert das Spiel. Die Anzahl S der Spieler ist frei wählbar.

Verfahren. Es wird nach Angabe der Zahlen M(Zeilenzahl) und N (Spaltenzahl) ein entsprechendes rechteckiges Spielfeld simuliert. Für jeden Spieler wird der Reihe nach ein Spielzug aufgerufen und als "Schnitt" im Spielfeld realisiert. Beim Aufruf der Position 1 1 wird das Spiel mit der Meldung des Verlustes für den betr. Spieler beendet.

Hinweis. Das 'Spielfeld' wird als LISTE mit M WORTEN zu je N ZEICHEN realisiert. Die 'herausgeschnittenen' Steine werden als Leerstellen in das jeweilige WORT rekursiv eingebracht.

Aufgabe 40 Ändern Sie das Spielprogramm so ab, daß bei Beginn die Anzahl M der Zeilen bzw. N der Spalten zufällig ausgewählt wird.

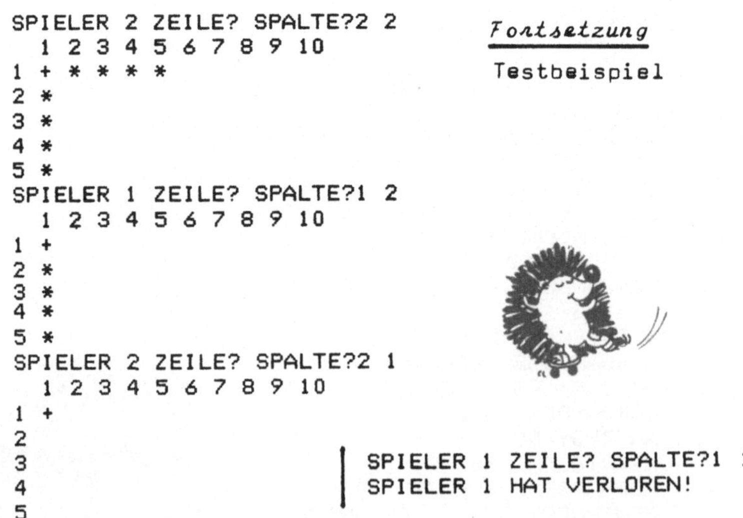

Fortsetzung

Testbeispiel

```
SPIELER 2 ZEILE? SPALTE?2 2
  1 2 3 4 5 6 7 8 9 10
1 + * * * *
2 *
3 *
4 *
5 *
SPIELER 1 ZEILE? SPALTE?1 2
  1 2 3 4 5 6 7 8 9 10
1 +
2 *
3 *
4 *
5 *
SPIELER 2 ZEILE? SPALTE?2 1
  1 2 3 4 5 6 7 8 9 10
1 +
2
3
4
5

SPIELER 1 ZEILE? SPALTE?1 1
SPIELER 1 HAT VERLOREN!
```

```
PR ZWEIDIMENSIONALES.NIM.SPIEL
 DZ "'40  ZWEIDIMENSIONALES NIM-SPIEL'
 40: DR "'ZAHL DER SPIELER? ZEILEN? SPALTEN?'
 SETZE "SMN EG SETZE "S ER :SMN
 SETZE "M ER OE :SMN SETZE "N LZ :SMN
 WENN NIM 1 SPIELFELD :M :N = "ENDE DANN GEHE "40
ENDE
PR NIM :SP :A
 WENN :SP > :S RG NIM 1 :A SONST DZ AUSGABE :M :A
 ( DR "'SPIELER ' :SP "' ZEILE? SPALTE?' )
 SETZE "XY EG SETZE "X ER :XY SETZE "Y LZ :XY
 PRUEFE ALLE? :X = 1 :Y = 1
 WW ( DZ "'SPIELER' :SP "'HAT VERLOREN!' ) RG "ENDE
 RG NIM :SP + 1 SCHNEIDE :M :A
ENDE
PR SPIELFELD :M :N
 WENN :M = 1 DANN RG WORT "+ OE HOLZ :N
 RG SATZ HOLZ :N SPIELFELD :M - 1 :N
ENDE
PR HOLZ :N
 WENN :N = 0 RG " SONST RG WORT "* HOLZ :N - 1
ENDE
PR AUSGABE :M :A
 WENN :M = 0 DANN RG "'  1 2 3 4 5 6 7 8 9 10'
 DZ AUSGABE :M - 1 OE :A RG SATZ :M ZEILE ER :A
ENDE
PR ZEILE :Z
 WENN :Z = " DANN RG " SONST RG SATZ ER :Z ZEILE OE :Z
ENDE
PR SCHNEIDE :M :A
 WENN :M = 0 RG " SONST WENN :M < :X RG :A
 RG SATZ SCHNITT :N ER :A SCHNEIDE :M - 1 OE :A
ENDE
PR SCHNITT :N :Z
 WENN :N < :Y RG :Z SONST RG WORT SCHNITT :N - 1 OL :Z "' '
ENDE
```

```
40  ZWEIDIMENSIONALES NIM-SPIEL
ZAHL DER SPIELER? ZEILEN? SPALTEN?2 5 7
  1 2 3 4 5 6 7 8 9 10
1 + * * * * * *
2 * * * * * * *
3 * * * * * * *
4 * * * * * * *
5 * * * * * * *
SPIELER 1 ZEILE? SPALTE?1 6
  1 2 3 4 5 6 7 8 9 10
1 + * * * *
2 * * * * *
3 * * * * *
4 * * * * *
5 * * * * *
```

Fortsetzung auf der linken Seite

Beispiel 41 ZAHLENRATEN

Problem. Eine aus den natürlichen Zahlen von 1 bis N zufällig ausgewählte Zahl X soll ermittelt werden.

Verfahren. Nach der Abfrage des gewählten N wird mit der Standardprozedur ZZ durch 1 + ZZ :N eine Zahl X aus 1 bis N zufällig ausgewählt. Auf die Abfrage WELCHE ZAHL IST ES? wird die eingegebene Testzahl Y mit X verglichen und eine der Antworten Y IST ZU GROSS! Y IST ZU KLEIN! oder BRAVO! DU HAST ES MIT I VERSUCHEN GESCHAFFT! gegeben.

Aufgabe 41 Ergänzen Sie das Programm so, daß zwei Spieler abwechselnd eine Zufallszahl erraten sollen und geben Sie den jeweiligen Spielstand nach jeder Partie aus.

Beispiel 42 STERNE

Problem. Eine zufällig aus den natürlichen Zahlen von 1 bis 64 ausgewählte Zahl X soll bestimmt werden.

Verfahren. Mit 1 + ZZ 64 wird eine Pseudo-Zufallszahl aus 1 bis 64 ausgewählt. Nach Abfrage einer Testzahl Y wird als Antwort eine Anzahl von STERNEN(*) ausgegeben, die ein Maß für die Annäherung an die Zufallszahl X darstellt.
Ist der Abstand der Testzahl Y zur Zufallszahl X
ABS :X :Y < 32 bzw. 16 bzw. 8 bzw. 4 bzw. 2 so werden
2 bzw. 4 bzw. 6 bzw. 8 bzw. 10 STERNE ausgegeben.
Ist :X = :Y , so lautet die Ausgabe: BRAVO. MEINE ZAHL IST X.

Aufgabe 42 Erweitern Sie das Programm so, daß ein Zahlabschnitt 1 bis N durch Abfrage von N vorgegeben wird. Für jede Halbierung des Abstandes der Testzahl Y zur Zufallszahl X soll dann ein weiterer Stein ausgegeben werden.

```
PR ZAHLENRATEN
 DZ "'41  ZAHLENRATEN'
 30: DR "'VON 1 BIS ?'
 SETZE "X 1 + ZZ ERSTES EINGABE
 DZ RATEN 1 GEHE "30
ENDE

PR RATEN :I
 DR "'WELCHE ZAHL IST ES?' SETZE "Y ER EINGABE DZ "
 PRUEFE :X = :Y
 WW RG ( SATZ "'BRAVO. MIT' :I "'VERSUCHEN GESCHAFFT!' )
 WENN :X < :Y DANN ( DZ :Y "'IST ZU GROSS!' )
 WENN :X > :Y DANN ( DZ :Y "'IST ZU KLEIN!!' )
 RG RATEN :I + 1
ENDE
```

```
41  ZAHLENRATEN
VON 1 BIS ?16
WELCHE ZAHL IST ES?8
8 IST ZU KLEIN!!
WELCHE ZAHL IST ES?12
12 IST ZU KLEIN!!
WELCHE ZAHL IST ES?14
BRAVO. MIT 3 VERSUCHEN GESCHAFFT!
```

```
PR STERNE
 DZ "'42  STERNE'
 DZ "'ICH DENKE MIR EINE ZAHL X<65'
 DZ "'JE MEHR STERNE, UM SO BESSER BIST DU!'
 DZ RATEN 1 + ZZ 64
 DZ " STERNE
ENDE
PR RATEN :X
 DR "'WELCHE ZAHL IST ES?' SETZE "Y ERSTES EG
 WENN :X = :Y RG ( SATZ "'BRAVO. MEINE ZAHL IST' :X )
 WENN :X < :Y SETZE "Y :Y - :X SONST SETZE "Y :X - :Y
 WENN :Y < 33 DR "* WENN :Y < 17 DR "*
 WENN :Y < 9 DR "* WENN :Y < 5 DR "*
 WENN :Y < 3 DR "* WENN :Y < 1 DR "*
 DZ " RG RATEN :X
ENDE
```

```
42  STERNE
ICH DENKE MIR EINE ZAHL X<65
JE MEHR STERNE, UM SO BESSER BIST DU!
WELCHE ZAHL IST ES?32
**
WELCHE ZAHL IST ES?48
******
WELCHE ZAHL IST ES?56
********
WELCHE ZAHL IST ES?52
**********
WELCHE ZAHL IST ES?54
**********
WELCHE ZAHL IST ES?53
BRAVO. MEINE ZAHL IST 53
```

Beispiel 43 INTERVALLSUCHE

Problem. Eine aus den natürlichen Zahlen von 1 bis N zufällig ausgewählte Zahl X soll durch die wiederholte Angabe eines 'Intervalles' gefunden werden

Verfahren. Nach der Abfrage der Zahl N wird durch 1 + ZZ :N eine Pseudo-Zufallszahl X aus 1 bis N erzeugt. Danach wird ein Suchintervall durch Abfrage zweier Zahlen A und B solange angefordert, bis A = B = X ist. Für die Zwischenschritte wird jeweils angegeben, ob X > A X < B oder A ≦ X ≦ B ist. Die Schlußausgabe lautet X IST MEINE ZAHL! DU HAST ES MIT I VERSUCHEN GESCHAFFT!

Hinweis. Beachten Sie, daß die Intervallsuche für die sichere Bestimmung aller möglichen Fälle von X eine größere Anzahl von WENN ... DANN -Abfragen benötigt als bei der Halbierungsmethode im Beispiel 41.

Aufgabe 43 Ergänzen Sie das Programm so, daß ein Suchintervall nicht abgefragt, sondern eine Folge von möglichst günstigen Intervallen für jedes N vom Programm selbst erzeugt wird und schrittweise ausgegeben werden kann.

```
PR INTERVALLSUCHE
 DZ "'43  INTERVALLSUCHE'
 30: DR "'ZAHLEN VON 1 BIS?'
 DZ SUCHEN 1 1 + ZZ ER EINGABE
 DZ " GEHE "30
ENDE

PR SUCHEN :I :X
 DR "'GIB SUCHINTERVALL A B AN:'
 SETZE "AB EG SETZE "A ER :AB SETZE "B LZ :AB
 WENN :X < :A ( DZ "'ES IST X<' :A ) RG SUCHEN :I + 1 :X
 WENN :X > :B ( DZ "'ES IST X>' :B ) RG SUCHEN :I + 1 :X
 PRUEFE :A = :B
 WF ( DZ "'ES GILT' :A "<=X<= :B ) RG SUCHEN :I + 1 :X
 DZ SATZ :X "'IST MEINE ZAHL!'
 RG ( SATZ "'DU HAST' :I "'VERSUCHE GEBRAUCHT!' )
ENDE
```

```
43  INTERVALLSUCHE
ZAHLEN VON 1 BIS? 81
GIB SUCHINTERVALL A B AN:29 54
ES IST X> 54

GIB SUCHINTERVALL A B AN:64 72
ES GILT 64 <=X<= 72

GIB SUCHINTERVALL A B AN:67 69
ES GILT 67 <=X<= 69

GIB SUCHINTERVALL A B AN:68 68
ES IST X< 68

GIB SUCHINTERVALL A B AN:67 67
67 IST MEINE ZAHL!
DU HAST 5 VERSUCHE GEBRAUCHT!

ZAHLEN VON 1 BIS? 9
GIB SUCHINTERVALL A B AN:4 6
ES IST X< 4

GIB SUCHINTERVALL A B AN:2 2
ES IST X> 2

GIB SUCHINTERVALL A B AN:3 3
3 IST MEINE ZAHL!
DU HAST 3 VERSUCHE GEBRAUCHT!
```

Beispiel 44 KOBOLDSUCHE

Problem. Hinter einem Punkt eines Gitternetzes von 9x9 Punkten ist durch Zufallsauswahl ein 'KOBOLD' verborgen. Zum Fangen des KOBOLDS kann ein Fangquadrat durch seinen Mittelpunkt A B und den Abstand K vom Mittelpunkt zu den Quadratseiten(=halbe Kantenlänge) gewählt werden. Ist der KOBOLD in dem angegebenen Fangquadrat(einschließlich des Randes) so werden die Gitterpunkte außerhalb des Fangquadrates gestrichen, im anderen Fall werden die Gitterpunkte des Fangquadrates gestrichen. Der KOBOLD ist gefangen, sobald ein Fangquadrat mit dem Abstand Ø angegeben werden kann, in dem sich der KOBOLD befindet.

Verfahren. Es wird mit der Prozedur SPIELFELD 9 ein Gitternetz aus 9x9 Punkten als LISTE simuliert und ausgegeben. In der Prozedur SUCHEN :I wird der Mittelpunkt A B und der Abstand K des Fangquadrates abgefragt. Trifft die Schlußbedingung X = A und Y = B und K = Ø für die Koordinaten X,Y des KOBOLDS nicht zu, so wird mit dem WERT der Variablen :INNEN ermittelt, ob sich der KOBOLD außerhalb oder innerhalb des Fangquadrates befindet. Die Prozedur LOESCHEN 8 :F besorgt dann das Löschen der Gitterpunkte gemäß der Spielregel in der LISTE :F in der rekursiven Form.

Aufgabe 44 Ändern Sie das Programm so ab, daß an Stelle des Fangquadrates ein Fangkreis mit Mittelpunkt A B und Radius K verwendet wird und außerdem die Anzahl der benötigten Fangversuche am Schluß ausgegeben wird.

```
44  KOBOLDSUCHE   ?
8 . . . . . . . . .
7 . . . . . . . . .
6 . . . . . . . . .
5 . . . . . . . . .
4 . . . . . . . . .
3 . . . . . . . . .
2 . . . . . . . . .
1 . . . . . . . . .
0 . . . . . . . . .
AB0 1 2 3 4 5 6 7 8
```

```
PUNKT A B? HALBE KANTE K?4 4 2
8 . . . . . . . . .
7 . . . . . . . . .
6 . .           . .
5 . .           . .
4 . .           . .
3 . .           . .
2 . .           . .
1 . . . . . . . . .
0 . . . . . . . . .
AB0 1 2 3 4 5 6 7 8
```

```
PR KOBOLDSUCHE
 DZ "'44  KOBOLDSUCHE'
 SETZE "X ZZ 9 SETZE "Y ZZ 9
 SETZE "F SPIELFELD 9
 DZ AUSGABE 8 :F
 DZ SUCHEN 1
 DZ " KOBOLDSUCHE
ENDE
```

```
PR SPIELFELD :N
 WENN :N = 0 RG " SONST RG SATZ ZEILE 9 SPIELFELD :N - 1
ENDE

PR ZEILE :N
 WENN :N = 0 DANN RG " SONST RG WORT "'. ' ZEILE :N - 1
ENDE

PR AUSGABE :N :A
 WENN :N < 0 RG "'AB0 1 2 3 4 5 6 7 8'
 ( DZ :N ER :A ) RG AUSGABE :N - 1 OE :A
ENDE

PR SUCHEN :I
 DR "'PUNKT A B? HALBE KANTE K?'
 SETZE "ABK EINGABE SETZE "A ER :ABK
 SETZE "B ER OE :ABK SETZE "K LZ :ABK
 PRUEFE ( ALLE? :X = :A :Y = :B :K = 0 )
 WW RG ( SATZ "'BRAVO! DU HAST IHN NACH' :I "'VERSUCHEN!' )
 SETZE "INNEN NICHT EINES? ABS :A - :X > :K ABS :B - :Y > :K
 SETZE "F LOESCHEN 8 :F DZ AUSGABE 8 :F
 RG SUCHEN :I + 1
ENDE

PR LOESCHEN :N :F
 WENN :N < 0 RG " SONST SETZE "AUSSEN ABS ( :A - :N ) > :K
 RG SATZ SCHNITT 8 ER :F LOESCHEN :N - 1 OE :F
ENDE

PR ABS :X
 WENN :X < 0 DANN RG ( - :X ) SONST RG :X
ENDE

PR SCHNITT :M :Z
 WENN :M < 0 DANN RG "
 SETZE "W EINES? ABS ( :B - :M ) > :K :AUSSEN
 WENN :W = :INNEN RG WORT SCHNITT :M - 1 OL OL :Z "'  '
 RG WORT SCHNITT :M - 1 OL OL :Z WORT LZ OL :Z LZ :Z
ENDE
```

<u>Beispiel</u> 45 UMKEHRSPIEL

<u>Problem</u>. Es soll eine zufällige Anordnung von N Buchstaben hergestellt und diese in die alphabetische Anordnung dadurch umgewandelt werden, daß nach Angabe einer Position K die ersten K Buchstaben jeweils in ihrer Reihenfolge umgekehrt werden.

<u>Verfahren</u>. Aus allen 26 Buchstaben wird in der Prozedur AUSWAHL :M mit mehrfacher Anwendung von 1 + ZZ 26 ein WORT der Länge M erzeugt. Nach der Abfrage der Position K mit UMKEHR AB? werden in der Prozedur UMKEHR :K :W die ersten K Buchstaben von W in umgekehrter Reihenfolge angeordnet und der Rest des WORTES angehängt, bis in der Prozedur PRUEFUNG die alphabetische Reihenfolge vorliegt.

<u>Hinweis</u>. Es gibt eine einfache, aber nicht optimale Umordnungstaktik, indem man den jeweils 'größten' Buchstaben erst in die Position 1 und dann in seine endgültige Position überträgt.

<u>Aufgabe</u> 45 Geben Sie ein LOGO-Programm an, das die angegebene Strategie bei einem zufällig erzeugten Wort schrittweise ausführt und die Zwischenergebnisse ausgibt.

<u>Beispiel</u> 46 ABZÄHLEN

<u>Problem</u>. Auf einen 'Kreis' von N Personen soll ein Abzählvers mit N Silben zur Auswahl angewendet werden.

<u>Verfahren</u>. Nach Abfrage der Zahl N wird mit KREIS :N :L eine LISTE der Zahlen 1 bis N hergestellt. Aus der LISTE K mit den Prozeduren AB :K :I und SEQUENZ :K solange jedes M-te Element herausgeschnitten, bis die LISTE leer ist. Der Positionswert :I wird indirekt von SEQUENZ :K nach AB :K :I übertragen.

<u>Hinweis</u>. Als historische Form des Abzählens ist die JOSEPHUS-Permutation bekannt. Unter 40 aufständischen Juden sollte der Reihe nach jeder siebente von den eigenen Leuten ermordet werden, bis einer übrig blieb, der Selbstmord begehen mußte.

<u>Aufgabe</u> 46 Ändern Sie das Programm so ab, daß zufällig festgelegt wird, mit welcher Person K das Abzählen beginnen soll.

```
PR UMKEHRSPIEL
 DZ "'45  UMKEHRSPIEL'
 SETZE "A "ABCDEFGHIJKLMNOPQRSTUVWXYZ
 40: DR "'WIEVIELE ZEICHEN?' SETZE "N ERSTES EG
 SETZE "W AUSWAHL :N
 100: DR SATZ :W "'UMKEHR AB?'
 SETZE "W UMKEHR ER EINGABE :W "
 WENN PRUEFUNG :N :W = "FALSCH GEHE "100
 DZ SATZ :W "'RICHTIGE REIHENFOLGE!' DZ " GEHE "40
ENDE
PR AUSWAHL :M
 WENN :M = 0 DANN RG "
 RG WORT BUCHSTABE 1 + ZZ 26 :A AUSWAHL :M - 1
PR BUCHSTABE :X :A
 WENN :X = 1 RG ER :A SONST RG BUCHSTABE :X - 1 OE :A
PR UMKEHR :K :W :L
 WENN EINES? :K = 0 :K > :N RG WORT :L :W
 RG UMKEHR :K - 1 OE :W WORT ER :W :L
PR PRUEFUNG :N :A
 WENN :N = 1 DANN RG "
 WENN ASC ER :A > ASC ER OE :A RG "FALSCH
 RG PRUEFUNG :N - 1 OE :A
```

```
45  UMKEHRSPIEL
WIEVIELE ZEICHEN?18
VJFMEYMHZFSNVEOGHZ UMKEHR AB?18
ZHGOEVNSFZHMYEMFJV UMKEHR AB?
```

```
PR ABZAEHLEN
 DZ "'46  ABZAEHLEN'
 DR "'WIEVIEL PERSONEN?' SETZE "N ER EINGABE
 DR "'ABZAEHLVERS, WIEVIEL SILBEN?'
 SETZE "M ER EINGABE DZ " SETZE "K KREIS :N []
 DZ AB :K 1
 DZ " ABZAEHLEN
ENDE
PR KREIS :N :L
 WENN :N = 0 RG :L SONST RG KREIS :N - 1 SATZ :N :L
PR AB :K :I
 WENN :K = [] DANN RG " SONST RG AB SEQUENZ :K :I
PR SEQUENZ :K
 WENN :K = [] DANN RG []
 WENN :I < :M SETZE "I :I + 1 RG SATZ ER :K SEQUENZ OE :K
 ( DR ER :K "' ' ) SETZE "I 1 RG SEQUENZ OE :K
```

```
46  ABZAEHLEN
WIEVIEL PERSONEN?10
ABZAEHLVERS, WIEVIEL SILBEN?3
3 6 9 2 7 1 8 5 10 4
```

Beispiel 47 ROULETTE

Problem. Für das übliche Spielkasino-ROULETTE soll die Auswahl einer Zahl aus 0 bis 36 und die Zuordnung der Chancen(ROT bzw. SCHWARZ, PAIR bzw. IMPAIR, MANQUE bzw. PASSE usw.) ausgeführt werden.

Verfahren. Nach einem TASTEN-Druck wird nach einem zufälligen Vorlauf mit dem ASCII-Wert der TASTE mit ZZ 37 ein Spiel (Fallen der Kugel) simuliert. Die ausgewählte Zahl wird ausgegeben und die Zuordnung der Chancen in der genormten Spielfeld-Anordnung ermittelt.
Gewinnverdoppelung bei ROT/SCHWARZ, PAIR/IMPAIR, MANQUE/PASSE.
Verdreifachung bei 1./2./3.DUTZEND sowie 1./2./3.REIHE.
Bei ZERO erfolgt eine Meldung mit dem Hinweis auf die Gewinnverteilung. Fortsetzung für die nächste Runde durch TASTEN-Druck.

Hinweis. Bei diesem Beispiel wurden wegen des 'linearen' Charakters des Ablaufes absichtlich GEHE-Anweisungen eingesetzt. Beachten Sie, daß die Klammern für die logische ODER-Bedingung mit EINES? für den korrekten Ablauf notwendig sind.

Aufgabe 47 Erweitern Sie das Programm um weitere ROULETTE-Chancen wie Zahlenpaare, Zahlenquadrate, Zahlenreihen usw.

```
47  ROULETTE     ?
      DRUECKE EINE TASTE!
DIE KUGEL ROLLT............
DIE KUGEL ROLLT............
DIE KUGEL ROLLT............
DIE KUGEL ROLLT............

DIE KUGEL FAELLT AUF:  26
              SCHWARZ
          P A I R
          P A S S E
         3 .DUTZEND
         2 .REIHE

BITTE AUSZAHLEN UND SETZEN!!
```

```
PR ROULETTE
 DZ "'47  ROULETTE'
 DZ "'      DRUECKE EINE TASTE!'
 DZ KUGEL INT ( ( ASC TASTE ) / 5 ) + 1
 SETZE "X ZZ 37 ( DZ "'DIE KUGEL FAELLT AUF: ' :X )
 PRUEFE :X = 0
 WW DZ "'Z E R O !!!' DZ "'EINFACHE CHANCEN BLEIBEN'
 WW DZ "'DER REST AN DIE BANK!!' ROULETTE
 DZ SATZ "'              ' ROT.SCHWARZ :X
 PRUEFE :X = 2 * DIV :X 2
 WW DZ "'           P A I R'
 WF DZ "'           I M P A I R'
 PRUEFE :X > 18 WW DZ "'          P A S S E'
 WF DZ "'           M A N Q U E'
 ( DZ "'         ' 1 + DIV :X - 1 12 "'.DUTZEND' )
 SETZE "X :X - 3 * DIV :X 3 WENN :X = 0 SETZE "X 3
 ( DZ "'         ' :X "'.REIHE' ) DZ "
 DZ "'BITTE AUSZAHLEN UND SETZEN!!'
 DZ " ROULETTE
ENDE
PR KUGEL :X
 DZ "'DIE KUGEL ROLLT............'
 WENN :X < 0 RG " SONST RG KUGEL :X - 2
ENDE
PR ROT.SCHWARZ :X
 WENN ( EINES? :X = 1 :X = 3 :X = 5 :X = 7 ) RG "ROT
 WENN ( EINES? :X = 9 :X = 12 :X = 14 :X = 16 ) RG "ROT
 WENN ( EINES? :X = 18 :X = 19 :X = 21 :X = 23 ) RG "ROT
 WENN ( EINES? :X = 25 :X = 27 :X = 30 :X = 32 ) RG "ROT
 WENN EINES? :X = 34 :X = 36 RG "ROT SONST RG "SCHWARZ
ENDE
```

```
47  ROULETTE
     DRUECKE EINE TASTE!
DIE KUGEL ROLLT............
DIE KUGEL ROLLT............
DIE KUGEL ROLLT............
DIE KUGEL ROLLT............

DIE KUGEL FAELLT AUF:  11
               SCHWARZ
           I M P A I R
           M A N Q U E
          1 .DUTZEND
          2 .REIHE

BITTE AUSZAHLEN UND SETZEN!!
```

Beispiel 48 KEGELN

Problem. Von 10 Kegeln sollen mit 2 Kugeln möglichst viele umgelegt werden. Zehn Treffer beim 1.Wurf ergeben 10 Punkte, mit 2 Würfen einen Punkt. Bis zu zehn Spielern können teilnehmen. Ein Durchgang besteht aus sieben Spielen pro Spieler.

Verfahren. Nach der Abfrage der Anzahl R der Spieler wird die Grundstellung der Kegel simuliert. Dann werden für jeden der Spieler zwei Würfe nach je einem TASTEN-Druck(Ø bis 9) für die geänderte Stellung und das Punktekonto ausgewertet.

Hinweis. In der Rahmenprozedur KEGELN sind zwei logountypische Schleifen aus Platzgründen vorhanden. Der kritische Benutzer kann sie durch zwei weitere Prozeduren ersetzen.
Die Prozedur UMLAUF :I simuliert den Kegelvorgang für einen der R SPIELER mit der weiteren Prozedur WURF :C, die in Abhängigkeit von der Tasteneingabe die 'Kegel' in C ändert.
Aufgabe 48 Ändern Sie das Programm so ab, daß nach drei Spielen keine neue Grundstellung erfolgt, sondern von den folgenden Spielern die restlichen Kegel 'abgekegelt' werden.

```
48  KEGELN ¿
WIEVIELE SPIELER?2

SPIELER 1 TASTE 0-9?
SPIEL 1 SPIELER 1 KUGEL 1
          0 0 0 0
           0 0 0
            0 0
             *

SPIELER 1 TASTE 0-9?
SPIEL 1 SPIELER 1 KUGEL 2
          0 0 0 0
           0 0 0
            0 0
             0

ALLE ZEHNE! 1 PUNKT.

SPIELER 2 TASTE 0-9?
SPIEL 1 SPIELER 2 KUGEL 1
          0 0 0 0
           0 * 0
            0 0
             0

SPIELER 2 TASTE 0-9?
SPIEL 1 SPIELER 2 KUGEL 2
          0 0 0 0
           0 * 0
            0 0
             0

FEHLVERSUCH!

SPIELSTAND
SPIELER:  1      1  PUNKTE
SPIELER:  2      0  PUNKTE
```

```
PR KEGELN
 DZ "'48  KEGELN'
 DR "'WIEVIELE SPIELER?' SETZE "R ER EG
 SETZE "F [1 0 0 0 0 0 0 0 0 0 0]
 70: SETZE "P 0
 90: SETZE "P :P + 1
 SETZE "C "********** DZ UMLAUF 2
 WENN :P < :R DANN GEHE "90
 SETZE "F ME ( ER :F ) + 1 OE :F
 DZ "'SPIELSTAND' DZ STAND 1 OE :F
 WENN ER :F < 8 DANN GEHE "70
 DZ "'NEUES SPIEL MIT KEGELN-AUFRUF'
ENDE
PR UMLAUF :I
 SETZE "D 0 WENN :I = 0 DANN RG "
 ( DR "'SPIELER ' :P "' TASTE 0-9?' ) SETZE "T TASTE DZ "
 WENN NICHT ZAHL? :T RG UMLAUF :I SONST SETZE "C WURF :C
 ( DZ "SPIEL ER :F "SPIELER :P "KUGEL 3 - :I )
 DZ AUSGABE 4 "'          ' :C PRUEFE :D = 10
 WW SETZE "F ME ER :F 'SPIELSTAND' :P OE :F RG "
 WF WENN :I = 1 DZ "FEHLVERSUCH!
 RG UMLAUF :I - 1

PR WURF :C
 WENN :C = " DANN RG "
 WENN ( ZZ :T + 2 ) > :T RG WORT ER :C WURF OE :C
 RG WORT "0 WURF OE :C

PR AUSGABE :K :LEER :C
 WENN :K = 0 DANN RG " SONST DR :LEER
 DZ ZEILE :K RG AUSGABE :K - 1 WORT :LEER "' ' :C

PR ZEILE :K
 WENN :K = 0 DANN RG " SONST ( DR "' ' ER :C )
 WENN ER :C = 0 SETZE "D :D + 1
 SETZE "C OE :C RG ZEILE :K - 1
PR 'SPIELSTAND' :P :F
 PRUEFE ALLE? :I = 1 :P = 1
 WW DZ "'ALLE ZEHNE! 1 PUNKT.' RG ME 1 + ER :F OE :F
 PRUEFE ALLE? :I = 2 :P = 1
 WW DZ "'VOLLTREFFER!! 3 PUNKTE.' RG ME 3 + ER :F OE :F
 RG ME ER :F 'SPIELSTAND' :P - 1 OE :F

PR STAND :I :F
 WENN :I > :P DANN RG "
 ( DZ "'SPIELER: ' :I "'      ' ER :F "' PUNKTE' )
 RG STAND :I + 1 OE :F
```

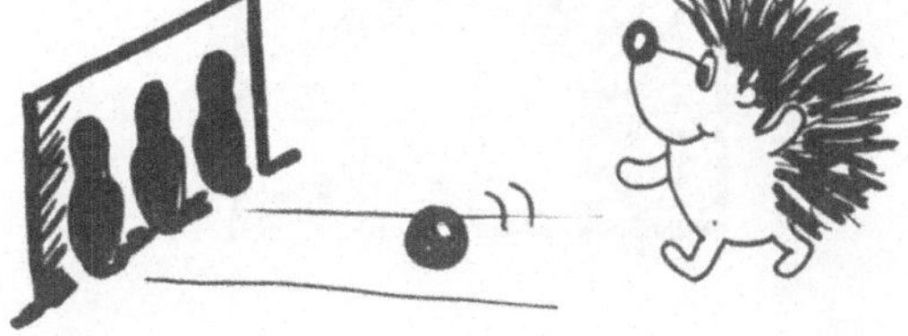

Beispiel 49 BUCHSTABENMEMORY

Problem. Eine Anzahl N von Buchstaben soll aus dem Alphabet zufällig ausgewählt werden. Nach einer von der Anzahl N abhängigen Zeit soll der Spieler aus der Erinnerung die Buchstaben ohne Bindung an die vorherige Reihenfolge angeben.

Verfahren. Nach Abfrage der Anzahl N werden mit 1 + ZZ 26 N Buchstaben zufällig ausgewählt und ausgegeben. Nach einer von N abhängigen Warteschleife wird mit LS der Bildschirm gelöscht und zur Eingabe der erinnerten Buchstaben aufgefordert. Die Übereinstimmung mit dem 'Original' wird ausgewertet und der erzielte Treffer-Prozentsatz ausgegeben.

Hinweis. In Abhängigkeit von der Anzahl N der Buchstaben ist eine Warteanweisung durch WH 400*:N [] in der Rahmenprozedur eingebaut. In der ausgewählten Buchstabenfolge können Buchstaben mehrfach auftreten, der betr. Treffer zählt dann mehrfach.

Aufgabe 49 Ändern Sie das Programm so ab, daß bei der Auswahl der Buchstaben jeder Buchstabe höchstens einmal vorkommt.

```
PR BUCHSTABENMEMORY
 DZ "'49  BUCHSTABENMEMORY'
 SETZE "A "ABCDEFGHIJKLMNOPQRSTUVWXYZ
 40: DR "'WIEVIELE BUCHSTABEN?'
 SETZE "N ER EINGABE DZ " SETZE "B AUSWAHL :N
 ( DZ "'      ' :B ) WH 400 * :N []
 LS ( DZ "WELCHE :N "'BUCHSTABEN WAREN ES?' )
 SETZE "C ER EINGABE
 DZ :B ( DZ "'DAS SIND' VERGLEICH :B 0 "PROZENT! )
 DZ " GEHE "40
ENDE

PR AUSWAHL :N
 WENN :N = 0 RG "
 RG WORT BUCHSTABE 1 + ZZ 26 :A AUSWAHL :N - 1
ENDE

PR BUCHSTABE :Z :A
 WENN :Z = 1 RG ER :A SONST RG BUCHSTABE :Z - 1 OE :A
ENDE

PR VERGLEICH :B :Z
 WENN :B = " ( DR :Z "' TREFFER.' ) RG INT 100 * :Z / :N
 RG VERGLEICH OE :B :Z + PRUEFEN ER :B :C
ENDE

PR PRUEFEN :X :C
 WENN :C = " RG 0 SONST WENN :X = ER :C RG 1
 RG PRUEFEN :X OE :C
ENDE
```

```
49  BUCHSTABENMEMORY
WIEVIELE BUCHSTABEN?5
      WZYDE
WELCHE 5 BUCHSTABEN WAREN ES?
WZYDE
WZYDE
5 TREFFER.DAS SIND 100 PROZENT!

WIEVIELE BUCHSTABEN?10
      EPOMSCJYFN
WELCHE 10 BUCHSTABEN WAREN ES?
EPOMSCABCD
EPOMSCJYFN
6 TREFFER.DAS SIND 60 PROZENT!

WIEVIELE BUCHSTABEN?10
      ENFWMJGFXN
WELCHE 10 BUCHSTABEN WAREN ES?
ZZZZZZZZZZ
ENFWMJGFXN
0 TREFFER.DAS SIND 0 PROZENT!
```

Beispiel 50   ZAHLENMEMORY

Problem. Ein Memory-Spiel für zwei Spieler soll simuliert werden, bei dem Karten mit je einer Zahl aufgedeckt werden.

Verfahren. Nach der Abfrage einer geraden Zeilenzahl D wird eine Liste mit D*D/2 zufällig angeordneten Zahlenpaaren erzeugt(SPIELFELD). Die Ausgangsstellung wird mit zwei aufgedeckten 'Karten' ausgegeben(AUSGABE). Der 1.Spieler wird zur Angabe einer Position durch ZEILE/SPALTE? aufgefordert. Die aufgedeckten Zahlen werden mit der BLINKER-Funktion angezeigt. Stimmen die beiden aufgedeckten Zahlen überein, so werden sie durch Leerstellen ersetzt und der Spieler darf ein neues Paar aufdecken. Sonst werden die Zahlen wieder durch * ersetzt und der andere Spieler darf aufdecken(AUFDECKEN). Die Anzahl der aufgedeckten Übereinstimmungen wird angezeigt. Das Spiel endet, wenn alle D*D/2 Paare erfolgreich aufgedeckt wurden.

Hinweis. Die Spielsimulation findet direkt auf dem Bildschirm ohne Speicherung aller D*D 'Karten' statt. Die Liste A der zufälligen Anordnung der Zahlenpaare bleibt während des ganzen Spieles unverändert. Mit der Prozedur PAAR? wird lediglich die Übereinstimmung der aufgedeckten Zahlen in der Liste A geprüft. Eine Herausnahme der übereinstimmenden Zahlenpaare war nicht notwendig, weil keine kritischen Zeitprobleme auftreten.

Aufgabe 50 Ändern Sie das Programm so ab, daß drei gleiche Zahlen aufgedeckt werden müssen.

```
50  ZAHLENMEMORY
GERADE ANZAHL DER ZEILEN <=8?
     1  2  3  4
---------------------------
1 I  *  *  *  *
2 I  * 16  *  *
3 I  *  * 14  *
4 I  *  *  *  *
  1.SPIELER ZEILE SPALTE?11

     1  2  3  4
---------------------------
1 I 15  *  *  *
2 I  * 16  *  *
3 I  *  * 14  *
4 I  *  *  *  *
  1.SPIELER ZEILE SPALTE?44
```

```
     1  2  3  4
---------------------------
1 I 15  *  *  *
2 I  * 16  *  *
3 I  *  * 14  *
4 I  *  *  * 15


  SPIELSTAND:
1.SPIELER: 1     2.SPIELER 0
```

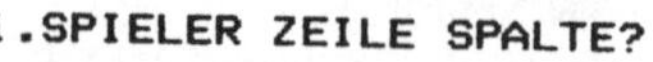

```
    1.SPIELER ZEILE SPALTE?
```

```
PR ZAHLENMEMORY
 DZ "'50  ZAHLENMEMORY'
 DR "'GERADE ANZAHL DER ZEILEN <=8?' SETZE "D ER EG
 WENN REST :D 2 = 0 SETZE "D2 INT :D * :D / 2 SONST RK
 TUE [SETZE "A SPIELFELD :D2 FELD :D2 []]
 SETZE "E [0 0] AUSGABE 0 :A
 250: WENN AUFDECKEN 1 1 0 = "OK GEHE "250
 DZ "'ALLES AUFGEDECKT!'
ENDE
PR SPIELFELD :X :A
 WENN :X = 0 DANN RG :A
 SPIELFELD :X - 1 TAUSCH :X 1 + ZZ :D2 :A []

PR FELD :X :A
 WENN :X = 0 RG :A SONST RG FELD :X - 1 ME 10 + :X :A

PR TAUSCH :X :Y :A :L
 WENN :Y > 1 RG TAUSCH :X :Y - 1 OE :A ML ER :A :L
 RG ML ER :A SATZ ML 10 + :X :L OE :A

PR AUSGABE :Z :A
 WENN :Z = 0 LS DZ KOPF :D DR "--------------------------
 WENN :Z = :D * :D DZ " RK
 WENN REST :Z :D = 0 DZ " ( DR 1 + DIV :Z :D "' I ' )
 PRUEFE EINES? :Z = :D2 + :D / 2 :Z = :D2 - :D / 2 - 1
 WW DR ER :A SONST DR "' *'
 DR "' ' AUSGABE :Z + 1 OE :A

PR KOPF :D
 WENN :D = 0 RG "'      ' SONST RG ( WORT KOPF :D - 1 :D "'  ' )

PR AUFDECKEN :SP :ZUG :U
 WENN :SP > 2 RG "OK
 BLINKER 2 :D + 3 ( DR :SP "'.SPIELER ZEILE SPALTE?' )
 SETZE "X EIN SETZE "Y EIN SETZE "I :D * :X + :Y
 BLINKER 4 + 3 * :Y 2 + :X DR ELEMENT :I + 1 :A
 WENN EINES? :ZUG = 1 :I = :U RG AUFDECKEN :SP 2 :I
 WENN PAAR = "NEIN RG AUFDECKEN :SP + 1 1 0
 WENN ( ER :E ) + LZ :E = :D2 RG "ENDE
 RG AUFDECKEN :SP 1 0
PR EIN
 SETZE "1 TASTE WENN NICHT ZAHL? :1 RG EIN
 WENN EINES? :1 < 1 :1 > :D RG EIN SONST DR :1 RG :1 - 1

PR ELEMENT :X :A
 WENN :X = 1 RG ER :A SONST RG ELEMENT :X - 1 OE :A
ENDE

PR PAAR
 WH 500 [] PRUEFE ELEMENT :I + 1 :A = ELEMENT :U + 1 :A
 BLINKER 4 + 3 * :Y 2 + :X WW DR "'  ' SONST DR "' *'
 BLINKER 4 + 3 * REST :U :D 2 + DIV :U :D WF DR "' *' RG "NEIN
 SETZE "E SATZ ( REST :SP 2 ) + ER :E ( DIV :SP 2 ) + LZ :E
 DR "'  ' BLINKER 0 :D + 6 DZ "SPIELSTAND:
 ( DZ "'1.SPIELER:' ER :E "'  ' "2.SPIELER LZ :E ) RG "
ENDE
```

Beispiel 51 HARTE NUSS

Problem. Das folgende Spiel soll auf dem Bildschirm simuliert werden:

Ausgangssituation. In drei Reihen und drei Spalten wird eine zufällige Verteilung von Nullen(kein Stein vorhanden) und Einsen(Stein vorhanden) vorgegeben.

Spielzüge(für einen Spieler).

1. Jede Position, die mit 1 besetzt ist, darf durch Angabe der Reihe und Spalte ohne Leerstelle 'gezogen' werden.
2. Wird eine der vier Eckpositionen (11 13 31 oder 33) gezogen, so werden die Eckposition, die beiden Nachbarpositionen und die Mitte so geändert, daß aus einer 1 eine 0 wird und umgekehrt.
3. Wird eine der Positionen zwischen zwei Ecken (12 21 23 oder 32) gezogen, so wird diese Position in 0 und die zwei benachbarten Ecken von 0 in 1 bzw. umgekehrt abgeändert.
4. Wird das Zentrum (22) gezogen, so wird es in 0 und die vier Positionen zwischen den Ecken von 0 in 1 bzw. umgekehrt abgeändert.

Spielende. Alle Positionen außer dem Zentrum (22) weisen eine 1 auf.

Hinweis. Es gibt 102 wesentlich verschiedene Stellungen.

Aufgabe 51 Ändern Sie das Spielende so ab, daß alle Positionen außer dem Zentrum 22 eine Null aufweisen müssen.

```
51   HARTE NUSS(TEASER)      ?

        1  1  0                  |    1  0  0
        0  0  1                  |    0  1  1
        0  1  0   DEIN ZUG?23    |    1  0  0   DEIN ZUG?23
                                 |
        1  1  1                  |    1  0  1
        0  0  0                  |    0  1  0
        0  1  1   DEIN ZUG?32    |    1  0  1   DEIN ZUG?22
                                 |
        1  1  1                  |    1  1  1
        0  0  0                  |    1  0  1
        1  0  0   DEIN ZUG?13    |    1  1  1   ES IST GESCHAFFT.
```

```
PR HARTE.NUSS
 LS DZ "'51  HARTE NUSS(TEASER)'
 WENN NICHT NAME? "A SETZE "A FELD 9
 SETZE "S AUSGABE 0 9 :A
 WENN :S = 8 DZ "'ES IST GESCHAFFT.'
 WENN :S = 0 DZ "'NICHTS GEHT MEHR.'
 WENN EINES? :S = 8 :S = 0 VG NAMEN RUECKKEHR
 DR "'DEIN ZUG?' SETZE "X TASTE DR :X
 SETZE "Y TASTE DR :Y
 SETZE "A ZUG 3 * ( :X - 1 ) + :Y :A HARTE.NUSS
ENDE

PR AUSGABE :S :I :A
 WENN :I = 0 DANN RG :S
 WENN :I = 3 * DIV :I 3 DANN DZ " DR "'
 PRUEFE ER :A > 0 WW WENN :I = 5 SETZE "S 9
 WW ( DR "'1  ' ) RG AUSGABE :S + 1 :I - 1 OE :A
 WF ( DR "'0  ' ) RG AUSGABE :S :I - 1 OE :A
ENDE

PR FELD :I
 WENN :I = 0 DANN RG []
 RG SATZ FELD :I - 1 :I * ( 1 - 2 * ZZ 2 )
ENDE

PR ZUG :X :A
 WENN EINES? :X < 1 :X > 9 RG :A
 SETZE "POS POS :X :A
 WENN LZ :POS = 0 RG :A SONST SETZE "A :POS
 WENN :X = 1 RG TAUSCH 245 :A
 WENN :X = 2 RG TAUSCH 13 :A
 WENN :X = 3 RG TAUSCH 256 :A
 WENN :X = 4 RG TAUSCH 17 :A
 WENN :X = 5 RG TAUSCH 2468 :A
 WENN :X = 6 RG TAUSCH 39 :A
 WENN :X = 7 RG TAUSCH 458 :A
 WENN :X = 8 RG TAUSCH 79 :A
 WENN :X = 9 RG TAUSCH 568 :A
ENDE

PR POS :X :A
 WENN ALLE? :X = 1 ER :A < 0 RG 0
 WENN :X > 1 RG SATZ ER :A POS :X - 1 OE :A
 RG SATZ - ER :A OE :A
ENDE

PR TAUSCH :X :A
 WENN :X = " DANN RG :A
 PRUEFE EINES? ER :X = ER :A ER :X = - ER :A
 WW RG SATZ - ER :A TAUSCH OE :X OE :A
 WF RG SATZ ER :A TAUSCH :X OE :A
ENDE
```

Beispiel 52 CRABS-WÜRFELSPIEL

Problem. Für N Spieler soll das amerikanische Würfelspiel 'CRABS' simuliert werden.

Spielzug: Ein Wurf mit zwei normalen Spielwürfeln.

Spielregeln: Eine Augensumme von 7 oder 11 liefert GEWINN. Eine Augensumme von 2 oder 3 oder 12 liefert VERLUST. Bei allen anderen Augensummen darf erneut mit beiden Würfeln gewürfelt werden(PUNKT), bis entweder diese Augensumme erneut gewürfelt wird(=GEWINN) oder die Augensumme 7 wird (=VERLUST).

Verfahren. Nach Eingabe der Anzahl N der Spieler wird mit der Prozedur 2WUERFEL :I der Würfelvorgang für Spieler I durchgeführt und ausgegeben, wobei die Auslösung des Würfelns durch Eingabe eines beliebigen Zeichens(=TASTE) erfolgt. Gemäß den Spielregeln wird die Augensumme P auf 7 bzw. 11 und danach auf 2, 3 oder 12 geprüft. Das Ergebnis wird mit der Prozedur ERGEBNIS :I :X :S auf den Spielstand übertragen. In den anderen Fällen wird mit WUERFELN :I solange gewürfelt, bis die Augensumme S den Wert 7 oder das vorherige Resultat ergibt.

Hinweis. Die Spielerfolge 1,2,. .,N,1,2... wird mit Hilfe der LOGO-Funktion REST :I :N erzeugt. Die GEHE-Anweisungen kann man vermeiden, in dem man die 'Schleife' 50: bzw. 140: durch eine zusätzliche Prozedur ersetzt.

Aufgabe 52 Ändern Sie das Programm so ab, daß eine feste Anzahl K von Spielpartien zu Anfang vorgegeben wird und das Spiel dann nach K Durchgängen beendet wird.

Fortsetzung Testbeispiel

```
SPIELER 2 WUERFELT SUMME:6 PUNKT!
SPIELER 2 WUERFELT SUMME:9
SPIELER 2 WUERFELT SUMME:6 GEWINN!

SPIELER   PUNKTE
1          -1
2          1
```

```
PR CRABS.WUERFELSPIEL
 DZ "'52  CRABS-WUERFELSPIEL'
 DR "'WIEVIEL SPIELER?' SETZE "N ER EINGABE
 SETZE "I 0 SETZE "STAND AUSGABE 1 []
 50: SETZE "I 1 + REST :I :N
 DZ AUSGABE 1 :STAND SETZE "P 2WUERFEL :I
 PRUEFE EINES? :P = 7 :P = 11
 WW SETZE "STAND ERGEBNIS :I 1 :STAND GEHE "50
 PRUEFE ( EINES? :P = 2 :P = 3 :P = 12 )
 WW SETZE "STAND ERGEBNIS :I ( - 1 ) :STAND GEHE "50
 DZ "PUNKT!
 140: SETZE "S 2WUERFEL :I PRUEFE :S = 7
 WW SETZE "STAND ERGEBNIS :I ( - 1 ) :STAND GEHE "50
 WENN :S = :P SETZE "STAND ERGEBNIS :I 1 :STAND GEHE "50
 DZ " GEHE "140
ENDE

PR AUSGABE :X :S
 PRUEFE :S = []
 WW WENN :X > :N RG [] SONST RG SATZ 0 AUSGABE :X + 1 []
 WENN :X = 1 DZ " ( DZ "'SPIELER   PUNKTE' )
 ( DZ :X "'          ' ER :S ) RG AUSGABE :X + 1 OE :S
ENDE

PR 2WUERFEL :I
 ( DR "'SPIELER ' :I "' WUERFELT SUMME:' )
 SETZE "2W WORT 2 + ( ZZ 6 ) + ( ZZ 6 ) OE TASTE
 ( DR :2W "' ' ) RG :2W
ENDE

PR ERGEBNIS :I :X :S
 PRUEFE :I = 1
 WW WENN :X > 0 DZ "GEWINN! SONST DZ "VERLUST!!
 WW RG SATZ :X + ER :S OE :S
 RG SATZ ER :S ERGEBNIS :I - 1 :X OE :S
ENDE
```

```
52  CRABS-WUERFELSPIEL
WIEVIEL SPIELER?2

SPIELER   PUNKTE
1          0
2          0

SPIELER 1 WUERFELT SUMME:6 PUNKT!
SPIELER 1 WUERFELT SUMME:7 VERLUST!!

SPIELER   PUNKTE
1          -1
2          0
```

Beispiel 53 SCHIFFE VERSENKEN

Problem. Das bekannte Spiel soll mit 2 Flaggschiffen, 3 Kreuzern, 4 Schnellbooten und 5 U-Booten für einen Spieler simuliert werden.

Verfahren. Die Schiffseinheiten F, K, S und U mit der 'Karo-Anzahl' 4, 3, 2 bzw. 1 werden zufällig in einem quadratischen Gitter mit der anzugebenden Kantenlänge N (10 < N < 20) mit den Prozeduren ANFANG, OBJEKT und SCHIFFE verteilt.
Nach Ausgabe des leeren Spielfeldes mit BLANKER.HANS :Q wird die 'Schußposition' als Kombination BUCHSTABE ZIFFER abgefragt. Mit der Prozedur SUCHE :X :Y :S wird die Belegung der Position auf :OBJEKT übertragen und das neue :FELD (Spielfeld) zurückgegeben. TREFFER bzw. WASSER bei der Position X Y wird dann ausgegeben. Falls :FELD noch nicht leer ist (Prüfung mit LEER :N), wird der 'Beschuß' fortgesetzt, sonst aber das Spielende angezeigt.

Hinweis. Zur Erzeugung einer 'stehenden' Bildschirmausgabe wird die LOGO-Funktion BLINKER :X :Y angewendet. Sie kann den CURSOR(=Blinker) auf die Bildschirmposition X Y setzen, wobei sich der Punkt (Ø Ø) in der linken oberen Ecke des Bildschirms befindet. Die BUCHSTABEN-Koordinate der Spielfeldposition wird mit Hilfe der LOGO-Funktion ASC TASTE in eine ZIFFER umgewandelt und mit der LOGO-Funktion ZEICHEN :X wieder als BUCHSTABE ausgegeben.

Aufgabe 53 Erweitern Sie das Programm so, daß am Spielende die Anzahl der durchgeführten 'Schüsse' bis zur Versenkung aller 30 Schiffseinheiten ausgegeben wird.

```
53  SCHIFFE VERSENKEN  ?      |   1 2 3 4 5 6 7 8 9101112
FELD NXN MIT 10<N<20 N?12     | A
                              | B
                              | C
KOORDINATEN:F3                | D
WASSER                        | E
                              | F     *
                              | G     K
KOORDINATEN:G3                | H
TREFFER K                     | I
                              | J
                              | K
                              | L
```

```
PR SCHIFFE.VERSENKEN
 DZ "'53  SCHIFFE VERSENKEN'
 DR "'FELD NXN MIT 10<N<20 N?' SETZE "N ER EG
 SETZE "OBJEKT " DZ BLANKER.HANS 1
 SETZE "FELD ANFANG "FKSU 2 4 LEER :N
 250: BLINKER 0 :N + 2 DR "KOORDINATEN:
 SETZE "X ( ASC TASTE ) - 64
 WENN ( EINES? :X > :N :X < 1 ) GEHE "250
 DR ZEICHEN 64 + :X SETZE "Y EINGABE
 WENN :Y = [] GEHE "250 SONST SETZE "Y ER :Y
 WENN NICHT ZAHL? :Y GEHE "250
 SETZE "FELD SUCHE :X :Y :FELD PRUEFE :OBJEKT = "*
 WW DR "'WASSER ' SONST ( DR "'TREFFER ' :OBJEKT )
 BLINKER 2 * :Y - 1 :X DR :OBJEKT
 WENN NICHT :FELD = LEER :N GEHE "250
 BLINKER 0 :N + 3 DZ "'BRAVO. ALLES VERSENKT!'
ENDE

PR BLANKER.HANS :Q
 WENN :Q > :N RG " SONST WENN :Q = 1 LS DZ KOPF :N
 DZ ZEICHEN 64 + :Q RG BLANKER.HANS :Q + 1

PR LEER :N
 WENN :N = 0 RG [] SONST RG ME [] LEER :N - 1

PR ANFANG :Z :I :K :F
 WENN :Z = " RG :F
 RG ANFANG OE :Z :I + 1 :K - 1 SCHIFFE :I :F

PR OBJEKT :X :Y :K :F
 WENN :K = 0 RG :F SONST SETZE "R EINSETZEN :X :F
 WENN :F = :R RG :FELD
 RG OBJEKT :X + :A :Y + :B :K - 1 :R
```

```
PR KOPF :N
 WENN :N = 0 RG "
 WENN :N > 9 RG WORT KOPF :N - 1 :N
 RG ( WORT KOPF :N - 1 "' ' :N )
```

```
PR SCHIFFE :I :F
 WENN :I = 0 RG :F
 100: SETZE "A ( ZZ 3 ) - 1 SETZE "B ( ZZ 3 ) - 1
 WENN ALLE? :A = 0 :B = 0 GEHE "100
 SETZE "FELD OBJEKT :K + ZZ :N - 2 * :K :K + ZZ :N - 2 * :K :K :F
 WENN :F = :FELD RG SCHIFFE :I :F SONST RG SCHIFFE :I - 1 :FELD

PR EINSETZEN :X :F
 WENN :X > 1 RG ME ER :F EINSETZEN :X - 1 OE :F
 WENN :X = 1 RG ME EINSETZEN 0 ER :F OE :F
 WENN :F = [] RG ME SATZ :Y ER :Z []
 WENN :Y > ER ER :F RG ME ER :F EINSETZEN 0 OE :F
 WENN :Y = ER ER :F RG :F SONST RG ME SATZ :Y ER :Z :F

PR SUCHE :X :Y :S
 WENN :X > 1 RG ME ER :S SUCHE :X - 1 :Y OE :S
 WENN :X = 1 RG ME SUCHE 0 :Y ER :S OE :S
 WENN :S = [] SETZE "OBJEKT "* RG :S
 WENN :Y > ER ER :S RG ME ER :S SUCHE 0 :Y OE :S
 WENN :Y = ER ER :S SETZE "OBJEKT LZ ER :S RG OE :S
 SETZE "OBJEKT "* RG :S
```

Beispiel 54 GERADE-UNGERADE

Problem. Gegeben ist eine ungerade Anzahl von Steinen.

Spielzug: Mindestens einen Stein, höchstens vier Steine entfernen.

Spielende: Wenn alle Steine entfernt sind, gewinnt derjenige Spieler, der insgesamt eine gerade Anzahl von Steinen entfernt hat.

Ein Spieler spielt gegen das Programm, wobei das Programm sein Spielverhalten durch 'Lernen' verbessern soll.

Verfahren. Als Anfangsstrategie wählt das Programm mit der Prozedur ANFANG :I durchweg die Wegnahme von vier Steinen. Als Anfangsanzahl(ungerade) der STEINE wird mit der LOGO-Funktion ZZ(Zufallszahl) eine Zahl von 7 bis 25 zufällig ausgewählt. Der Spielverlauf wird nach Abfrage der entfernten Steine solange wechselweise ausgeführt, bis alle Steine entfernt wurden. In der Prozedur ERGEBNIS wird das Spielergebnis ausgegeben, der neue Spielstand auf :STAND notiert und bei einem MISSERFOLG des Programms die Spielstrategie bezüglich der letzten Spielalternative in :GEDAECHTNIS geändert. Die Anzahl der weggenommenen Steine in der betr. Spielposition wird solange um 1 (je Mißerfolg) reduziert, bis entweder der optimale Zug vorliegt oder der Zwangszug: Wegnahme eines Steines übrig bleibt.

Hinweis. Am Anfang macht das Programm kaum optimale Züge. Um einen 'Lernfortschritt' zu erreichen(Programm holt auf), sind mindestens 30 Spiele notwendig, bei denen das Programm durch jeden Mißerfolg lernt.

Aufgabe 54 Ändern Sie das Programm so ab, daß nach jedem Mißerfolg des Programms(DU HAST GEWONNEN.) das aktuelle Gedächtnis ausgegeben wird.

```
54  GERADE-UNGERADE    ?
     ES STEHT 0 : 0
VORHANDENE STEINE:  23
ICH HABE 0 UND NEHME 4
REST:19 DU HAST 0 DEIN ZUG?4
VORHANDENE STEINE:  15
ICH HABE 4 UND NEHME 4
REST:11 DU HAST 4 DEIN ZUG?4
VORHANDENE STEINE:  7
ICH HABE 8 UND NEHME 4
REST:3 DU HAST 8 DEIN ZUG?2
VORHANDENE STEINE:  1
ICH HABE 12 UND NEHME 1
    DU HAST GEWONNEN.
      ES STEHT 1 : 0
```

```
PR GERADE.UNGERADE
 DZ "'54  GERADE-UNGERADE'
 SETZE "GEDAECHTNIS ANFANG 25 SPIEL [0 0]
ENDE

PR ANFANG :I
 WENN :I = 0 RG [] SONST RG SATZ [44] ANFANG :I - 1

PR SPIEL :STAND
 SETZE "MERKE [1 1]
 SETZE "STEINE ( DIV 10 + ZZ 15 2 ) * 2 + 1
 ( DZ "'      ES STEHT' ER :STAND ": LZ :STAND )
 SPIEL ERGEBNIS AKTION [0 0]

PR AKTION :ANZ
 ( DZ "'VORHANDENE STEINE: ' :STEINE )
 SETZE "FALL SATZ REST LZ :ANZ 2 :STEINE
 SETZE "M ZUG :FALL :GEDAECHTNIS
 WENN :M > :STEINE SETZE "M :STEINE
 WENN :M > 1 SETZE "MERKE :FALL
 ( DZ "'ICH HABE' LZ :ANZ "'UND NEHME' :M )
 SETZE "STEINE :STEINE - :M
 WENN :STEINE > 0 DANN EINGEBEN SONST RG ER :ANZ
 SETZE "STEINE :STEINE - :N
 PRUEFE :STEINE > 0
 WW RG AKTION SATZ :N + ER :ANZ :M + LZ :ANZ
 RG :N + ER :ANZ

PR ZUG :MERKE :G
 PRUEFE LZ :MERKE = 1
 WW WENN ER :MERKE = 0 RG ER ER :G SONST RG LZ ER :G
 RG ZUG SATZ ER :MERKE ( LZ :MERKE ) - 1 OE :G

PR EINGEBEN
 ( DR "'REST:' :STEINE "' DU HAST ' ER :ANZ )
 ( DR "' DEIN ZUG?' ) SETZE "N TASTE DZ :N
 WENN ( EINES? :N < 1 :N > 4 :N > :STEINE ) EINGEBEN

PR ERGEBNIS :GERADE?
 PRUEFE REST :GERADE? 2 = 0 WW DZ "'   DU HAST GEWONNEN.'
 WW SETZE "GEDAECHTNIS AENDERN :MERKE :GEDAECHTNIS
 WW RG SATZ 1 + ER :STAND LZ :STAND
 DZ "'      DIESMAL HABE ICH GEWONNEN!'
 RG SATZ ER :STAND 1 + LZ :STAND

PR AENDERN :M :G
 PRUEFE LZ :M > 1
 WW RG SATZ ER :G AENDERN SATZ ER :M ( LZ :M ) - 1 OE :G
 PRUEFE ALLE? ER :M = 0 ER ER :G > 1
 WW RG SATZ WORT ( ER ER :G ) - 1 LZ ER :G OE :G
 PRUEFE ALLE? ER :M = 1 LZ ER :G > 1
 WW RG SATZ WORT ER ER :G ( LZ ER :G ) - 1 OE :G
 RG :G
```

<u>Beispiel</u> 55 DR.Z

<u>Problem</u>. Ein "Gespräch" mit einem Psychiater Dr. Z soll simuliert werden.

<u>Verfahren</u>. Aus einer LISTE von zwölf Standardfragen wird eine Folge von acht Fragen mit Hilfe der LOGO-Funktion ZZ(ZUFALLS-ZAHL) zufällig ausgewählt und der Reihe nach dem 'Patienten' gestellt. Die beliebigen Antworten haben keinen Einfluß auf den Verlauf des Gesprächs. Übereinstimmungen mit realen Gesprächen sind rein zufällig.

<u>Hinweis</u>. Es handelt sich bei diesem Gesprächs-Beispiel nicht um einen Angriff auf den Berufsstand der Psychiater, sondern um einen Hinweis auf eine bedenkliche Anwendungsmöglichkeit. Die 'Technik' solcher "Gespräche" läßt sich gegenüber diesem einfachen Beispiel jedoch erheblich verbessern, so daß eine Unterscheidung zum menschlichen Verhalten nur noch schwer erkennbar ist.
Die Prozedur ANTWORT baut die Antworten-LISTE erst stückweise auf, um leichter weitere Fragen anhängen zu können und einen übersichtlichen Programm-Ausdruck zu erhalten.
Die Prozedur ELEMENT :Z :A , die das Z.te Element aus der LISTE :A zurückgibt, ist in einigen LOGO-Versionen als Grundwort vorhanden.

<u>Aufgabe</u> 55 Erweitern Sie das Programm so, daß direkte Wiederholungen von Fragen vermieden werden und kurze Antworten in der folgenden Frage, z.B. durch bloße Wiederholung, aufgegriffen werden.

```
PR DR.Z
 DZ "'55  DR.Z'
 DZ "'GUTEN TAG. ICH BIN PSYCHIATER'
 DR "'WIE IST DEIN NAME?' SETZE "A ER EG
 ( DR :A "', WIE FUEHLST DU DICH?' )
 SETZE "ANTWORT ANTWORT
 DZ DIALOG 8 EINGABE
 ( DZ :A "'ICH DENKE, DU MACHST GROSSE FORTSCHRITTE' )
 DZ "'BEI DER LOESUNG DEINER PROBLEME.'
 DZ "'BIS ZUM NAECHSTEN MAL.'
ENDE

PR ANTWORT
 SETZE "1 [ERZAEHLE MIR MEHR DARUEBER.]
 SETZE "2 [FUEHLST DU DAS SCHON LANGE?]
 SETZE "3 [DENKST DU, DAS IST VERNUENFTIG?]
 SETZE "4 [WUERDEN DEINE FREUNDE DAS GLAUBEN?]
 SETZE "5 [KANNST DU DAMIT LEBEN?]
 SETZE "6 [GLAUBST DU, DAS IST NORMAL?]
 SETZE "7 [WAS KOENNTE DER GRUND SEIN?]
 SETZE "8 [HAST DU SCHON DARUEBER GESPROCHEN?]
 SETZE "9 [BIST DU MANCHMAL AENGSTLICH?]
 SETZE "10 [BIST DU OFT UNZUFRIEDEN?]
 SETZE "11 [SCHLAEFST DU GUT?]
 SETZE "12 [BIST DU HAEUFIG ENTTAEUSCHT?]
 RG ( LISTE :1 :2 :3 :4 :5 :6 :7 :8 :9 :10 :11 :12 )
ENDE

PR DIALOG :N :X
 DZ " WENN :N = 1 DANN RG "
 DR ELEMENT 1 + ZZ 12 :ANTWORT
 RG DIALOG :N - 1 EINGABE
ENDE

PR ELEMENT :Z :A
 WENN :A = [] RG "
 WENN :Z = 1 RG ER :A SONST RG ELEMENT :Z - 1 OE :A
ENDE
```

```
55  DR.Z
GUTEN TAG. ICH BIN PSYCHIATER
WIE IST DEIN NAME?KLAUS
KLAUS, WIE FUEHLST DU DICH?SO LA LA
WAS KOENNTE DER GRUND SEIN?GELDMANGEL
SCHLAEFST DU GUT?MEISTENS
WUERDEN DEINE FREUNDE DAS GLAUBEN?NEIN
HAST DU SCHON DARUEBER GESPROCHEN?DOCH
HAST DU SCHON DARUEBER GESPROCHEN?LOGO
ERZAEHLE MIR MEHR DARUEBER.DATENSCHUTZ!
WAS KOENNTE DER GRUND SEIN?
KLAUS ICH DENKE, DU MACHST GROSSE FORTSCHRITTE
BEI DER LOESUNG DEINER PROBLEME.
BIS ZUM NAECHSTEN MAL.
```

<u>Beispiel</u> 56 STILLER TEILHABER(TAXMAN)

<u>Problem</u>. Folgendes Spiel gegen den Computer soll simuliert werden. Bei Spielbeginn wird der Spieler aufgefordert eine Zahl N kleiner als 50 anzugeben. Dadurch wird ein Abschnitt 1 bis N der natürlichen Zahlen festgelegt.

<u>Spielzug</u>: Eine Zahl K aus 1 bis N wird vom Spieler ausgewählt. Die Zahl K muß vorhanden sein <u>und</u> unter den anderen noch vorhandenen Zahlen mindestens einen Teiler haben.

<u>Spielende</u>: Es ist keine Zahl mehr vorhanden, die noch einen Teiler unter den restlichen Zahlen hat.

Bei jedem Zug des Spielers erhält der Stille Teilhaber alle Teiler von K außer K selbst. Die gewählte Zahl K wird dem Spieler gutgeschrieben. Der Stille Teilhaber erhält außerdem am Spielende alle Zahlen gutgeschrieben, die übrig bleiben. Gewinner ist der Spieler immer dann, wenn die Summe der von ihm gewählten Zahlen größer ist als das 'Konto' des Stillen Teilhabers.

<u>Verfahren</u>. Nach der jeweiligen Eingabe der Zahl K ist die wesentliche Prozedur FAKTOREN :K :Z , in der die Faktoren von K auf das Konto des Stillen Teilhabers, K auf das Konto des Spielers und die restlichen Zahlen als LISTE :ZEILE zurückgegeben werden. Mit der Prozedur ELEMENT? :K :Z wird festgestellt, ob sich die Zahl K unter den restlichen Zahlen befindet. Falls die genannte Zahl K keine Faktoren unter den restlichen Zahlen der LISTE :Z besitzt, gibt FAKTOREN :K :Z den SATZ KEINE FAKTOREN MEHR! zurück.
Nach jedem Spielzug wird mit TEST :Z festgestellt, ob es in der LISTE :Z noch Zahlen mit Teilern aus :Z außer sich selbst besitzt. Falls keine Faktoren vorhanden sind, wird das Spielende mit dem KONTO-Endstand ausgegeben.

<u>Aufgabe</u> 56 Ändern Sie das Programm so ab, daß für den Spieler automatisch, aber zufällig Zahlen aus der Rest-LISTE :Z ausgewählt werden.

Fortsetzung

Testbeispiel

```
4 6 7 8
WELCHE ZAHL NIMMST DU?8
ICH HABE JETZT 15 DU HAST 27
KEINE FAKTOREN MEHR!
ENDSTAND: ICH HABE 28
          DU HAST  27
```

```
PR STILLER.TEILHABER
 DZ "'56  STILLER TEILHABER(TAXMAN)'
 DR "'GIB EINE ZAHL N<50 AN:' SETZE "KONTO [0 0]
 ( DZ "'ENDSTAND: ICH HABE' SUMME SPIEL ANFANG ER EG )
 ( DZ "'            DU HAST ' ER :KONTO )
 WENN ER :KONTO > LZ :KONTO DZ "'BRAVO. DU HAST GEWONNEN.'
 DZ "'' STILLER.TEILHABER
ENDE

PR ANFANG :N
 WENN :N = 0 RG [] SONST RG SATZ ANFANG :N - 1 :N

PR SPIEL :ZAHLEN
 DZ :ZAHLEN
 DR "'WELCHE ZAHL NIMMST DU?' SETZE "K ER EG
 WENN NICHT ELEMENT? :K :ZAHLEN RG SPIEL :ZAHLEN
 SETZE "F "NEIN SETZE "ZAHLEN FAKTOREN :K :ZAHLEN
 ( DZ "'ICH HABE JETZT' LZ :KONTO "'DU HAST' ER :KONTO )
 WENN TEST :ZAHLEN = "O.K. RG SPIEL :ZAHLEN
 RG :ZAHLEN

PR ELEMENT? :K :L
 WENN :L = [] RG "FALSCH
 WENN :K = ER :L RG "WAHR SONST RG ELEMENT? :K OE :L

PR FAKTOREN :K :Z
 PRUEFE ALLE? ER :Z = :K :F = "JA
 WW SETZE "KONTO SATZ :K + ER :KONTO LZ :KONTO RG OE :Z
 WENN ER :Z = :K DZ "'KEINE FAKTOREN!' RG :Z
 PRUEFE REST :K ER :Z = 0
 WW SETZE "KONTO SATZ ER :KONTO ( ER :Z ) + LZ :KONTO
 WW SETZE "F "JA RG FAKTOREN :K OE :Z
 RG SATZ ER :Z FAKTOREN :K OE :Z

PR TEST :Z
 WENN :Z = [] RG "''
 WENN TEILER OL :Z LZ :Z = "O.K. RG "O.K.
 RG TEST OL :Z

PR TEILER :Z :X
 WENN :Z = [] RG "''
 WENN REST :X ER :Z = 0 RG "O.K. SONST RG TEILER OE :Z :X

PR SUMME :Z
 WENN :Z = [] DZ "'KEINE FAKTOREN MEHR!' RG LZ :KONTO
 SETZE "KONTO SATZ ER :KONTO ( ER :Z ) + LZ :KONTO
 RG SUMME OE :Z
```

```
56  STILLER TEILHABER(TAXMAN)
GIB EINE ZAHL N<50 AN: 10
1 2 3 4 5 6 7 8 9 10
WELCHE ZAHL NIMMST DU?10
ICH HABE JETZT 8 DU HAST 10
3 4 6 7 8 9
WELCHE ZAHL NIMMST DU?9
ICH HABE JETZT 11 DU HAST 19
```

<u>Beispiel</u> 57 MINIMUEHLE(TIC-TAC-TOE)

<u>Problem</u>. Ein Mühlespiel auf 3x3 Feldern soll simuliert werden.

<u>Spielzug</u>. Jeder Spieler setzt abwechselnd einen Stein seiner Farbe auf ein freies Feld.

<u>Spielende</u>. Einer der Spieler erreicht eine 'Mühle', d.h. drei seiner Steine stehen in einer Reihe, Spalte oder einer der beiden Diagonalen. Falls kein Spieler mehr auf ein freies Feld setzen kann, ist das Spiel 'Unentschieden!'

<u>Verfahren</u>. Die Prozedur BRETT :B :N gibt die quadratische Anordnung der neun Positionen (bei Beginn die Zahlen 1 bis 9) zurück. Der Spielzug der beiden Spieler wird abwechselnd mit dem Namen des Spielers und dem LOGO-Grundwort TASTE abgefragt und in ELEMENT? :Z :B auf Zulässigkeit geprüft. Ein zulässiger :ZUG wird mit der Prozedur ZUG :X :B in die LISTE :BRETT eingesetzt. Mit der Prozedur TEST :X und M :M :Z wird geprüft, ob eine MUEHLE vorliegt, sonst wird für die acht möglichen MÜHLE-Positionen (3 waagrecht, 3 senkrecht, 2 diagonal) die aktuelle Spielsituation auf :M zurückgegeben. Falls kein UNENTSCHIEDEN und keine MUEHLE vorliegt, wird mit dem anderen SPIELER fortgesetzt. Bei MUEHLE wird der Gewinner angegeben.

<u>Hinweis</u>. Da die Anfangsbuchstaben der beiden Spieler als 'Farbe' in das :BRETT eingesetzt werden, müssen verschiedene Anfangsbuchstaben vorliegen.

Der Hauptaufwand des Programms liegt in der Ermittlung einer möglichen MUEHLE nach jedem ZUG.

<u>Aufgabe</u> 57 Erweitern Sie das Programm so, daß Partien mit einem automatischen Wechsel des 1.ZUGES und der Angabe des Spielstandes nach jeder Partie ausgeführt werden.

```
57  MINIMUEHLE(TIC-TAC-TOE)
NAME 1.SPIELER 2.SPIELER?RENATE KLAUS
       1        2        3
       4        5        6
       7        8        9

SPIELER RENATE SETZT AUF?5
       1        2        3
       4        R        6
       7        8        9
```

```
PR MINIMUEHLE
 DZ "'57  MINIMUEHLE(TIC-TAC-TOE)'
 30: DZ "'NAME 1.SPIELER 2.SPIELER?'
 SETZE "SPIELER EINGABE
 SETZE "M [0 0 0 0 0 0 0 0 0]
 DZ MUEHLE "123456789
 DZ "'' MINIMUEHLE
ENDE

PR MUEHLE :BRETT
 DZ BRETT :BRETT 1
 ( DR "'SPIELER ' ER :SPIELER "' SETZT AUF?' )
 SETZE "ZUG TASTE DZ :ZUG
 WENN NICHT ELEMENT? :ZUG :BRETT RG MUEHLE :BRETT
 SETZE "BRETT ZUG :ZUG :BRETT
 SETZE "SPIELER SATZ LZ :SPIELER ER :SPIELER
 SETZE "UNENTSCHIEDEN 1 SETZE "M TEST :ZUG
 WENN :UNENTSCHIEDEN = 1 RG "UNENTSCHIEDEN!
 WENN NICHT LZ :M = "MUEHLE RG MUEHLE :BRETT
 RG ( SATZ "SPIELER LZ :SPIELER "GEWINNT! )
ENDE

PR ELEMENT? :Z :B
 WENN :B = "'' RG "FALSCH
 WENN :Z = ER :B RG "WAHR SONST RG ELEMENT? :Z OE :B
ENDE

PR ZUG :X :B
 WENN :X = 1 RG WORT ER ER :SPIELER OE :B
 RG WORT ER :B ZUG :X - 1 OE :B
ENDE

PR BRETT :B :N
 WENN :B = "'' RG "'' SONST ( DR "'       ' ER :B )
 WENN REST :N 3 = 0 DZ "''
 RG BRETT OE :B :N + 1
ENDE

PR TEST :X
 SETZE "I 0
 WENN :X = 1 RG M :M 148 SONST WENN :X = 2 RG M :M 15
 WENN :X = 3 RG M :M 167 SONST WENN :X = 4 RG M :M 24
 WENN :X = 9 RG M :M 368 SONST WENN :X = 6 RG M :M 26
 WENN :X = 7 RG M :M 347 SONST WENN :X = 8 RG M :M 35
 WENN :X = 5 RG M :M 2578
ENDE

PR M :M :Z
 WENN :Z = "'' RG :M SONST SETZE "I :I + 1
 WENN :I < ER :Z RG ME ER :M M OE :M :Z
 PRUEFE ER ER :SPIELER = ER ER :M
 WF SETZE "UNENTSCHIEDEN 0 WENN LZ ER :M = 2 RG [MUEHLE]
 WF RG ME WORT ER LZ :SPIELER 1 + LZ ER :M M OE :M OE :Z
 RG ME ER :M M OE :M OE :Z
ENDE
```

Beispiel 58 STECKER-SPIEL

Problem. In einem quadratischen Gitter von 64 Positionen sind die beiden äußeren Reihen rundum mit 48 Steckern besetzt. In der Mitte ist ein Quadrat mit 16 Positionen frei. Folgendes Spiel soll simuliert werden.

Spielzug. Ein Stecker kann aus seiner Position diagonal über einen (vorhandenen) Stecker in die unmittelbar folgende Position gesteckt werden. Der 'übersprungene' Stecker wird entfernt.

Spielende. Es kann kein Stecker mehr regelgerecht gezogen werden. Nach Angabe der Zahl Ø für die ZUG-Position wird die Anzahl der verbliebenen Stecker ausgegeben.

Verfahren. Die Prozedur ANFANG :I :B gibt die Ausgangssituation von 64 Steckern an :BRETT zurück. Die Prozedur BRETT :I :B gibt die aktuelle Spielsituation aus. Die Prozedur ZUG liefert mit dem Grundwort TASTE den Spielzug an :VON bzw. :NACH ab. Falls kein Spielabbruch vorliegt, wird der ZUG :VON nach :NACH in der Prozedur TEST :B auf seine Zulässigkeit geprüft und die neue Spielfeld-Situation an :TEST zurückgegeben. Bei zulässigem ZUG wird :TEST auf :BRETT übertragen und das Spiel fortgesetzt, sonst erfolgt Fehlermeldung mit Anforderung eines neuen Zuges.

Hinweis. Der aufwendigste Teil des Programms ist die Prozedur TEST :B zur Feststellung der Zulässigkeit eines Zuges und die Herstellung der neuen Spielsituation.
Um eine weitere Aufsplitterung zu vermeiden, wurden in der Rahmenprozedur einige GEHE-Anweisungen zugelassen.

Aufgabe 58 Ändern Sie das Programm so ab, daß mit Hilfe der LOGO-Standardprozedur BLINKER :Y :X der Spielverlauf in einer 'stehenden' Ausgabe wiedergegeben wird wie in Bsp. 53.

```
58  STECKER-SPIEL
  1 2 3 4 5 6 7 8
1 * * * * * * * *
2 * * * * * * * *
3 * *         * *
4 * *         * *
5 * *         * *
6 * *         * *
7 * * * * * * * *
8 * * * * * * * *
```

```
VON?11 NACH?33
  1 2 3 4 5 6 7 8
1   * * * * * * *
2 *   * * * * * *
3 * * *       * *
4 * *         * *
5 * *         * *
6 * *         * *
7 * * * * * * * *
8 * * * * * * * *
```

```
PR STECKER.SPIEL
 DZ "'58  STECKER-SPIEL'
 SETZE "BRETT ANFANG 64 SETZE "M 0
 ( DZ "'UEBRIG SIND' ERGEBNIS SPIEL :BRETT "STECKER )
 ( DZ "'DU HAST' :M "'ZUEGE GEMACHT!' )
ENDE
PR ANFANG :I
 WENN :I = 0 RG "''
 PRUEFE EINES? ALLE? :I > 18 :I < 23 ALLE? :I > 26 :I < 31
 WW RG WORT "'  ' ANFANG :I - 2
 PRUEFE EINES? ALLE? :I > 34 :I < 39 ALLE? :I > 42 :I < 47
 WW RG WORT "'  ' ANFANG :I - 2 SONST RG WORT "** ANFANG :I - 2
ENDE
PR SPIEL :B
 DZ "'' DZ BRETT 0 :B
 DR "'VON?' SETZE "VON ZUG WENN :VON < 0 DZ "'' RG :B
 DR "' NACH?' SETZE "NACH ZUG DZ "'' SETZE "TEST TEST :B
 WENN :TEST = "F DZ "'ZUG UNZULAESSIG!' RG SPIEL :B
 SETZE "M :M + 1 RG SPIEL :TEST
ENDE
PR BRETT :I :B
 WENN :I = 64 RG "'' SONST WENN :I = 0 DR "'  1 2 3 4 5 6 7 8'
 WENN REST :I 8 = 0 DZ "'' DR 1 + DIV :I 8
 ( DR "' ' ER :B ) RG BRETT :I + 1 OE :B
ENDE
PR ZUG
 SETZE "X TASTE WENN :X = 0 RG - 1 SONST DR :X
 WENN ALLE? :X > 0 :X < 9 SETZE "Y TASTE DR :Y SONST DR "? RG ZUG
 WENN ALLE? :Y > 0 :Y < 9 RG 8 * :X + :Y - 9 SONST DR "? RG ZUG
ENDE
PR TEST :B
 SETZE "I 0 SETZE "T "''
 WENN NICHT ABS ( DIV :VON 8 ) - DIV :NACH 8 = 2 RG "F
 WENN NICHT ABS ( REST :VON 8 ) - REST :NACH 8 = 2 RG "F
 10: PRUEFE :I = :VON
 WW WENN ER :B = "' ' RG "F SONST SETZE "T WORT :T "' ' GEHE "1
 PRUEFE :I = :NACH
 WW WENN ER :B = "* RG "F SONST SETZE "T WORT :T "* GEHE "1
 PRUEFE :I = ( :VON + :NACH ) / 2
 WW WENN ER :B = "' ' RG "F SONST SETZE "T WORT :T "' ' GEHE "1
 SETZE "T WORT :T ER :B
 1: SETZE "I :I + 1 SETZE "B OE :B
 WENN :I < 64 GEHE "10 SONST RG :T
ENDE

PR ABS :X
 WENN :X < 0 RG ( - :X ) SONST RG :X
ENDE

PR ERGEBNIS :B
 WENN :B = "'' RG 0
 WENN ER :B = "* RG 1 + ERGEBNIS OE :B SONST RG ERGEBNIS OE :B
ENDE
```

Beispiel 59 AWARI

Problem. Dies alte afrikanische Spiel beginnt mit der folgenden Ausgangssituation

```
                              2. Spieler
                       ↙3 - 3 - 3 - 3 - 3 - 3 ↖
(Ergebnis 2.Sp.) Ø                              Ø  (Ergebnis 1.Sp.)
                       ↘ 3 - 3 - 3 - 3 - 3 - 3 ↗
                              1. Spieler
```

Spielzug. Eine Position von 1 bis 6 (von links nach rechts) wird abgefragt. Die in dieser Position vorhandenen Steine (anfangs 3) werden gegen den Uhrzeigersinn mit je einem Stein in die jeweils nächste Position übertragen.

Landet der letzte Stein im eigenen Ergebnisfeld, so darf der Spieler erneut ziehen.

Landet der letzte Stein in einer leeren Position, so werden alle Steine der gegenüberliegenden Position in das eigene Ergebnisfeld übertragen.

Spielende. Hat ein Spieler mehr als 18 der 36 Steine in seinem Ergebnisfeld, so hat er gewonnen. Haben beide 18 Steine, so endet das Spiel Unentschieden.

Verfahren. Nach der Ausgabe des Spielfeldes mit AUSGABE :F :I wird die Zugposition mit TASTE auf :ZUG gesetzt. Die zentrale Prozedur ist ZUG :X :F mit den Unterprozeduren SCHIEBE :F :I und VERTEILEN :X :F, die die neue Spielsituation zurückgeben. Das erste Element von :FELD gibt die letzte erreichte Position (mit negativem Vorzeichen an), wobei die Reihe des 1.Spielers über sein Ergebnisfeld 7 und die Positionen des 2.Spielers (rückwärts) bis zu dessen Ergebnisfeld 14 gezählt wird. Zunächst wird nun mit der Prozedur POS :X :F geprüft, ob die letzte Position -ER :FELD das eigene Ergebnisfeld(7*:SPIELER) ist, dann wird zur Zug-Eingabe für denselben Spieler zurückgekehrt. Sonst wird mit POS -ER :FELD :FELD geprüft, ob in der letzten Position eine 1(also vorher Ø) steht. In diesem Fall wird mit der Prozedur GEWINN :X :F die gegenüberliegende Anzahl von Steinen in das Ergebnisfeld übertragen. Schließlich wird noch geprüft, ob das Ergebnisfeld kleiner als 19 ist, sonst wird der Gewinn durch diesen Spieler ausgegeben.

Aufgabe 59 Führen Sie einen Abbruch bei UNENTSCHIEDEN ein.

```
PR AWARI
 DZ "'59  AWARI'
 SETZE "FELD [-1 3 3 3 3 3 3 0 3 3 3 3 3 3 0]
 ( DZ SPIEL :FELD 1 "'.SPIELER GEWINNT!' )
ENDE

PR SPIEL :FELD :SP
 BLINKER 0 5 DZ AUSGABE OE :FELD 0
 DZ "'' ( DR :SP "'.SPIELER:' )
 SETZE "ZUG TASTE DZ :ZUG
 WENN NICHT ZAHL? :ZUG RG SPIEL :FELD :SP
 WENN :SP = 2 SETZE "ZUG 14 - :ZUG
 SETZE "FELD ZUG :ZUG :FELD
 WENN 7 * :SP = - ER :FELD RG SPIEL :FELD :SP
 PRUEFE ER POS - ER :FELD :FELD = 1
 WW PRUEFE ER POS 14 + ER :FELD :FELD > 0
 WW SETZE "FELD GEWINN - ER :FELD :FELD
 WENN ER POS 7 * :SP :FELD > 18 RG :SP
 RG SPIEL :FELD 1 + REST :SP 2
ENDE

PR AUSGABE :F :I
 WENN :I = 0 SETZE "ERGSP2 LZ :F RG AUSGABE OL :F 1
 WENN :I = 14 RG "''
 WENN :I < 7 ( DR "'   ' LZ :F ) RG AUSGABE OL :F :I + 1
 WENN :I = 7 DZ "'' ( DZ :ERGSP2 "'                    ' LZ :F )
 WENN :I = 7 RG AUSGABE OL :F 8
 ( DR "'   ' ER :F ) RG AUSGABE OE :F :I + 1
ENDE

PR ZUG :X :F
 WENN :X = 0 RG SCHIEBE VERTEILEN ER :F SATZ OE :F "0 0
 RG ZUG :X - 1 SATZ OE :F ER :F
ENDE

PR VERTEILEN :X :F
 WENN ER :F < 0 RG VERTEILEN :X SATZ OE :F "-1
 WENN :X = 0 RG :F
 RG VERTEILEN :X - 1 SATZ OE :F 1 + ER :F
ENDE

PR SCHIEBE :F :I
 WENN :I = 0 SETZE "I ( - 14 )
 WENN ER :F < 0 RG SATZ :I OE :F
 RG SCHIEBE SATZ OE :F ER :F :I + 1
ENDE

PR GEWINN :X :F
 RG SCHIEBE SATZ "0 OE POS :X SCHIEBE SATZ "0
 OE POS 14 - :X SCHIEBE SATZ 1 + ( ER POS 14 - :X :F )
 ┐+ ER POS 7 * :SP :F OE POS 7 * :SP :F 0 0 0
ENDE

PR POS :X :F
 WENN :X = 0 RG :F SONST RG POS :X - 1 SATZ OE :F ER :F
ENDE
```

Beispiel 60 RADIOAKTIVE CHIPS

Problem. Der Vorgang des radioaktiven Zerfalls soll in einer Spielsituation simuliert werden. Zu Beginn des Spiels gibt es 128.000 radioaktive Chips. Die Halbwertszeit, bis zu der die Hälfte der vorhandenen Chips zerfällt, soll 10 Minuten sein. Der Spieler erhält 1000 DM Anfangskapital, die Bank hat eine Reserve von 999.000 DM zur Verfügung.

Spielzug. Auf den zufälligen Zeitpunkt innerhalb eines 10-Minuten-Intervalls wird eine Schätzung der dann noch vorhandenen Chips abgefragt. Vorher darf der Spieler noch eine von drei CHANCEN auswählen:

A = 2 bedeutet, daß der Fehler maximal 20 Prozent betragen darf und sich bei Gewinn das Kapital verdoppelt.

A = 4 bedeutet, daß der Fehler maximal 10 Prozent betragen darf und sich bei Gewinn das Kapital verdreifacht.

A = 8 bedeutet, daß der Fehler maximal 5 Prozent betragen darf und sich das Kapital bei Gewinn verfünffacht.

Bei Überschreitung des Fehlers wird das Kapital stets halbiert.

Spielende. Entweder die Bank wird gesprengt, der letzte Chip ist zerfallen, oder der Spieler hat nur noch 50 DM Geld für die Rückfahrt.

Verfahren. Für den radioaktiven 'Zerfall' wird die in LOGO i.a. nicht vorhandene Exponentialfunktion als EXP :X in der Form einer TAYLOR-Reihe nachgebildet. Der sonstige Ablauf ist im wesentlichen im Rahmenprogramm mit einigen GEHE-Anweisungen realisiert. Der zufällige Zeitpunkt wird mit der LOGO-Funktion ZZ(ZUFALLSZAHL) bestimmt.

Aufgabe 60 Erweitern Sie das Programm so, daß zwei Spieler gegeneinander spielen, bis einer der Spieler eine bestimmte Gewinnsumme erreicht hat.

```
60 RADIOAKTIVE CHIPS       ?
128.000 CHIPS, HALBWERTSZEIT 10 MIN
DEIN KTO.  BANK   T(MIN)   CHANCE 2 4 8
1000      999000.  2.5      ?2
WIEVIEL CHIPS EXISTIEREN? 120000
          VORHANDEN SIND: 107638
TREFFER:11.5 %
DEIN KTO.  BANK   T(MIN)   CHANCE 2 4 8
2000      998000.  8.3      ?
```

```
PR RADIOAKTIVE.CHIPS
 DZ "'60  RADIOAKTIVE CHIPS'
 30: DZ "'128.000 CHIPS, HALBWERTSZEIT 10 MIN'
 DZ CHIPS 0 1000
 DZ " RADIOAKTIVE.CHIPS
ENDE

PR CHIPS :T :Y
 WENN 1.E6 < :Y RG "'DU HAST DIE BANK GESPRENGT!'
 WENN :Y > 200000. DZ "'DU KANNST DIE BANK SPRENGEN!'
 DZ "'DEIN KTO.  BANK  T(MIN)  CHANCE 2 4 8'
 SETZE "T :T + ( ZZ 100 ) / 10
 SETZE "D INT 128000 / EXP 6.92998N2 * :T
 WENN :D = 0 RG "'DER LETZTE CHIP IST HIN.'
 ( DR :Y "'      ' 1.E6 - :Y "'   ' :T "'      ?' )
 SETZE "A ABFRAGE TASTE
 PRUEFE ABS :D - :G > .4 / :A * :D WF DR "TREFFER:
 WF ( DZ ( RUNDE 1000 * ( :G - :D ) / :D ) / 10 "% )
 WF RG CHIPS :T INT :Y + :A * :Y / 2
 WENN :Y < 50 RG "'DU HAST LEIDER VERLOREN!'
 DZ "'DAS WAR NICHTS. NEUER VERSUCH'
 RG CHIPS :T INT :Y - :Y / 2
ENDE

PR EXP :X
 PRUEFE ZAHL? :X
 WW SETZE "A :X SETZE "N 0 RG EXP SATZ "1 "1
 WENN ABS LZ :X < 2.N6 RG ER :X SONST SETZE "N :N + 1
 RG EXP SATZ ( ER :X ) + :A / :N * LZ :X :A / :N * LZ :X
ENDE

PR ABFRAGE :A
 WENN NICHT ZAHL? :A RG ABFRAGE TASTE
 PRUEFE ( EINES? :A = 2 :A = 4 :A = 8 )
 WF RG ABFRAGE TASTE SONST DZ :A
 DR "'WIEVIEL CHIPS EXISTIEREN? ' SETZE "G ER EG
 WENN NICHT ZAHL? :G RG ABFRAGE TASTE
 ( DZ "'            VORHANDEN SIND:' :D ) RG :A
ENDE
```

```
60  RADIOAKTIVE CHIPS
128.000 CHIPS, HALBWERTSZEIT 10 MIN
DEIN KTO.  BANK  T(MIN)  CHANCE 2 4 8
1000      999000.  5.4      ?4
WIEVIEL CHIPS EXISTIEREN? 95000
            VORHANDEN SIND: 88041
TREFFER:7.9 %
DEIN KTO.  BANK  T(MIN)  CHANCE 2 4 8
3000      997000.  14.1      ?8
WIEVIEL CHIPS EXISTIEREN? 55000
            VORHANDEN SIND: 48178
DAS WAR NICHTS. NEUER VERSUCH
```

Beispiel 61 MONDLANDUNG

Problem. Der Anflug einer Mondfähre an die Mondoberfläche mit einer Handsteuerung soll simuliert werden.

Verfahren. Folgende Ausgangswerte sind vorgegeben:
Abstand vom Mond A = 192 km, Geschwindigkeit V = 1600 m/sec, Mondfähre M = 33 t (davon Netto N = 15,5 t Kapselgewicht), Mondanziehung(konstant) G = 1,6 m/sec^2, Austrittsgeschwindigkeit des Treibmittels Z = 2880 m/sec. Nach Abfrage der Bremsrate K (Liter/sec) und der Bremsdauer T (sec)wird bei ausreichendem Brennstoff die neue HÖHE als I ermittelt. In einer Zeitschleife des Rahmenprogramms(Marke 110) wird mit dem Zeitintervall S die neue Geschwindigkeit J schrittweise mit den Bewegungsgleichungen in den Prozeduren SCHRITT und HOEHE ermittelt. Bei negativer HOEHE(=Aufprall) oder Treibstoffende wird in der Prozedur LANDUNG die Landungszeit, die Landungsgeschwindigkeit und ein Kommentar ausgegeben.

Hinweis. Bei der Simulation wird nicht nur das tatsächliche Gewicht der Mondfähre, sondern auch die Impulserhaltung bei der Bremsung berücksichtigt.
Die i.a. fehlende LOGO-Funktion LOG :X wird mit einem Reihenansatz angenähert.

Aufgabe 61 Erweitern Sie das Programm so, daß wahlweise die Ausgangswerte für den Anflug frei vorgegeben werden können und simulieren Sie den Nahanflug grafisch mit Hilfe der IGEL-Grafik unterhalb von 100 Metern.

Liste wesentlicher Variablen:

A alte Höhe über Mondoberfläche
I neue Höhe über Mondoberfläche
J neue Geschwindigkeit
L Zeit seit Beginn in sec
M Gesamtgewicht der Kapsel
N Kapselgewicht ohne Brennstoff
S Zeitintervall in sec
V alte Geschwindigkeit

```
61   MONDLANDUNG
ZEIT   HOEHE     V   BRENNSTOFF  SCHUB? T?
SEC    METER    KM/H     LITER   L/SEC   SEC
0      192000   5759     17500   ?0 85.
85     49699    6251     17500   ?300 51
136    87       86       2200    ?40 2.5
139    42       42       2100    ?20 5
144    4        11       2000    ?15 2
LANDUNG NACH 145.507 SEC MIT 4 KM/H
 WEICHE LANDUNG. MR. SPOCK GRATULIERT
```

```
61   MONDLANDUNG
ZEIT   HOEHE     V   BRENNSTOFF  SCHUB? T?
SEC    METER    KM/H     LITER   L/SEC   SEC
0      192000   5759     17500   ?0 80
80     58880    6220     17500   ?300 40
120    12559    1765     5500    ?200 5
125    10436    1287     4500    ?0 10
135    6779     1345     4500    ?200 10
145    4452     310      2500    ?100 8
153    4229     -114     1699    ?0 70
223    2536     288      1699    ?100 5
228    2326     11       1199    ?0 35
263    1233     213      1199    ?100 2
265    1146     99       999     ?0 20
285    271      215      999     ?100 2
287    183      100      799     ?50 2
289    142      47       699     ?0 5
294    56       76       699     ?50 2
296    28       23       599     ?30 5
301    42       -44      449     ?0 15
316    46       42       449     ?25 2
318    28       21       399     ?20 5
323    24       -15      299     ?0 5
328    26       13       299     ?15 1
329    22       9        284     ?0 5
LANDUNG NACH 332.985 SEC MIT 32 KM/H
 HARTE LANDUNG. AUF RETTUNG WARTEN.
```

```
PR MONDLANDUNG
 DZ "'61  MONDLANDUNG'
 SETZE "A 192000 SETZE "V 1600 SETZE "M 33000
 SETZE "N 15500 SETZE "G 1.6 SETZE "Z 2880
 SETZE "L 0 SETZE "J 0 SETZE "I 0
 80: AUSGABE
 SETZE "KT EG SETZE "K ER :KT SETZE "T LZ :KT
 110: WENN :M - :N < 2.N3 ( DZ LEER LANDUNG ) MONDLANDUNG
 WENN :T < 2.N3 GEHE "80 SONST SETZE "S :T
 WENN :M < :N + :S * :K SETZE "S ( :M - :N ) / :K
 SETZE "I HOEHE :S * :K / :M PRUEFE :I > 0
 WW WENN ALLE? :V > 0 :J < 0 NEGATIV :Z * :K
 WW SCHRITT GEHE "110 SONST ( DZ ZEITINTERVALL LANDUNG )
 DZ " MONDLANDUNG
ENDE

PR AUSGABE
 PRUEFE :L = 0
 WW DZ "'ZEIT  HOEHE    V  BRENNSTOFF SCHUB? T?'
 WW DZ "'SEC   METER   KM/H    LITER  L/SEC  SEC'
 DR RUNDE :L
 ( DR ZWR 5 - LAENGE RUNDE :L INT :A )
 ( DR ZWR 9 - LAENGE INT :A INT 3.6 * :V )
 ( DR ZWR 8 - LAENGE INT 3.6 * :V INT :M - :N )
 ( DR ZWR 7 - LAENGE INT :M - :N "? )
ENDE

PR LAENGE :X
 WENN :X = " RG 0 SONST RG 1 + LAENGE OE :X
ENDE

PR ZWR :X
 WENN :X = 0 RG " SONST DR "' ' RG ZWR :X - 1
ENDE

PR LEER
 ( DZ "'BRENNSTOFF ZU ENDE NACH' :L "SEC )
 SETZE "S ( - :V + QW :V * :V + 2 * :A * :G ) / :G
 SETZE "L :L + :S SETZE "V :V + :G * :S
 RG "
ENDE
PR LANDUNG
 SETZE "W 3.6 * ( :V + :G * :S )
 ( DZ "'LANDUNG NACH' :L "'SEC MIT' INT :W "KM/H )
 WENN :W < 3.5 RG "'BRAVO. WIE EIN SCHMETTERLING!'
 WENN :W < 8. RG "'WEICHE LANDUNG. MR. SPOCK GRATULIERT'
 WENN :W < 16 RG "'LANDUNG HART, ABER AKTZEPTABEL.'
 WENN :W < 60 RG "'HARTE LANDUNG. AUF RETTUNG WARTEN.'
 DZ "'KNALLHARTE LANDUNG OHNE UEBERLEBENDE.'
 RG ( SATZ "'NEUER KRATER:' INT .1 * :W "'METER TIEF!!' )
ENDE

PR HOEHE :Q
 SETZE "J :V + :G * :S + :Z * LOG 1 - :Q SETZE "B :A
 PRUEFE :Q > 9.N5
 WW SETZE "B :A + :S * :Z / :Q * ( :Q + ( 1 - :Q ) *
 RG :B - :V * :S - :G * :S * :S / 2  ⌉ LOG 1 - :Q )
ENDE
```

```
PR LOG :X
 PRUEFE ZAHL? :X
 WW SETZE "1 1 - :X SETZE "2 0 RG LOG SATZ "0 1 - :X
 WENN :2 > 15 RG - ER :X SONST SETZE "2 :2 + 1
 RG LOG SATZ ( ER :X ) + ( LZ :X ) / :2 :1 * LZ :X
ENDE
PR SCHRITT
 SETZE "L :L + :S SETZE "T :T - :S
 SETZE "M :M - :S * :K SETZE "A :I SETZE "V :J
ENDE
PR NEGATIV :P
 SETZE "W ( 1 - :M * :G / :P ) / 2
 SETZE "S :M * :V / :P / ( :W + QW :W * :W + :V / :Z )
 SCHRITT SETZE "S :T                                 + 5.N3
ENDE
PR ZEITINTERVALL
 WENN :S < 5.N3 RG "
 SETZE "D :V + QW :V * :V + 2 * :A * ( :G - :Z * :K / :M )
 SETZE "S 2 * :A / :D SETZE "I HOEHE :S * :K / :M
 SCHRITT RG ZEITINTERVALL
ENDE
```

```
61  MONDLANDUNG
ZEIT  HOEHE    V   BRENNSTOFF SCHUB? T?
SEC   METER   KM/H   LITER    L/SEC  SEC
0     192000  5759   17500    ?0 150
LANDUNG NACH 113.553 SEC MIT 6414 KM/H
KNALLHARTE LANDUNG OHNE UEBERLEBENDE.
 NEUER KRATER: 641 METER TIEF!!
```

```
61  MONDLANDUNG
ZEIT  HOEHE    V   BRENNSTOFF SCHUB? T?
SEC   METER   KM/H   LITER    L/SEC  SEC
0     192000  5759   17500    ?0 80
80    58880   6220   17500    ?300 40
120   12559   1765   5500     ?200 5
125   10436   1287   4500     ?0 10
135   6779    1345   4500     ?200 5
140   5256    842    3500     ?0 10
150   2836    900    3500     ?200 5
155   1951    368    2500     ?0 10
165   848     425    2500     ?100 5
170   438     162    2000     ?0 5
175   192     191    2000     ?50 2
177   99      143    1900     ?75 1
178   64      104    1825     ?85 1
179   41      59     1740     ?75 1
180   30      19     1665     ?15 3
183   18      9      1620     ?12 1
184   15      8      1608     ?10 6
190   3       6      1548     ?12 1
191   0       5      1536     ?15 1
LANDUNG NACH 191.269 SEC MIT 1 KM/H
 BRAVO. WIE EIN SCHMETTERLING!
```

Beispiel 62 HANGMAN

Problem. Das Raten eines zusammenhängenden Wortes(Begriff) soll simuliert werden. Dabei wird nach Auswahl eines Begriffes die Anzahl der Buchstaben durch die entsprechende Anzahl von STRICHEN vorgegeben. Nach Abfrage eines Buchstaben wird dieser entweder in die STRICH-Liste eingesetzt(Treffer) oder die Figur HANGMAN gezeichnet, wobei nach jedem Mißerfolg ein Teil der Figur ergänzt wird. Ist das Wort nicht vor dem vollständigen HANGMAN erraten, so gilt der Spieler als 'aufgehängt'.

Verfahren. Das zufällige WORT wird von der Prozedur SUCHWORT aus einer festen Argument-LISTE mit 1 + ZZ 25 auf :Z gesetzt und dann mit STRICHE :W ausgegeben. Nach Abfrage des Buchstabens wird in TEST :Z :A :T der Buchstabe :S in die Strich-LISTE :A eingesetzt und mit dem Kennzeichen :T (1 Treffer, Ø Niete) als LZ :A zurückgegeben. Ist das WORT :Z vollständig erraten, so erfolgt Meldung PRIMA!, sonst wird je nach LZ :A fortgesetzt oder mit MAN :M :G :H der aktuelle HANGMAN ausgegeben. Nach 10 Fehlversuchen erfolgt Unterschrift: GEHENKT!

Aufgabe 62 Ändern Sie das Programm so, daß die Ausgabe der Strich-Liste als auch des HANGMAN als stehendes Bild erfolgt, in dem sie die LOGO-Funktion BLINKER :X :Y verwenden.

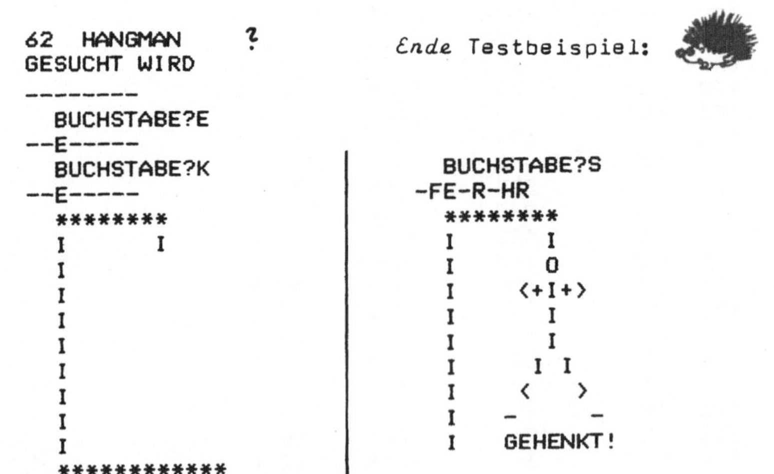

```
PR HANGMAN
 DZ "'62  HANGMAN'
 SETZE "L [HOSENMATZ KARTOFFELSALAT HECKENSCHERE BADEHOSE]
 SETZE "L SATZ :L [KEHRBESEN HANDKURBEL OFENROHR HASENSTALL]
 SETZE "L SATZ :L [ROSENBEET SONNENSCHIRM SOFAKISSEN AUTODACH]
 SETZE "L SATZ :L [KUCHENBLECH HAFENMOLE GABELSTAPLER]
 SETZE "L SATZ :L [GEWERBESTEUER RIESENSCHLANGE HONIGSCHLEUDER]
 SETZE "L SATZ :L [APFELTORTE STERNENKARTE KERZENLEUCHTER]
 SETZE "L SATZ :L [BODENSEEDAMPFER TISCHPLATTE GARTENZAUN]
 30: SETZE "Z SUCHWORT 1 + ZZ 24 :L
 DZ "'GESUCHT WIRD' SETZE "A STRICHE :Z DZ :A SETZE "M 1
 100: DR "'  BUCHSTABE?' SETZE "S TASTE DZ :S
 SETZE "A TEST :Z :A 0 DZ OL :A
 WENN OL :A = :Z DZ "PRIMA!! GEHE "30
 WENN LZ :A = 1 GEHE "100 SONST SETZE "M :M + 1
 WENN MAN :M [] [] = "VOLL DZ "'' GEHE "30 SONST GEHE "100
ENDE
PR SUCHWORT :N :L
 WENN :N = 1 RG ER :L SONST RG SUCHWORT :N - 1 OE :L
ENDE
PR STRICHE :W
 WENN :W = "'' RG "'' SONST RG WORT "- STRICHE OE :W
ENDE
PR TEST :Z :A :T
 WENN :Z = "'' RG :T
 WENN :S = ER :Z RG ( WORT :S TEST OE :Z OE :A 1 )
 RG WORT ER :A TEST OE :Z OE :A :T
ENDE
PR MAN :M :G :H
 PRUEFE :G = :H
 WW SETZE "G [******** I I I I I I I I I ************]
 WW SETZE "H ['' '   I' '   O' ' <+I+>' '   I' '   I']
 WW SETZE "H SATZ :H ['  I I' ' <   >' '-      -' GEHENKT!]
 WENN :H = [] RG "VOLL SONST WENN :G = [] RG "''
 ( DR "'  ' ER :G "'   ')
 WENN :M > 0 DZ ER :H RG MAN :M - 1 OE :G OE :H
 DZ "'' RG MAN 0 OE :G :H
ENDE
```

```
62  HANGMAN   ?
GESUCHT WIRD
----------
   BUCHSTABE?E
---E------
   BUCHSTABE?L
---E----LL
   BUCHSTABE?S
--SE-S--LL
   BUCHSTABE?A
-ASE-S-ALL
   BUCHSTABE?H
HASE-S-ALL
   BUCHSTABE?N
HASENS-ALL
   BUCHSTABE?B
********
I      I
I
I
I
I
I
I
I
I
************
   BUCHSTABE?T
HASENSTALL
PRIMA!!
```

Beispiel 63 ACHT-DAMEN-PROBLEM

Problem. Alle Möglichkeiten, acht Damen auf einem normalen Schachbrett von 8x8 Feldern bedrohungsfrei zu plazieren, sollen angegeben werden.

Verfahren. Für eine 'Friedensstellung' ist zunächst notwendig, daß in jeder Reihe und in jeder Spalte genau eine Dame plaziert wird. Eine zulässige Stellung wird auf :D aufgebaut. Es beginnt mit Dame 1 in Reihe 1 und Spalte 1. Die Prozedur TEST :I :K :D prüft die DROHUNG der jeweiligen Stellung :D. Liegt keine Bedrohung vor (RG "), so wird in der nächsten Reihe eine Dame in Spalte 1 eingesetzt(Marke 50) bis acht Damen plaziert sind. Liegt aus TEST LAENGE :D 1 :D die Rückgabe "DROHUNG vor, so wird die letzte Dame um eine Spalte nach rechts geschoben(die Position in :D wird um 1 erhöht). Läßt sich die Stellung :D jedoch nicht fortsetzen(Dame ist auch in Position 8 bedroht), so wird die letzte Dame aus :D entfernt (Marke 270) und die Dame der vorhergehenden Reihe rückt eins weiter. Das 'Vorwärts-Rückwärts-Verfahren' endet mit einer zulässigen Stellung :D, wenn die Dame in Reihe 8 unbedroht plaziert ist, dann erfolgt die Ausgabe mit Prozedur AUSGABE :D :I und Entfernung der Dame in Reihe 8. Das Probierverfahren endet, wenn die Dame in Reihe 1 über Position 8 hinausrücken müßte.

Hinweis. Es gibt insgesamt 92 Lösungen, die schon 1850 von NAUCK gefunden wurden, während GAUSS nur 72 Lösungen fand. Es gibt jedoch nur 12 Lösungen, die sich nicht durch Drehung oder Spiegelung des Brettes ineinander überführen lassen.

Aufgabe 63 Erweitern Sie das Programm so, daß alle Zwischenstellungen als stehendes Bild ausgegeben werden, in dem Sie jede Änderung von :D mit Hilfe von BLINKER :X :Y ausgeben.

```
PR ACHT.DAMEN.PROBLEM
 DZ "'63  ACHT-DAMEN-PROBLEM'
 DZ "'ABLAUF NACH CA 2 STD.' SETZE "Z 0 SETZE "D "''
 50: SETZE "D WORT :D "1
 60: WENN TEST LAENGE :D 1 :D = "DROHUNG GEHE "280
 WENN LAENGE :D < 8 GEHE "50
 SETZE "Z :Z + 1 ( DZ :Z "'.LOESUNG' ) DZ AUSGABE :D 1
 270: SETZE "D OL :D
 280: PRUEFE LZ :D = 8
 WF SETZE "D WORT OL :D 1 + LZ :D GEHE "60
 WENN NICHT OE :D = "'' GEHE "270
ENDE

PR LAENGE :D
 WENN :D = "'' RG 0 SONST RG 1 + LAENGE OE :D
ENDE

PR TEST :I :K :D
 WENN OE :D = "'' RG "''
 WENN ER :D = LZ :D RG "DROHUNG
 WENN ABS ( LZ :D ) - ER :D = :I - :K RG "DROHUNG
 RG TEST :I :K + 1 OE :D
ENDE

PR ABS :X
 WENN :X < 0 RG ( - :X ) SONST RG :X
ENDE

PR AUSGABE :D :I
 WENN ALLE? :I = 1 :D = "'' RG "''
 WENN :I > 8 DZ "'' RG AUSGABE OE :D 1
 WENN ER :D = :I DR "' D' SONST DR "' *'
 RG AUSGABE :D :I + 1
ENDE
```

```
1 .LOESUNG
 D * * * * * * *
 * * * * D * * *
 * * * * * * * D
 * * * * * D * *
 * * D * * * * *
 * * * * * * D *
 * D * * * * * *
 * * * D * * * *

2 .LOESUNG
 D * * * * * * *
 * * * * * D * *
 * * * * * * * D
 * * D * * * * *
 * * * * * * D *
 * * * D * * * *
 * D * * * * * *
 * * * * D * * *

91 .LOESUNG
 * * * * * * * D
 * * D * * * * *
 D * * * * * * *
 * * * * * D * *
 * D * * * * * *
 * * * * D * * *
 * * * * * * D *
 * * * D * * * *

92 .LOESUNG
 * * * * * * * D
 * * * D * * * *
 D * * * * * * *
 * * D * * * * *
 * * * * * D * *
 * D * * * * * *
 * * * * * * D *
 * * * * D * * *
```

Beispiel 64 MUSTERERZEUGUNG

Problem. Ein Zeichenmuster soll aus verschiedenen Frequenzen und Amplituden erzeugt werden.

Verfahren. Nach Abfrage der Spaltenzahl Q, zweier Frequenzen, zweier Amplituden sowie eines Kopplungsfaktors werden mit der LOGO-Funktion SIN :X zwei Sinuskurven additiv bzw. multiplikativ(Kopplungsfaktor) überlagert und als Zeichenmuster ausgegeben.

Hinweis. Mit der Prozedur ZEILE :X1 :X2 :X3 wird rekursiv für eine Zeile der Verlauf des Musters ermittelt und zurückgegeben. Es entstehen achsen- bzw. punktsymmetrische Muster.

Aufgabe 64 Verändern Sie das Programm so, daß die Grundfläche des erzeugten Musters kein Quadrat, sondern ein Kreis vom Durchmesser D ist.

```
64  MUSTERERZEUGUNG
ZEICHEN PRO ZEILE?  25
FREQUENZ 1 AMPLITUDE 1?  3 1
FREQUENZ 2 AMPLITUDE 2?  0 0
KOPPLUNGSFAKTOR?  0
*$$$   ++#######++   $$$*
**$$    +#######+    $$**
***$$   ++#####++   $$***
****$$   +#####+   $$****
*****$$  +#####+  $$*****
******$  +#####+  $******
*******$  +###+  $*******
********$ +###+ $********
*********$ ### $*********
********** +#+ **********
$$$$******* # *******$$$$
    $$$$****#****$$$$

    ++++####*####++++
++++####### * #######++++
########## $*$ ##########
#########+ *** +#########
########+ $***$ +########
#######+  $***$  +#######
######+  $*****$  +######
#####++  $*****$  ++#####
####++   $*****$   ++####
###++   $$*****$$   ++###
##++    $*******$    ++##
#+++   $$*******$$   +++#
```

```
64  MUSTERERZEUGUNG
ZEICHEN PRO ZEILE?  23
FREQUENZ 1 AMPLITUDE 1?  1 1
FREQUENZ 2 AMPLITUDE 2?  1 1
KOPPLUNGSFAKTOR?  1

    $$$$$$$$$
   $$$$***$$$$
  $$$*******$$$
 $$$*********$$$
$$$***********$$$
$$$***********$$$
$$$***********$$$
$$$***********$$$
$$$$$$$***$$$$$$$
 $$$$$$$$$$$$$$$

        +
        +
        +
        +
        +
        +
        +
        +
       +++
       +++
       +++
```

```
PR 'MUSTERERZEUGUNG'
 DZ "'64  MUSTERERZEUGUNG'
 SETZE "C "'#+  $*'
 DR "'ZEICHEN PRO ZEILE?' SETZE "Q RUNDE ( ER EG ) / 2
 DR "'FREQUENZ 1 AMPLITUDE 1?' SETZE "FA1 EG
 DR "'FREQUENZ 2 AMPLITUDE 2?' SETZE "FA2 EG
 DR "KOPPLUNGSFAKTOR? SETZE "A3 ER EG
 SETZE "A ( LZ :FA1 ) + ( LZ :FA2 ) + :A3
 SETZE "A1 3 * ( LZ :FA1 ) / :A
 SETZE "A2 3 * ( LZ :FA2 ) / :A
 SETZE "A3 3 * :A3 / :A
 SETZE "Y :Q LS
 190: DZ ZEILE :Q ( - :Q ) ( - 1 )
 SETZE "Y :Y - 1 WENN NICHT :Y < - :Q GEHE "190
ENDE

PR ZEILE :X1 :X2 :X3
 WENN ALLE? :X3 < 0 :X1 < :X2 RG "''
 WENN ALLE? :X3 > 0 :X1 > :X2 RG "''
 SETZE "Z ARCTAN :Y :X1 SETZE "G1 SIN :Z * ER :FA1
 SETZE "G2 SIN 180 * ( ER :FA2 ) / :Q * QW :X1 * :X1 + :Y * :Y
 SETZE "I 1 + INT :A1 * :G1 + :A2 * :G2 + :A3 * :G1 * :G2 + 2.99
 WENN :X3 = 1 DR MUSTER :I :C RG ZEILE :X1 + :X3 :X2 :X3
 WENN NICHT EINES? :I = 3 :I = 4 RG ZEILE - :Q :X1 1
 RG ZEILE :X1 + :X3 :X2 :X3
ENDE

PR MUSTER :I :Z
 WENN :I = 1 RG ER :Z SONST RG MUSTER :I - 1 OE :Z
ENDE
```

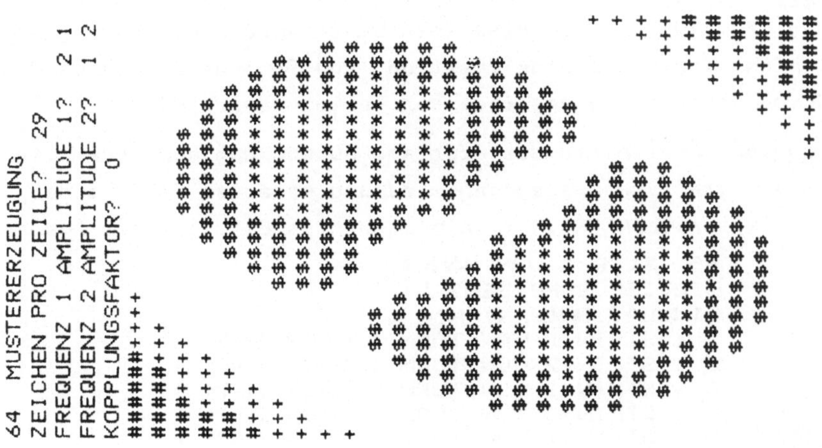

<u>Beispiel</u> 65 TUERME VON HANOI

<u>Problem</u>. Die Aufgabe 'Türme von Hanoi' soll simuliert werden. Zu Anfang befinden sich N Scheiben als TURM 1 aufgeschichtet. Es liegt dabei stets eine kleinere Scheibe über einer größeren (Verjüngung nach oben). Der TURM 1 soll als TURM 2 in derselben Anordnung der Scheiben aufgebaut werden. Zum Umbau darf aber nur ein TURM 3 zusätzlich errichtet werden, wobei wieder eine kleinere über einer größeren Scheibe liegen muß. Vor allem darf aber immer nur eine Scheibe 'umgelegt' werden!

<u>Verfahren</u>. Nach der Abfrage der Anzahl N der Scheiben und einer SIMULATION(J/N) wird der Umbau von der Prozedur

```
TURM :M :1 :2 :3
```

durchgeführt. Ohne grafische Darstellung auf dem Bildschirm würde die ganze Prozedur nur aus den Zeilen

```
 WENN :M > 1 TURM :M-1 :1 :3 :2
(DZ "STEIN :M "'VON TURM' :1 "'NACH TURM :2)
 WENN :M > 1 TURM :M-1 :3 :2 :1
 ENDE
```

bestehen! Machen Sie sich für M=3 klar, daß die Prozedur einwandfrei arbeitet. Die grafische Darstellung des Umbaus bläht die elegante rekursive Lösung stark auf und ist nur für Profis interessant.

<u>Hinweis</u>. Für N Scheiben sind insgesamt $2^N - 1$ Umsetzungen notwendig, für 10 Scheiben also 1o23 Umsetzungen. Die Sage geht also nicht fehl, daß eine Umsetzung von 99 Scheiben durch die Hand von Mönchen bis ans Ende der Zeiten dauern würde.

<u>Aufgabe</u> 65 Ändern Sie das Programm so ab, daß nur jede K.te Umsetzung grafisch ausgegeben wird und erzeugen Sie mit der LOGO-Funktion BLINKER :X :Y ein stehendes Bild bei der Ausgabe.

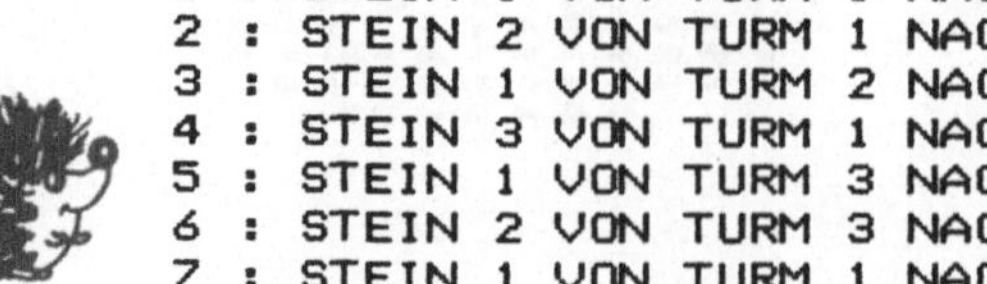

```
65  TUERME VON HANOI
WIEVIEL SCHEIBEN? 3
SIMULATION(J/N)?N
1 : STEIN 1 VON TURM 1 NACH TURM 2
2 : STEIN 2 VON TURM 1 NACH TURM 3
3 : STEIN 1 VON TURM 2 NACH TURM 3
4 : STEIN 3 VON TURM 1 NACH TURM 2
5 : STEIN 1 VON TURM 3 NACH TURM 1
6 : STEIN 2 VON TURM 3 NACH TURM 2
7 : STEIN 1 VON TURM 1 NACH TURM 2
HURRA! ES IST GESCHAFFT.
```

```
PR TUERME.VON.HANOI
 DZ "'65  TUERME VON HANOI'
 DR "'WIEVIEL SCHEIBEN?' SETZE "N ER EG
 DR "SIMULATION(J/N)? SETZE "S TASTE DZ :S
 SETZE "A ( LISTE ANFANG 1 [] [] ) SETZE "T 1
 TURM :N 1 2 3
 DZ "'HURRA! ES IST GESCHAFFT.'
 TUERME.VON.HANOI
ENDE

PR ANFANG :I
 WENN :I > :N RG [] SONST RG SATZ :I ANFANG :I + 1
ENDE

PR TURM :M :1 :2 :3
 WENN :M > 1 TURM :M - 1 :1 :3 :2
 ( DZ :T ": "STEIN :M "'VON TURM' :1 "'NACH TURM' :2 )
 SETZE "T :T + 1 WENN :S = "N GEHE "100
 SETZE "A REDUZIERE :1 ERGAENZE :2 :A
 DZ AUSGABE ( LISTE FUELLE ER :A :N FUELLE ER OE :A :N
                                     FUELLE LZ :A :N )
 100: WENN :M > 1 TURM :M - 1 :3 :2 :1
ENDE

PR ERGAENZE :2 :A
 WENN :2 = 1 RG ME SATZ :M ER :A OE :A
 RG ME ER :A ERGAENZE :2 - 1 OE :A
ENDE

PR REDUZIERE :1 :A
 WENN :1 = 1 RG ME OE ER :A OE :A
 RG ME ER :A REDUZIERE :1 - 1 OE :A
ENDE

PR AUSGABE :A
 WENN :A = [[] [] []] RG "''
 DR STEIN ER ER :A DR STEIN ER ER OE :A DZ STEIN ER LZ :A
 RG AUSGABE ( LISTE OE ER :A OE ER OE :A OE LZ :A )
ENDE

PR STEIN :X
 WENN ZAHL? :X RG STEIN SATZ :X 12 - :X
 WENN ALLE? ER :X = 0 LZ :X = 0 RG "''
 WENN ER :X = 0 RG WORT "' ' STEIN SATZ 0 ( LZ :X ) - 1
 RG WORT "# STEIN SATZ ( ER :X ) - 1 LZ :X
ENDE

PR FUELLE :X :N
 WENN :N = 0 RG []
 WENN :X = [] RG SATZ FUELLE [] :N - 1 [0]
 RG SATZ FUELLE OL :X :N - 1 LZ :X
ENDE
```

```
65  TUERME VON HANOI
WIEVIEL SCHEIBEN?10
SIMULATION(J/N)?J
1 : STEIN 1 VON TURM 1 NACH TURM 3

##
###
####
#####
######
#######
########
#########
##########               #

2 : STEIN 2 VON TURM 1 NACH TURM 2


511 : STEIN 1 VON TURM 1 NACH TURM 3

                         #
                         ##
                         ###
                         ####
                         #####
                         ######
                         #######
                         ########
##########               #########


512 : STEIN 1 VON TURM 3 NACH TURM 1

1023 : STEIN 1 VON TURM 3 NACH TURM 1

            #
            ##
            ###
            ####
            #####
            ######
            #######
            ########
            #########
            ##########


HURRA! ES IST GESCHAFFT.
```

5.3 Was es noch so gibt

Beispiel 66 SPAREN

Problem. Das Anwachsen eines Sparkapitals bei einer regelmässigen SPARRATE R, die N-mal pro Jahr über einen Zeitraum von J JAHREN gezahlt wird, soll jahresweise dargestellt werden.

Verfahren. Das SPARKAPITAL K (anfangs Ø) wird in N Schritten pro Jahr gemäß

K(neu) = (K + R)*(1 + Z/100/N)

gebildet und das jeweilige Jahresergebnis ausgegeben.

Hinweis. Die Prozedur KAPITAL :JAHR müßte als Argument eigentlich noch die Variablen :K :R und :N enthalten. Sie werden zur besseren Übersichtlichkeit jedoch als freie Variable nicht ganz logogerecht eingesetzt.

Aufgabe 66 Ergänzen Sie das Programm so, daß der jährlichen Sparleistung eine SPARPRÄMIE von P Prozent zugeschlagen wird.

Beispiel 67 SPARRATE

Problem. Es soll die regelmässige SPARRATE R bestimmt werden, die N-mal pro Jahr gezahlt werden müßte, um bei einem ZINSSATZ Z ein bestimmtes ENDKAPITAL K zu erhalten.

Verfahren. Die 'Zinsentwicklung' wird unabhängig vom ENDKAPITAL durch N-malige Durchführung des Grundschrittes

S(neu) = (S + 1)*(1 + Z/100/N)

zunächst für ein JAHR und dann durch J-malige Wiederholung für J JAHRE simuliert. Die erforderliche SPARRATE R ergibt sich dann als R = K/S mit dem Endwert von S und wird auf zwei Nachkommastellen gerundet ausgegeben.

Aufgabe 67 Erweitern Sie das Programm so, daß der SPARANTEIL und der ZINSANTEIL am ENDKAPITAL zusätzlich ausgegeben werden.

```
PR SPAREN
 DRUCKEZEILE "'66  SPAREN'
 DR "'HOEHE DER SPARRATE?' SETZE "R ERSTES EINGABE
 DR "'WIE OFT PRO JAHR?' SETZE "N ERSTES EINGABE
 DR "'ZAHL DER JAHRE?' SETZE "J ERSTES EINGABE
 DR "'ZINSSATZ PRO JAHR?'
 SETZE "Z 1 + ( ERSTES EG ) / :N / 100
 DZ "'JAHR  KAPITAL' SETZE "K 0
 KAPITAL 1
 DZ " SPAREN
ENDE
PR KAPITAL :JAHR
 WENN :JAHR > :J DANN RUECKKEHR
 ( DZ :JAHR "'     ' ( RUNDE 100 * TERMIN :N ) / 100 )
 KAPITAL :JAHR + 1
ENDE
PR TERMIN :N
 WENN :N = 0 RG :K SONST SETZE "K ( :K + :R ) * :Z
 RUECKGABE TERMIN :N - 1
ENDE
```

```
                                 JAHR  KAPITAL
66  SPAREN                       1     1243.1
HOEHE DER SPARRATE? 100          2     2569.45
WIE OFT PRO JAHR? 12             3     3984.62
ZAHL DER JAHRE? 5                4     5494.57
ZINSSATZ PRO JAHR?  6.5          5     7105.64
```

```
PR 'SPARRATE'
 DZ "'67  SPARRATE'
 DR "' WIE OFT PRO JAHR?' SETZE "N ER EINGABE
 DR "'     WIEVIEL JAHRE?' SETZE "J ER EINGABE      _| 100
 DR "'ZINSSATZ PRO JAHR?' SETZE "Z 1 + ( ER EG ) / :N /
 DZ " DR "'WELCHES ENDKAPITAL?' SETZE "K ER EINGABE
 SETZE "S 0 ( DR "'SPARRATE ' :N "' MAL PRO JAHR:' )
 ( DZ ( RUNDE 100 * :K / ANTEIL 1 ) / 100 "DM )
 DZ " 'SPARRATE'
ENDE

PR ANTEIL :JAHR
 WENN :JAHR > :J RG :S SONST TERMIN :N
 RUECKGABE ANTEIL :JAHR + 1
ENDE

PR TERMIN :N
 WENN :N = 0 RK
 SETZE "S ( :S + 1 ) * :Z TERMIN :N - 1
ENDE
```

```
67  SPARRATE
 WIE OFT PRO JAHR? 12
     WIEVIEL JAHRE? 5
ZINSSATZ PRO JAHR? 6.5
WELCHES ENDKAPITAL? 7105.64
SPARRATE 12 MAL PRO JAHR:100. DM
```

Beispiel 68 DARLEHEN

Problem. Für ein Darlehen der Höhe K DM soll ein Zins- und Tilgungsplan aufgestellt werden. Zugrundegelegt wird eine N-malige regelmässige Zahlung eines Betrages von R DM pro Jahr und ein fester Jahreszinssatz von Z Prozent.

Verfahren. Zu jedem Fälligkeitstermin (N-mal pro Jahr) wird der Zinsbetrag K*Z/N/100 dem jeweiligen Kapital als Schuld zugeschlagen, während der gezahlte Betrag R vom jeweiligen Kapital(Restdarlehen) subtrahiert wird. Nach Ablauf jeden Jahres werden ZINSEN, TILGUNG und RESTDARLEHEN ausgegeben. Ist das Darlehen innerhalb eines Jahresabschnittes bereits voll getilgt, so wird die verbleibende Laufzeit in Monaten angegeben.

Hinweis. Die Prozedur TERMIN :I :X bestimmt die jährlichen Zinsen :X sowie das Restdarlehen :K, die spalten-gerechte Ausgabe des Jahres, der Zinsen, der Tilgung und des Restdarlehens wird durch wiederholten Aufruf der Prozedur AUSGABE durchgeführt. Die Jahres-Schleife (Marke 120) in der Rahmenprozedur liesse sich durch eine weitere Prozedur vermeiden.

Aufgabe 68 Ändern Sie das Programm so ab, daß eine feste Tilgung in T Prozent vereinbart ist und die laufende Fälligkeit in R DM ermittelt wird.

```
PR DARLEHEN
 DZ "'68  DARLEHEN'
 DR "'HOEHE DES DARLEHENS?' SETZE "K ER EG
 DR "' HOEHE RUECKZAHLUNG?' SETZE "R ER EG
 DR "'   WIE OFT PRO JAHR?' SETZE "N ER EG
 DR "'     JAHRESZINSSATZ?' SETZE "Z ( ER EG ) / 100 /:N
 DZ " DZ "'JAHR   ZINSEN  TILGUNG RESTDARLEHEN'
 SETZE "Y 0 SETZE "S 0
 120: SETZE "TI :K
 SETZE "X TERMIN 1 0 SETZE "Y :Y + 1
 DR AUSGABE :Y " DR AUSGABE :X "
 DR AUSGABE :TI - :K " DZ AUSGABE :K "
 SETZE "S :S + :X WENN :K > 0 GEHE "120
 ( DZ "LAUFZEIT :Y - 1 "JAHRE DIV 12 * :Z :N "MONATE )
 ( DZ "'SUMME ALLER ZINSEN' ( RUNDE 100 * :S ) / 100 )
 DZ " DARLEHEN
ENDE
PR TERMIN :I :X
 WENN :I > :N RG :X
 SETZE "X :X + :K * :Z SETZE "K :K + :K * :Z - :R
 WENN :K > 0 RG TERMIN :I + 1 :X
 SETZE "K 0 SETZE "Z :I RG :X
ENDE
PR AUSGABE :X :Y
 WENN :X = " DANN RG :Y SONST PRUEFE :Y = "
 WENNWAHR SETZE "X ( RUNDE 100 * :X ) / 100
 WW SETZE "Y WORT :X "'          ' RG AUSGABE :X :Y
 RG RG AUSGABE OE :X OL :Y
ENDE
```

```
68  DARLEHEN
HOEHE DES DARLEHENS? 10000
 HOEHE RUECKZAHLUNG? 100
   WIE OFT PRO JAHR? 12
     JAHRESZINSSATZ? 7.5
JAHR   ZINSEN  TILGUNG RESTDARLEHEN
1.       734.2   465.81  9534.19
2.       698.04  501.97  9032.21
3.       659.07  540.94  8491.29
4.       617.08  582.93  7908.35
5.       571.82  628.18  7280.17
6.       523.06  676.95  6603.22
7.       470.5   729.5   5873.72
8.       413.87  786.14  5087.58
9.       352.84  847.16  4240.42
10.      287.07  912.93  3327.48
11.      216.2   983.8   2343.68
12.      139.82  1060.18 1283.5
13.      57.52   1142.48 141.02
14.      1.14    141.02  0.
LAUFZEIT 13 JAHRE 2 MONATE
SUMME ALLER ZINSEN 5742.24
```

Beispiel 69 BAUSPARDARLEHEN

Problem. Für ein Bauspardarlehen in Höhe von K DM wird eine monatliche Zahlung von R DM geleistet. Bei einem Festzinssatz von Z Prozent pro Jahr soll der jährliche Zins- und Tilgungsverlauf ermittelt werden. Die Gesamtzinsen und die Laufzeit des Darlehens soll am Ende zusätzlich angegeben werden.

Verfahren. Vom jeweiligen Restdarlehen K wird monatlich die geleistete Zahlung R abgezogen und der fällige Zinsanteil K*Z/1200 wird addiert. Die gesamte Tilgung wird unter S aufaddiert und die Laufzeit nach Jahren und Monaten am Ende ausgegeben.

Hinweis. In der Prozedur TERMIN :I :X wird der jährliche Zinsbetrag :X und das Restdarlehen :K ermittelt. Die Ausgabe der jährlichen ZINSEN, TILGUNG und des RESTDARLEHENS erfolgt auf zwei Stellen nach dem Komma mit der LOGO-Funktion RUNDE :X . Die Tabellierung der Ergebnisse erfolgt hier mit der Prozedur TAB :X (BLINKER :X - 1 .HOLE 37).
Dabei wird der Inhalt der Speicherzelle 37 benutzt, die im APPLE // den Zeilenstand des CURSOR anzeigt. Für andere Systeme muß die entsprechende Zelle verwendet werden, die man im jeweiligen Handbuch nachlesen kann. Für eine hardwareunabhängige Lösung der Tabellierung siehe Bsp. 68 DARLEHEN.

Aufgabe 69 Erweitern Sie das Programm so, daß ein jährlicher Versicherungszuschlag von P Prozent für das Restdarlehen erhoben wird(Risikoversicherung).

```
PR BAUSPARDARLEHEN
 DZ "'69 BAUSPARDARLEHEN'
 DR "'HOEHE DES DARLEHENS?' SETZE "K ER EG
 DR "'MONATLICHE SPARRATE?' SETZE "R ER EG
 DR "'JAEHRLICHER ZINSSATZ?' SETZE "Z ( ER EG ) / 100/12
 DZ " DZ "'JAHR  ZINSEN  TILGUNG  RESTDARLEHEN'
 SETZE "Y 0 SETZE "S 0
 120: SETZE "TI :K
 SETZE "X TERMIN 1 0 SETZE "Y :Y + 1 DR :Y
 TAB 7 DR ( RUNDE 100 * :X ) / 100 TAB 16
 DR ( RUNDE 100 * ( :TI - :K ) ) / 100
 TAB 26 DZ ( RUNDE 100 * :K ) / 100
 SETZE "S :S + :X WENN :K > 0 GEHE "120
 ( DZ "'SUMME ALLER ZINSEN' ( RUNDE 100 * :S ) / 100 )
 ( DZ "LAUFZEIT :Y - 1 "JAHRE :Z "MONATE )
 DZ " BAUSPARDARLEHEN
ENDE
PR TERMIN :I :X
 WENN :I > 12 DANN RG :X
 SETZE "X :X + :K * :Z SETZE "K :K + :K * :Z - :R
 WENN :K > 0 RG TERMIN :I + 1 :X
 SETZE "K 0 SETZE "Z :I RG :X
ENDE
```

```
PR TAB :X
 BLINKER :X - 1 .HOLE 37
ENDE
```

```
69 BAUSPARDARLEHEN
HOEHE DES DARLEHENS? 10000
MONATLICHE SPARRATE? 100
JAEHRLICHER ZINSSATZ? 5
JAHR  ZINSEN  TILGUNG  RESTDARLEHEN
1     483.73  716.28    9283.72
2     447.09  752.92    8530.8
3     408.57  791.44    7739.36
4     368.07  831.93    6907.42
5     325.51  874.5     6032.93
6     280.77  919.24    5113.69
7     233.74  966.27    4147.43
8     184.3   1015.7    3131.73
9     132.34  1067.66   2064.06
10    77.72   1122.29   941.78
11    21.02   941.78    0.
SUMME ALLER ZINSEN 2962.86
LAUFZEIT 10 JAHRE 10 MONATE
```

Beispiel 70 HYPOTHEK

Problem. Für eine Hypothek von K DM, die mit einem Jahreszinssatz von Z Prozent und einer Jahrestilgung von T DM abzuzahlen ist, soll ein Zins- und Tilgungsplan aufgestellt werden. Die Laufzeit und die Höhe der gesamten Zinsen ist zusätzlich anzugeben.

Verfahren. Zuerst wird die Fälligkeit von R DM, die N-mal pro Jahr zu bezahlen ist, durch

$$R = K*(Z + T)/100/N$$

ermittelt und ausgegeben. In N Schritten pro Jahr wird der Anteil der Zinsen und der Tilgung an der Fälligkeit R errechnet und zusammen mit dem Restkapital jahresweise ausgegeben. Die Zinssumme wird in S addiert und am Schluß mit der Laufzeit Y in Jahren und Monaten (Rest) genannt.

Hinweis. Die Höhe der Fälligkeit R wird nicht nur bei der Ausgabe gerundet, sondern auch gerundet in der weiteren Berechnung verwendet, weil die tatsächlichen Zahlungen nur in Mark und Pfenningen erfolgen.

Aufgabe 70 Erweitern Sie das Programm so, daß durch Angabe der Auszahlung der Hypothek in P Prozent eine Abweichung von der 100-prozentigen Auszahlung möglich ist.

Beispiel 71 RENTE

Problem. Es soll berechnet werden, welche Rente R N-mal aus einem Kapital K gezahlt werden kann, wenn ein Jahreszinssatz von Z Prozent und eine Laufzeit der Rente von T Jahren gelten.

Verfahren. Die Höhe der Rente, die N-mal pro Jahr anfällt,

$$R = K*\left(\frac{Z/100/N}{(1+Z/100/N)^{N*J}-1} + \frac{Z}{100*N}\right)$$

Die Formel wird mit Hilfe der Prozedur POTENZ :X :N :P direkt ausgewertet.

Aufgabe 71 Ergänzen Sie das Programm so, daß der in der obigen Formel unzulässige Fall mit Zinssatz Z = Ø korrekt ausgeführt wird. Der Fall Z = Ø hat praktische Bedeutung beim 'Verbrauch' des Kapitals ohne Zinsgewinn.

```
PR HYPOTHEK
 DZ "'70  HYPOTHEK'
 DR "'HOEHE DER HYPOTHEK?' SETZE "K ER EG
 DR "'ZAHLUNGEN PRO JAHR?' SETZE "N ER EG
 DR "'JAHRESTILGUNGSSATZ?' SETZE "T ( ER EG ) / :N / 100
 DR "'    JAHRESZINSSATZ?' SETZE "Z ( ER EG ) / 100 / :N
 SETZE "R ( RUNDE 100 * :K * ( :Z + :T ) ) / 100
 ( DZ :N "'MAL PRO JAHR ZU ZAHLEN:' :R "DM )
 SETZE "X 0 SETZE "Y 0 SETZE "S 0
 ( DZ "'JAHR  ZINSEN  TILGUNG  RESTHYPOTHEK' )
 150: SETZE "T :K SETZE "X TERMIN 1 0
 SETZE "Y :Y + 1 SETZE "S :S + :X
 DR :Y TAB 6 DR ( RUNDE 100 * :X ) / 100
 TAB 15 DR ( RUNDE 100 * ( :T - :K ) ) / 100
 TAB 25 DZ ( RUNDE 100 * :K ) / 100
 WENN :K > 0 GEHE "150 SONST ( DZ "ZINSSUMME: :S "DM )
 ( DZ "LAUFZEIT :Y - 1 "JAHRE :Z "MONATE )
 DZ " HYPOTHEK
ENDE
```

```
PR TAB :X
 BLINKER :X - 1 .HOLE 37
ENDE
```

```
PR TERMIN :I :X
 WENN :I > :N RG :X
 SETZE "X :X + :K * :Z SETZE "K :K - :R + :K * :Z
 WENN :K > 0 RG TERMIN :I + 1 :X
 SETZE "K 0 SETZE "Z RUNDE 12 * :I / :N RG :X
ENDE
```

```
70  HYPOTHEK
HOEHE DER HYPOTHEK? 10000
ZAHLUNGEN PRO JAHR? 12
JAHRESTILGUNGSSATZ? 2
    JAHRESZINSSATZ? 7
```

```
12 MAL PRO JAHR ZU ZAHLEN: 75. DM
JAHR  ZINSEN   TILGUNG   RESTHYPOTHEK
1     693.46   206.56    9793.43
..    ..       ..        ..
22    10.81    483.28    0.
ZINSSUMME: 9394.22 DM
LAUFZEIT 21 JAHRE 7 MONATE
```

```
PR RENTE
 DZ "'71  RENTE'
 DR "'WELCHES KAPITAL?' SETZE "K ER EG
 DR "'ZAHLUNGEN PRO JAHR?' SETZE "N ER EG
 DR "'WIEVIEL JAHRE?' SETZE "J :N * ER EG
 DR "'ZINSSATZ PRO JAHR?' SETZE "Z ( ER EG ) / 100 / :N
 ( DR "'RENTE ' :N "' MAL PRO JAHR:' )
 DZ RUNDE :K * ( :Z / ( ( POTENZ :Z + 1 :J 1 ) - 1 ) + :Z )
 DZ " RENTE
ENDE
PR POTENZ :X :N :P
 100: WENN :N = 0 RG :P
 SETZE "P :P * :X SETZE "N :N - 1 GEHE "100
ENDE
```

```
71  RENTE
WELCHES KAPITAL? 100000
ZAHLUNGEN PRO JAHR? 12
WIEVIEL JAHRE? 15
ZINSSATZ PRO JAHR? 7.5
RENTE 12 MAL PRO JAHR:927
```

Beispiel 72 RENDITE

Problem. Es soll ermittelt werden, welche Rendite pro Jahr ein Wertpapier abwirft, das zum Preis von K DM gekauft wurde, einen Nennwert(Ausgabewert) von N DM, eine Jahresverzinsung von Z Prozent und eine restliche Laufzeit von T Jahren hat.

Verfahren. Die durchschnittliche Rendite pro Jahr ist

$$R = \frac{N*Z}{K} + 100* \frac{N - K}{K*T}$$

die im Programm direkt ausgewertet und ausgegeben wird.

Aufgabe 72 Schreiben Sie ein Programm, das den Kaufpreis K für einen Börsenauftrag bestimmt, wenn der Nennwert N, die Jahresverzinsung Z und die Restlaufzeit T beträgt(Umkehraufgabe).

Beispiel 73 ABSCHREIBUNG

Problem. Die jährliche Abschreibung(=Wertverlust) für einen Anschaffungswert von A DM soll für einen festen Abschreibesatz P Prozent bestimmt werden und jahresweise ausgegeben werden.

Verfahren. In Jahresschritten wird nach Eingabe des Wertes für den Anschaffungswert A und der Abschreibungsrate P der jeweilige Restwert ermittelt gemäß

$$\text{Restwert } K(neu) = K(alt) - A*P/100$$

und mit der jeweiligen Gesamtabschreibung ausgegeben.

Aufgabe 73 Erweitern Sie das Programm so, daß zusätzlich die Anzahl der Jahre mit ausgegeben wird.

```
PR RENDITE
 DZ "'72  RENDITE'
 DR "KAUFPREIS? SETZE "K ER EG
 DR "NENNWERT? SETZE "N ER EG
 DR "'ERTRAG PRO JAHR(PROZENT)?' SETZE "Z ER EG
 DR "RESTLAUFZEIT? SETZE "T ER EG DZ "
 DR "'JAHRESRENDITE IN PROZENT: '
 DZ :N * :Z / :K + 100 * ( :N - :K ) / :K / :T
 DZ " RENDITE
ENDE
```

```
      72  RENDITE
      KAUFPREIS?  800
      NENNWERT?   1000
      ERTRAG PRO JAHR(PROZENT)? 6.5
      RESTLAUFZEIT? 10
      JAHRESRENDITE IN PROZENT: 10.625

      72  RENDITE
      KAUFPREIS?  85
      NENNWERT?   100
      ERTRAG PRO JAHR(PROZENT)?  8.75
      RESTLAUFZEIT? 5
      JAHRESRENDITE IN PROZENT: 13.8235
```

```
PR ABSCHREIBUNG
 DZ "'73  ABSCHREIBUNG'
 DR "' ANSCHAFFUNGSWERT?' SETZE "A ER EG
 DR "ABSCHREIBUNGSRATE? SETZE "P ER EG
 DZ "' RESTWERT GESAMTABSCHREIBUNG' SETZE "K :A
 70: SETZE "K :K - :A * :P / 100
 WENN :K < 0 SETZE "K 0
 DR :K TAB 15 DZ :A - :K
 WENN :K > 0 GEHE "70
 DZ "'' ABSCHREIBUNG
ENDE

PR TAB :X
 BLINKER :X - 1 .HOLE 37
ENDE
```

```
      73  ABSCHREIBUNG
       ANSCHAFFUNGSWERT? 1200
      ABSCHREIBUNGSRATE? 12.5
       RESTWERT GESAMTABSCHREIBUNG
      1050.         150.
      900.          300.
      750.          450.
      600.          600.
      450.          750.
      300.          900.
      150.          1050.
      0.            1200.
```

Beispiel 74 LOHNSTEUER

Problem. Das steuerpflichtige Einkommen der Familie eines nichtbeamteten Arbeitnehmers soll aus dem Bruttoarbeitslohn, den Werbungskosten, den Kapital- und sonstigen Einkünften sowie den Sonderausgaben ermittelt werden. Für die Vorsorgeaufwendungen wird die Vorsorgepauschale berücksichtigt.

Verfahren: Folgende Eingaben werden angefordert:

K Anzahl der Kinder

EB Bruttojahresarbeitslohn(1 Arbeitnehmer)

W Werbungskosten bei Lohn/Gehalt

EK Nettokapitaleinkünfte(Zinsen usw.)

EV Andere Einkünfte(netto) aus Vermietung usw.

S Sonderausgaben ohne Vorsorgeaufwendungen

Folgende Freibeträge werden berücksichtigt:

Weihnachtsfreibetrag von 600 DM

Arbeitnehmerfreibetrag von 480 DM

Sparerfreibetrag von 600 DM

Werbungskostenpauschale von 564 DM

Sonderausgabenpauschale von 540 DM

Kinderfreibetrag von 432 DM

Für die Vorsorgeaufwendungen wird die allgemeine Pauschale für nichtbeamtete Arbeitnehmer angesetzt. Als Obergrenze des Bruttoarbeitslohnes wird dafür der 1984 geltende Betrag von 62.400 DM verwendet. Als prozentualer Anteil der Vorsorgepauschale werden 9 Prozent anerkannt.

Hinweis. Die Freibeträge werden als LISTE :DATEN im Programm gesetzt und einzeln aus der LISTE ausgeblendet. Die Werte gelten für das Jahr 1984 und müssen ggf. fortgeschrieben werden. Die Auswertung erfolgt linear im Programm und nützt logotypische Eigenschaften naturgemäß nicht aus.

Aufgabe 74 Berücksichtigen Sie im Programm die Beschränkung der Vorsorgepauschale auf 2000 DM für beamtete Arbeitnehmer.

```
PR LOHNSTEUER
 DZ "'74  LOHNSTEUER'
 SETZE "DATEN [600 480 600 564 540 432]
 DR "'ZAHL DER KINDER:' SETZE "K ER EG
 EINKUENFTE
 ( DZ "'SUMME DER EINKUENFTE:' :E )
 SONDERAUSGABEN DZ "
 ( DR "'STEUERPFLICHTIGES EINKOMMEN:' :E )
 DZ " DZ " DZ "'GGF. WEITERE ABZUEGE VORNEHMEN'
 DZ "'( AUSBILDUNGS-, ALTERSFREIBETR. USW.)'
ENDE

PR EINKUENFTE
 DR "'BRUTTOARBEITSLOHN:'
 SETZE "EB ( ER EG ) - ER :DATEN
 DR "'WERBUNGSKOSTEN:' SETZE "W ER EG
 WENN :W < LZ OL OL :DATEN SETZE "W LZ OL OL :DATEN
 DR "'KAPITALEIMKUENFTE(NETTO):' SETZE "EK ER EG
 WENN EINES? :EK > 0 :EK < ER OE OE :DATEN SETZE "EK 0
 PRUEFE :EK > ER OE OE :DATEN
 WW SETZE "EK :EK - ER OE OE :DATEN
 DR "'ANDERE EINKUENFTE(NETTO):'
 SETZE "E :EB - ( ER OE :DATEN ) - :W + :EK + ER EG
ENDE

PR SONDERAUSGABEN
 DZ "'SONDERAUSGABEN(OHNE VORSORGEAUFWDG.):'
 SETZE "S ER EG
 WENN :S < LZ OL :DATEN SETZE "S LZ OL :DATEN
 SETZE "E :E - :S WENN :EB > 62400 SETZE "EB 62400
 SETZE "VH :EB * 9.N2 SETZE "P 4680 + 600 * :K
 WENN :VH > :P SETZE "VH :P
 SETZE "E :E - :VH - :K * LZ :DATEN
 WENN :EB * 9.N3 < :P / 2 SETZE "P :EB * 9.N2
 SETZE "E :E - :P / 2
ENDE
```

```
74  LOHNSTEUER
ZAHL DER KINDER: 2
BRUTTOARBEITSLOHN: 50000
WERBUNGSKOSTEN: 3000
KAPITALEINKUENFTE(NETTO): 1200
ANDERE EINKUENFTE(NETTO): -3000
SUMME DER EINKUENFTE: 42920

SONDERAUSGABEN(OHNE VORSORGEAUFWDG.):
    600

STEUERPFLICHTIGES EINKOMMEN:34787


GGF. WEITERE ABZUEGE VORNEHMEN
( AUSBILDUNGS-, ALTERSFREIBETR. USW.)
```

Beispiel 75 ZAHLUNGSBILANZ

Problem. Aus den Werten für den Warenexport, den Warenimport soll die Warenbilanz, aus dem Dienstleistungsexport und dem Dienstleistungsimport die Dienstleistungsbilanz, aus dem Übertragungsexport und dem Übertragungsimport die Übertragungsbilanz sowie aus den drei Bilanzen die Leistungsbilanz berechnet und ausgegeben werden.
Schließlich soll die Kapitalbilanz als Differenz des Kapitalimportes und des Kapitalexportes und als Gesamtergebnis die (unbereinigte) Zahlungsbilanz bestimmt werden.

Verfahren. Aus den Exportwerten E und den Importwerten I sind die folgenden Bilanzen zu bilden:

WARENBILANZ: Export - Import

DIENSTLEISTUNGSBILANZ: Export - Import

ÜBERTRAGUNGSBILANZ: Import - Export

LEISTUNGSBILANZ: Summe der obigen drei Bilanzen

KAPITALBILANZ: Import - Export

ZAHLUNGSBILANZ: LEISTUNGSBILANZ + KAPITALBILANZ

Die Auswertung erfolgt wieder linear, LOGO-Eigenschaften werden nicht benötigt.

Hinweis. Die Zahlungsbilanz ist 'unbereinigt', weil z.B. die Gewinne/Verluste der Deutschen Bundesbank nicht berücksichtigt sind.

Aufgabe 75 Ergänzen Sie das Programm so, daß für die einzelnen Bilanzen zusätzlich das Prädikat POSITIV bzw. NEGATIV mit ausgegeben wird.

```
PR ZAHLUNGSBILANZ
 DZ "'75  ZAHLUNGSBILANZ'
 DR "WARENEXPORT? SETZE "E ER EG
 DR "WARENIMPORT? SETZE "I ER EG
 ( DZ "'WARENBILANZ:' :E - :I )
 SETZE "S :E - :I
 DR "DIENSTLEISTUNGSEXPORT? SETZE "E ER EG
 DR "DIENSTLEISTUNGSIMPORT? SETZE "I ER EG
 ( DZ "DIENSTLEISTUNGSBILANZ: :E - :I )
 SETZE "S :S + :E - :I
 DR "UEBERTRAGUNGSEXPORT? SETZE "E ER EG
 DR "UEBERTRAGUNGSIMPORT? SETZE "I ER EG
 ( DZ "UEBERTRAGUNGSBILANZ :I - :E )
 SETZE "S :S + :I - :E
 ( DZ "LEISTUNGSBILANZ: :S )
 DR "KAPITALEXPORT? SETZE "E ER EG
 DR "KAPITALIMPORT? SETZE "I ER EG
 ( DZ "KAPITALBILANZ: :I - :E )
 SETZE "S :S + :I - :E
 DZ "ZAHLUNGSBILANZ(UNBEREINIGT)
 ( DZ :S "WAEHRUNGSEINHEITEN )
 DZ " ZAHLUNGSBILANZ
ENDE
```

```
75  ZAHLUNGSBILANZ

WARENEXPORT?100000
WARENIMPORT?60000
WARENBILANZ: 40000
DIENSTLEISTUNGSEXPORT?10000
DIENSTLEISTUNGSIMPORT?30000
DIENSTLEISTUNGSBILANZ: -20000
UEBERTRAGUNGSEXPORT?10000
UEBERTRAGUNGSIMPORT?2000
UEBERTRAGUNGSBILANZ -8000
LEISTUNGSBILANZ: 12000
KAPITALEXPORT?10000
KAPITALIMPORT?20000
KAPITALBILANZ: 10000
ZAHLUNGSBILANZ(UNBEREINIGT)
22000 WAEHRUNGSEINHEITEN
```

Beispiel 76 MINIMUM EINER LISTE

Problem. Gegeben ist eine LISTE von WORTEN(Zeichenketten ohne Leerstellen). Die POSITION des 'minimalen' Elementes der Liste bezüglich der lexikografischen Anordnung soll bestimmt werden.

Verfahren. Zu Anfang wird das 'Minimum' :M auf "(leeres WORT) und der Positions-Zähler :K auf 0 gesetzt. Jeweils ein WORT wird abgefragt und auf :A gesetzt. Wurde nicht das ENDE-Zeichen * eingegeben, so wird mit der Prozedur VWORT :A :M festgestellt, ob das angegebene WORT :A lexikografisch 'größer' ist als das derzeitige 'Minimum' :M. Falls das WAHR ist, wird :A auf :M und der Positions-Zähler :K auf den Wert des Gesamtzählers :I gesetzt. Das Verfahren endet bei Eingabe von * mit der Ausgabe der POSITION des Gesamt-Minimums und des Minimums selbst.

Hinweis. Wegen der Struktur der Prozedur VWORT :A :B siehe Erläuterung auf Seite 36. Die Rahmenprozedur ist als EINGABE-Schleife aufgebaut und läßt sich für LOGO-Puristen mit einer weiteren Prozedur auch rekursiv umbauen.
Beachten Sie, daß ZAHLEN mit einem vorangestellten " als WORT definiert sein müssen, da sonst bei der EINGABE führende Nullen verschwinden!

Aufgabe 76 Schreiben Sie ein Programm, daß mit der obigen Prozedur ein (langsames) Sortierverfahren liefert. Dazu müssen aber die zu sortierenden WORTE zunächst auf eine LISTE gesetzt werden. Entnimmt man dieser Liste solange das jeweils 'kleinste' Element, bis die Liste nur noch ein WORT enthält, so ergibt sich eine Sortierung.

```
PR MINIMUM.EINER.LISTE
 DZ "'76  MINIMUM EINER LISTE'
 TUE [DZ MINIMUM " 1 0]
ENDE

PR MINIMUM :M :I :K
 ( DR :I "'.ELEMENT(ENDE=*)?' ) SETZE "A ER EG
 WENN :A = "* ( DR "MINIMUM: :K ".ELEMENT= ) RG :M
 WENN EINES? :I = 1 VWORT :A :M MINIMUM :A :I + 1 :I
                          SONST MINIMUM :M :I + 1 :K
ENDE

PR VWORT :A :B
 WENN EINES? :A = :B :A = " RG "WAHR
 WENN :B = " RG "FALSCH
 WENN ER :A = ER :B RG VWORT OE :A OE :B
 WENN ASC ER :A > ASC ER :B RG "FALSCH SONST RG "WAHR
ENDE
```

```
76  MINIMUM EINER LISTE
1.ELEMENT(ENDE=*)?123456789
2.ELEMENT(ENDE=*)?23456789
3.ELEMENT(ENDE=*)?3456789
4.ELEMENT(ENDE=*)?456789
5.ELEMENT(ENDE=*)?56789
6.ELEMENT(ENDE=*)?6789
7.ELEMENT(ENDE=*)?789
8.ELEMENT(ENDE=*)?89
9.ELEMENT(ENDE=*)?9
10.ELEMENT(ENDE=*)?*
MINIMUM:1.ELEMENT=123456789
```

Beispiel 77 SORTIEREN/SUCHEN/EINORDNEN

Problem. Eine Liste von WORTEN(Zeichenketten ohne Leerstellen) soll in lexikografisch aufsteigender Folge sortiert werden. Anschließend soll die POSITION eines angegebenen WORTES in der sortierten Liste ermittelt und ausgegeben werden. Falls sich das angegebene WORT nicht in der Liste befindet, soll es ggf. eingeordnet werden. Die so vervollständigte Liste soll ausgegeben werden können.

Verfahren. Die WORTE werden mit der Prozedur DATEN :A abgefragt, bis das ENDE-Zeichen * eingegeben wird. Die Sortierung erfolgt nach der 'Sprudelmethode' (s. Bsp. 78). Die Länge der Liste wird mit LAENGE :A ermittelt und ausgegeben. Ein angegebenes WORT wird mit SUCHEN :W :A :K in :A gesucht und bei Rückgabe von O.K. und der Ausgabe der POSITION :K zur Abfrage zurückgekehrt(Marke 200). Bei Eingabe von * wird die vorhandene Liste :A mit AUSGABE :A ausgegeben und das Programm beendet. Ist das WORT :W nicht in :A, so wird abgefragt, ob eingeordnet werden soll. Bei Antwort J(=Ja) wird mit EINORDNEN :W :A :L eingeordnet und mit LAENGE :A die neue Listenlänge ausgegeben.

Aufgabe 77 Ändern Sie das Programm so ab, daß statt WORTEN SAETZE bzw. LISTEN als Elemente eingegeben werden dürfen. Benutzen Sie dazu die Prozedur VLISTE :A :B (s. Seite 45).

```
77  SORTIEREN/SUCHEN/EINORDNEN
WORTE EINGEBEN, ENDE=*
MENZEL.REGINE...27.05.61
MENZEL.ANNEGRET.03.12.62
*
MENZEL.ANNEGRET.03.12.62
MENZEL.REGINE...27.05.61
LAENGE DER LISTE= 2
WELCHES WORT IST GESUCHT:MENZEL.EVAMARIE.24.04.64
NICHT VORHANDEN! EINORDNEN(J/N)? J
LAENGE DER LISTE JETZT 3
WELCHES WORT IST GESUCHT:EMIL
NICHT VORHANDEN! EINORDNEN(J/N)? N
WELCHES WORT IST GESUCHT:*
MENZEL.ANNEGRET.03.12.62
MENZEL.EVAMARIE.24.04.64
MENZEL.REGINE...27.05.61
```

```
PR SORTIEREN
 DZ "'77  SORTIEREN/SUCHEN/EINORDNEN'
 DZ "'WORTE EINGEBEN, ENDE=*'
 SETZE "A TUE [SPRUDEL TUE [DATEN []] []]
 AUSGABE :A ( DZ "'LAENGE DER LISTE=' LAENGE :A )
 200: DZ " DR "'WELCHES WORT IST GESUCHT:'
 SETZE "W ER EG WENN :W = "* AUSGABE :A RUECKKEHR
 SETZE "? TUE [SUCHEN :W :A 1] DR :?
 WENN ZAHL? LZ :? GEHE "200 SONST WENN TASTE = "N GEHE "200
 TUE [SETZE "A EINORDNEN :W :A []] DZ "
 ( DZ "'LAENGE DER LISTE JETZT' LAENGE :A ) GEHE "200
ENDE

PR DATEN :A
 WENN :A = [] SETZE "A EG
 WENN LZ :A = "* RG OL :A SONST DATEN SATZ :A EG
ENDE
PR SPRUDEL :A :X
 SETZE "Z 0 SETZE "A TUE [SCHRITT :A []]
 WENN :Z = 0 RG SATZ :A :X SONST SPRUDEL OL :A ME LZ :A :X
ENDE
PR SCHRITT :A :L
 WENN :A = [] RG [] SONST WENN OE :A = [] RG SATZ :L :A
 WENN VWORT ER :A ER OE :A SCHRITT OE :A ML ER :A :L
 SONST SETZE "Z 1 SCHRITT ME ER :A OE OE :A ML ER OE :A :L
ENDE
PR SUCHEN :W :A :K
 WENN :A = [] RG [NICHT VORHANDEN! EINORDNEN(J/N)?]
 WENN :W = ER :A RG SATZ [STEHT AUF PLATZ] :K
 SUCHEN :W OE :A :K + 1
ENDE
PR EINORDNEN :W :A :L
 WENN :A = [] RG ML :W :L
 WENN VWORT :W ER :A RG SATZ :L ME :W :A
 EINORDNEN :W OE :A ML ER :A :L
ENDE
PR LAENGE :A
 WENN :A = [] RG 0 SONST RG 1 + LAENGE OE :A
ENDE

PR AUSGABE :A
 WENN :A = [] RK SONST DZ ER :A AUSGABE OE :A
ENDE

PR VWORT :A :B
 WENN :A = " RG "WAHR SONST WENN :B = " RG "FALSCH
 WENN ER :A = ER :B RG VWORT OE :A OE :B
 WENN ASC ER :A > ASC ER :B RG "FALSCH SONST RG "WAHR
ENDE
```

Beispiel 78 SORTIEREN(SPRUDELMETHODE)

Problem. Eine LISTE soll in lexikografisch aufsteigender Folge sortiert werden. Als Elemente der LISTE sollen WORTE, SÄTZE und LISTEN zugelassen werden.

Verfahren. Die Prozedur DATEN :A setzt eine LISTE der Eingabewerte in die Prozedur SPRUDEL : A :X ein. In PR SPRUDEL : A :X wird eine schrittweise Sortierung von :A besorgt. Vor jedem SCHRITT :A :L wird der Zeiger Z auf Ø gesetzt. In SCHRITT : A :L werden jeweils die ersten beiden Elemente der LISTE : A mit der Prozedur VLISTE :A : B verglichen. Ist die Reihenfolge korrekt, erfolgt mit endständiger Rekursion die Übernahme von ER : A in die LISTE :L, sonst wird der Vertauschungszeiger Z auf 1 gesetzt und eine 'Vertauschung' rekursiv vorgenommen.
In der Prozedur SPRUDEL :A :X wird nach jedem Durchlauf durch die LISTE geprüft, ob mindestens eine Vertauschung nötig war. Ist das nicht der Fall, also :Z = Ø geblieben, so ist die LISTE vollständig sortiert und die Rückgabe an die Rahmenprozedur wird ausgeführt. Wurde eine Vertauschung nötig, also :Z auf 1 gesetzt, so wird wieder SPRUDEL ohne das jeweils letzte Element aufgerufen. Das letzte Element ist durch den Durchlauf immer an seinem endgültigen Platz gelandet.
Das 'Sprudelverfahren' muß also nicht wie im Beispiel 79 SORTIEREN DURCH AUSTAUSCH unabhängig vom Zustand der Sortierung alle Vergleiche durchführen, sondern kann abbrechen, sobald die LISTE vollständig sortiert ist oder bereits war.
Die sortierte LISTE und die Länge wird mit PR AUSGABE :A bzw. LAENGE :A ausgegeben.

Hinweis. Die Sprudelmethode ist kein 'schnelles' Sortierverfahren. Ihr Vorteil besteht jedoch darin, daß sie eine vollständige Sortierung erkennen und dann abbrechen kann. Im ungünstigsten Falle benötigt die Sprudelmethode aber immer noch für N Elemente V = N*(N - 1)/2 Vergleiche zur Sortierung.

Aufgabe 78 Erweitern Sie das Programm so, daß gleiche Elemente nur einmal in die sortierte LISTE aufgenommen werden. Beachten Sie, daß LOGO die Gleichheit direkt abfragen kann, so daß eine Änderung von VLISTE bzw. VWORT nicht nötig ist.

```
PR SORTIEREN.SPRUDELMETHODE
 DZ "'78   SORTIEREN(SPRUDELMETHODE)'
 DZ "'SAETZE EINGEBEN, ENDE MIT *'
 SETZE "A TUE [SPRUDEL TUE [DATEN []] []]
 AUSGABE :A ( DZ "'LAENGE DER LISTE = ' LAENGE :A )
 DZ "'' SORTIEREN.SPRUDELMETHODE
ENDE
PR DATEN :A
 WENN :A = [] SETZE "A ME EG :A
 WENN LZ :A = [*] RG OL :A SONST DATEN ML EG :A
ENDE
PR SPRUDEL :A :X
 SETZE "Z 0 TUE [SETZE "A SCHRITT :A []]
 WENN :Z = 0 RG SATZ :A :X SONST SPRUDEL OL :A ME LZ :A :X
ENDE
PR SCHRITT :A :L
 WENN :A = [] RG [] SONST WENN OE :A = [] RG SATZ :L :A
 WENN VLISTE ER :A ER OE :A SCHRITT OE :A ML ER :A :L
  SONST SETZE "Z 1 SCHRITT ME ER :A OE OE :A ML ER OE :A :L
ENDE
PR VLISTE :A :B
 WENN EINES? :A = :B :A = [] RG "WAHR
 WENN :A = [] RG "FALSCH
 WENN ER :A = ER :B RG VLISTE OE :A OE :B
 WENN ALLE? LISTE? ER :A LISTE? ER :B RG VLISTE ER :A ER :B
 WENN ALLE? WORT? ER :A WORT? ER :B RG VWORT ER :A ER :B
 RG "FALSCH
PR VWORT :A :B
 WENN EINES? :A = :B :A = " RG "WAHR
 WENN :B = " RG "FALSCH
 WENN ER :A = ER :B RG VWORT OE :A OE :B
 WENN ASC ER :A > ASC ER :B RG "FALSCH SONST RG "WAHR
ENDE
PR AUSGABE :A
 WENN :A = [] RK SONST DZ ER :A AUSGABE OE :A
PR LAENGE :A
 WENN :A = [] RG 0 SONST RG 1 + LAENGE OE :A
ENDE
```

```
78   SORTIEREN(SPRUDELMETHODE)
SAETZE EINGEBEN, ENDE MIT *
=00000 EG-BSP (DM PRO KOPF)
=20461 BELGIEN
=25958 BR DEUTSCHLAND
=26522 DAENEMARK
=24135 FRANKREICH
=09385 GRIECHENLAND
=20316 GROSSBRITANNIEN
=12415 IRLAND
=15006 ITALIEN
=22563 LUXEMBURG
=23438 NIEDERLANDE
=99999 STAND 1982
*
```

```
=00000 EG-BSP (DM PRO KOPF)
=09385 GRIECHENLAND
=12415 IRLAND
=15006 ITALIEN
=20316 GROSSBRITANNIEN
=20461 BELGIEN
=22563 LUXEMBURG
=23438 NIEDERLANDE
=24135 FRANKREICH
=25958 BR DEUTSCHLAND
=26522 DAENEMARK
=99999 STAND 1982
LAENGE DER LISTE= 12
```

<u>Beispiel</u> 79 SORTIEREN DURCH AUSTAUSCH

<u>Problem</u>. Eine LISTE von N WORTEN, SÄTZEN oder LISTEN soll in lexikografisch aufsteigender Folge sortiert werden.

<u>Verfahren</u>. Nach der Abfrage der Anzahl :N der Elemente setzt die Prozedur DATEN :N :L die eingegebene LISTE :L in die Prozedur AUSTAUSCH :A ein. Diese Prozedur ruft sich in endständiger Rekursion solange auf, bis die LISTE für die Variable :A leer ist. Das Argument für den rekursiven Aufruf von AUSTAUSCH liefert die Prozedur MINIMUM :A :M :L. Sie ermittelt das jeweilige Minimum :M der verbliebenen LISTE :A, druckt es und gibt die bearbeitete LISTE ohne das Minimum an AUSTAUSCH zurück, bis nur noch ein Element übrig ist.

<u>Hinweis</u>. Der Name des Verfahrens SORTIEREN DURCH AUSTAUSCH rührt daher, daß im ursprünglichen Verfahren das jeweilige Minimum durch eine Vertauschung an die erste Stelle der restlichen LISTE gebracht wurde. Als Sortierfahren ist es nicht günstig, weil unabhängig vom Zustand der Sortierung immer V = N*(N - 1)/2 Vergleiche von je zwei Elementen bei einer LISTE mit N Elementen notwendig ist. Das gilt selbst für den Fall, daß die eingegebene LISTE bereits vollständig sortiert war. Hier wird das Verfahren nur zur Demonstration einer endständigen Rekursion in allen Prozeduren benutzt, um die Technik der Vermeidung der Rekursionsgrenze zu demonstrieren. Dazu sind die TUE-Anweisungen in der Rahmenprozedur und der Prozedur AUSTAUSCH :A erforderlich, näheres siehe Seite 218. Das Programm hat aber noch den Schönheitsfehler, daß die sortierte LISTE nicht real erzeugt, sondern nur sukzessive auf dem Bildschirm ausgegeben wird. Logogerechter wäre ein Aufbau der sortierten LISTE als Variablenwert.

<u>Aufgabe</u> 79 Ändern Sie das Programm so ab, daß die sortierte LISTE nicht elementeweise 'gedruckt', sondern als Wert einer Variablen erzeugt wird. Die Lösung soll aber die Aufhebung der Rekursionsgrenze durch endständige Rekursion <u>mit</u> Rückgabe beibehalten.

```
PR SORTIEREN.DURCH.AUSTAUSCH
 DZ "'79   SORTIEREN DURCH AUSTAUSCH'
 DR "'WIEVIEL ELEMENTE?' SETZE "N ER EG
 TUE [AUSTAUSCH DATEN :N []]
ENDE
PR DATEN :N :L
 WENN :N = 0 RG :L SONST DATEN :N - 1 ML ER EG :L
ENDE
PR AUSTAUSCH :A
 WENN :A = [] RK
 AUSTAUSCH TUE [MINIMUM OE :A ER :A []]
ENDE
PR MINIMUM :A :M :L
 WENN :A = [] DZ :M RG :L
 WENN VLISTE ER :A :M MINIMUM OE :A ER :A ML :M :L
                ┐ SONST MINIMUM OE :A :M ML ER :A :L
ENDE

PR VLISTE :A :B
 WENN EINES? :A = :B :A = [] RG "WAHR
 WENN :B = [] RG "FALSCH
 WENN ER :A = ER :B RG VLISTE OE :A OE :B
 WENN ALLE? LISTE? ER :A LISTE? ER :B RG VLISTE ER :A ER :B
 WENN ALLE? WORT? ER :A WORT? ER :B RG VWORT ER :A ER :B
 RG "FALSCH
ENDE
PR VWORT :A :B
 WENN EINES? :A = :B :A = " RG "WAHR
 WENN :B = " RG FALSCH
 WENN ER :A = ER :B RG VWORT OE :A OE :B
 WENN ASC ER :A > ASC ER :B RG "FALSCH SONST RG "WAHR
ENDE
```

```
79   SORTIEREN DURCH AUSTAUSCH
WIEVIEL ELEMENTE? 12
WIDDER... 21.03.-20.04        FISCHE... 20.02.-20.03.
STIER.... 21.04.-20.05.       JUNGFRAU. 24.08.-23.09.
ZWILLINGE 21.05.-21.06.       KREBS.... 22.06.-22.07.
KREBS.... 22.06.-22.07.       LOEWE.... 23.07.-23.08.
LOEWE.... 23.07.-23.08.       SCHUETZE. 23.11.-21.12.
JUNGFRAU. 24.08.-23.09.       SKORPION. 24.10.-22.11.
WAAGE.... 24.09.-23.10.       STEINBOCK 22.12.-20.01.
SKORPION. 24.10.-22.11.       STIER.... 21.04.-20.05.
SCHUETZE. 23.11.-21.12.       WAAGE.... 24.09.-23.10.
STEINBOCK 22.12.-20.01.       WASSERMANN21.01.-19.02.
WASSERMANN21.01.-19.02.       WIDDER... 21.03.-20.04
FISCHE... 20.02.-20.03.       ZWILLINGE 21.05.-21.06.
```

Beispiel 80 QUICKSORT

Problem. Eine LISTE von N WORTEN(Zeichenketten) soll in aufsteigender Reihenfolge lexikographisch sortiert werden.

Verfahren. Angewendet wird das relative schnelle Sortierverfahren nach C.A.R. HOARE. Der Grundschritt besteht in der ZERLEGUNG einer LISTE in zwei TEILLISTEN und ein Verbindungselement, das dann bereits an seinem endgültigen Platz steht. Von den Rändern der Liste aus werden die Elemente verglichen und ggf. eine Vertauschung der Plätze vorgenommen. Die jeweils erhaltenen TEILLISTEN werden wiederum zerlegt, bis einelementige oder leere LISTEN übrigbleiben. LOGO kann die ZERLEGUNG ohne jeden Zähler oder Index lösen. Wesentlich ist dabei nicht nur der rekursive Aufruf, sondern die Verwendung der Grundworte für die LISTEN-Verarbeitung.
In der Prozedur ZERLEGUNG :V :L :H :ZEIGER wird die Eingabe-LISTE:L schrittweise auf die vordere LISTE :V und die hintere LISTE :H verteilt. Der ZEIGER (+1/-1) steuert dabei die Richtung des Aufbaus vom linken bzw. rechten Rand her. Zum Schluß steht das jeweilige Verbindungselement in der LISTE :L.

Hinweis. Es gibt 'verbesserte' QUICKSORT-Varianten. Siehe z.B. N.WIRTH: Algorithmen und Datenstrukturen, S.96 ff. Man kann für jedes Sortier-Verfahren immer einen ungünstigsten Fall konstruieren. Bei QUICKSORT ist z.B. der Fall der bereits vollständig sortieren LISTE ungünstig.

Aufgabe 80 a) Geben Sie zur Demonstration der ZERLEGUNG das jeweilige ERGEBNIS der Teilschritte auf dem Bildschirm aus. b) Prüfen Sie vor jeder ZERLEGUNG, ob die LISTE :L bereits vollständig sortiert ist. Dazu vergleichen Sie je zwei benachbarte Elemente miteinander. Führen Sie für den Fall der Sortierung in der jeweiligen Teilliste einen zusätzlichen rekursiven Aufruf mit der Prozedur SORT ein.

```
PR QUICKSORT
 DZ [80 QUICKSORT]
 DR [WIEVIEL WORTE?]
 AUSGABE SORT TUE [DATEN ERSTES EINGABE []]
ENDE

PR DATEN :N :L
 WENN :N = 0 RG :L SONST DR [WORT:]
 DATEN :N - 1 ML ERSTES EINGABE :L
ENDE

PR SORT :L
 WENN :L = [] RG [] SONST WENN OE :L = [] RG :L
 SETZE "L TUE [ZERLEGUNG [] :L [] ( - 1 )]
 RG ( SATZ SORT ER :L ER OE :L SORT LZ :L )
ENDE

PR ZERLEGUNG :V :L :H :ZEIGER
 WENN :L = [] RG ( LISTE :V :L :H )
 WENN OE :L = [] RG ( LISTE :V :L :H )
 PRUEFE VWORT ER :L LZ :L
 WF SETZE "L ML ER :L OL ME LZ :L OE :L
 WF SETZE "ZEIGER ( - :ZEIGER )
 WENN :ZEIGER < 0 ZERLEGUNG :V OL :L ME LZ :L :H ( - 1 )
          ┐ SONST ZERLEGUNG ML ER :L :V OE :L :H 1
ENDE

PR AUSGABE :LISTE
 WENN :LISTE = [] RK SONST DZ ER :LISTE
 AUSGABE OE :LISTE
ENDE
```

```
80 QUICKSORT
WIEVIEL WORTE? 10
WORT:ABCDEFGHIJKLMNOPQRSTUVWXYZ
WORT:ABCDEFGHIJKLMNOPQRSTUVWXY
WORT:ABCDEFGHIJKLMNOPQRSTUVW
WORT:ABCDEFGHIJKLMNOPQRSTU
WORT:ABCDEFGHIJKLMNOPQRS
WORT:ABCDEFGHIJKLMNOPQ
WORT:ABCDEFGHIJKLMNO
WORT:ABCDEFGHIJKLM
WORT:ABCDEFGHIJK
WORT:ABCDEFGHI
ABCDEFGHI
ABCDEFGHIJK
ABCDEFGHIJKLM
ABCDEFGHIJKLMNO
ABCDEFGHIJKLMNOPQ
ABCDEFGHIJKLMNOPQRS
ABCDEFGHIJKLMNOPQRSTU
ABCDEFGHIJKLMNOPQRSTUVW
ABCDEFGHIJKLMNOPQRSTUVWXY
ABCDEFGHIJKLMNOPQRSTUVWXYZ
```

Beispiel 81 MISCHEN ZWEIER LISTEN

Problem. Zwei sortierte LISTEN sollen zu einer sortierten Gesamt-LISTE gemischt werden.

Verfahren. Zwei aufsteigend sortierte LISTEN :A und :B werden nach der Abfrage ihrer Längen :KM mit der Prozedur DATEN :N :L gelesen. Als Elemente der LISTEN sind nur WORTE Zeichenketten ohne Leerstellen) zugelassen. Die vorausgesetzte Sortierung wird nicht geprüft.
Die Prozedur MISCHEN :A :B :C vergleicht mit Hilfe der Prozedur VWORT :A :B jeweils die ersten beiden WORTE der LISTEN, bis eine der beiden LISTEN :A oder :B leer geworden ist. Dann erfolgt die Rückgabe der bisherigen Misch-LISTE :C mit dem Rest der zweiten LISTE. Die Erzeugung der Misch-LISTE :C erfolgt in endständiger Rekursion durch Aufbau der Variablen :C. Die Prozedur AUSGABE :L gibt die Gesamt-LISTE :C aus.

Hinweis. Das MISCHEN zweier LISTEN hat große praktische Bedeutung. Zunächst läßt sich damit der Zeitaufwand für das Sortieren von LISTEN etwa halbieren. Man sortiert dazu beide Teil-LISTEN und mischt sie anschließend zu einer Gesamt-LISTE. Daneben ist das MISCHEN immer dann zweckmässig, wenn man Änderungen in eine bereits sortierte LISTE einbringen will. Man sortiert dazu nur die Änderungen und mischt sie in die bisherige LISTE ein. Bei Korrekturen muß man dann bei Gleichheit zweier Elemente nur die WORTE einer LISTE z.B. :B in die Gesamtliste übertragen.
In der Prozedur MISCHEN :A :B :C wird nicht die normale Rekursion verwendet, um eine Beschränkung der Elemente durch die Rekursionsgrenze zu vermeiden. Die endständige Form der Rekursion zusammen mit der Verwendung von TUE in der Rahmenprozedur hebt die unangenehme Rekursionsgrenze auf, siehe Seite 218f.

Aufgabe 81 a) Erweitern Sie das Programm auf LISTEN mit WORTEN, SÄTZEN und LISTEN

b) Ergänzen Sie das Programm so, daß bei gleichen Elementen nur die Elemente der LISTE :B in die Gesamt-LISTE :C übernommen werden.

```
PR MISCHEN.ZWEIER.LISTEN
 DZ [81 MISCHEN ZWEIER LISTEN]
 DR [LAENGE SORTIERTE LISTE A BZW. B?] SETZE "KM EG
 DZ [EINGABE LISTE A] TUE [SETZE "A DATEN ER :KM []]
 DZ [EINGABE LISTE B] TUE [SETZE "B DATEN LZ :KM []]
 DZ [GEMISCHTE LISTE C] TUE [AUSGABE MISCHEN :A :B []]
 MISCHEN.ZWEIER.LISTEN
ENDE

PR DATEN :N :L
 DZ " WENN :N = 0 RG :L SONST DR [WORT:]
 DATEN :N - 1 ML ERSTES EINGABE :L
ENDE

PR MISCHEN :A :B :C
 WENN :A = [] RG SATZ :C :B
 WENN :B = [] RG SATZ :C :A
 WENN VWORT ER :A ER :B MISCHEN OE :A :B SATZ :C ER :A
                  ┐ SONST MISCHEN :A OE :B SATZ :C ER :B
ENDE

PR AUSGABE :L
 WENN :L = [] RK SONST DZ ER :L AUSGABE OE :L
ENDE
```

```
81 MISCHEN ZWEIER LISTEN
LAENGE SORTIERTE LISTE A BZW. B? 5 6
EINGABE LISTE A
WORT:BERLIN(WEST)
WORT:BREMEN
WORT:HAMBURG
WORT:HESSEN
WORT:NORDRHEIN-WESTFALEN
EINGABE LISTE B
WORT:BADEN-WUERTTEMBERG
WORT:BAYERN
WORT:NIEDERSACHSEN
WORT:RHEINLAND-PFALZ
WORT:SAARLAND
WORT:SCHLESWIG-HOLSTEIN

GEMISCHTE LISTE C
BADEN-WUERTTEMBERG
BAYERN
BERLIN(WEST)
BREMEN
HAMBURG
HESSEN
NIEDERSACHSEN
NORDRHEIN-WESTFALEN
RHEINLAND-PFALZ
SAARLAND
SCHLESWIG-HOLSTEIN
```

Beispiel 82 MITTELWERT UND STREUUNG

Problem. Der arithmetische Mittelwert und die Streuung von N gegebenen Werten ist zu ermitteln.

Verfahren. Nach der Abfrage eines WERTES X durch die Prozedur DATEN wird dort die Anzahl N der Werte als freie Variable um 1 erhöht sowie die Teilsummen :M + :X und :S + :X*:X gebildet. Nach der Eingabe des ENDE-Zeichens * wird der MITTELWERT als Summe :M aller X-werte geteilt durch die Anzahl :N der Werte ausgegeben. Mit dem MITTELWERT :MW wird die STREUUNG als die Quadratwurzel aus der VARIANZ (S - N*MW*MW)/(N - 1) gebildet und ausgegeben.

Aufgabe 82 Erweitern Sie das Programm so, daß mit den Eingabe-WERTEN eine Häufigkeit 1, 2, usw. dieser WERTE abgefragt und bei der Auswertung berücksichtigt wird(gewichtete WERTE).

Beispiel 83 REGRESSION UND KORRELATION

Problem. Für N Werte-Paare X Y sind die Regressionskoeffizienten der linearen Regression $X = A_Y + B_Y*Y$ bzw. $Y = A_X + B_X*X$ und der Korrelationskoeffizient R(X,Y) aus $R(X,Y)^2 = B_X * B_Y$ zu ermitteln.

Verfahren. In der Prozedur DATEN :N werden die Werte-PAARE abgefragt und die Summen der Produkte :X*:Y, :X*:X und :Y*:Y sowie die Summen :R und :S der X- bzw. Y-WERTE gebildet. Nach Ende der Eingaben werden die Regressionskoeffizienten teils direkt, teils mit Hilfe der MITTELWERTE $\overline{X}$ und $\overline{Y}$ aus

$$A_X = \overline{Y} - B_X*\overline{X}\ , \quad A_Y = \overline{X} + B_Y*\overline{Y}$$

und der Korrelationskoeffizient als Quadratwurzel aus B_X*B_Y mit dem korrekten Vorzeichen hergestellt und ausgegeben.

Aufgabe 83 Erweitern Sie das Programm so, daß die Anzahl N der Werte-PAARE nicht vorher angegeben werden muß(ENDE-Zeichen *).

```
83  REGRESSION UND KORRELATION
WIEVIEL WERTEPAARE?3
WERTEPAAR X Y EINGEBEN:-1 -1
WERTEPAAR X Y EINGEBEN:0 0
WERTEPAAR X Y EINGEBEN:1 1
X-MITTELWERT = 0. Y-MITTELWERT = 0.
KOEFFIZIENT BX= 1. KOEFFIZIENT AX= 0.
KOEFFIZIENT BY= 1. KOEFFIZIENT AY= 0.
```

```
KORRELATION R(X,Y)= 1.
```

```
PR MITTELWERT
 DZ "'82  MITTELWERT UND STREUUNG'
 SETZE "M 0 SETZE "S 0 SETZE "N 0 DATEN
 SETZE "MW :M / :N ( DR [MITTELWERT=] :MW [' '] )
 DR [STREUUNG=]
 DZ QW ( :S - :N * :MW * :MW ) / ( :N - 1 )
 DZ " MITTELWERT
ENDE

PR DATEN
 DR [EINZELWERT(ENDE=*)] SETZE "X ER EINGABE
 WENN :X = "* DANN RK SONST WENN NICHT ZAHL? :X DATEN RK
 SETZE "N :N + 1 SETZE "M :M + :X
 SETZE "S :S + :X * :X DATEN
ENDE
```

```
82  MITTELWERT UND STREUUNG
EINZELWERT(ENDE=*)-1
EINZELWERT(ENDE=*)0
EINZELWERT(ENDE=*)1
EINZELWERT(ENDE=*)*
MITTELWERT=0. STREUUNG=1.
```

```
PR REGRESSION
 DZ "'83  REGRESSION UND KORRELATION'
 SETZE "R 0 SETZE "S 0 SETZE "R2 0 SETZE "S2 0 SETZE "P 0
 DR [WIEVIEL WERTEPAARE?]
 SETZE "N ER EINGABE DZ " DATEN :N
 SETZE "X :R / :N SETZE "Y :S / :N
 SETZE "Z :P - :R * :S / :N
 SETZE "BX :Z / ( :R2 - :R * :R / :N )
 SETZE "AX :Y - :BX * :X
 SETZE "BY :Z / ( :S2 - :S * :S / :N )
 SETZE "AY :X - :BY * :Y
 ( DZ [X-MITTELWERT =] :X [Y-MITTELWERT =] :Y )
 ( DZ [KOEFFIZIENT BX=] :BX [KOEFFIZIENT AX=] :AX )
 ( DZ [KOEFFIZIENT BY=] :BY [KOEFFIZIENT AY=] :AY )
 ( DZ [KORRELATION R(X,Y)=] QW ( :BX * :BY ) * SGN :Z )
 REGRESSION
ENDE

PR DATEN :N
 WENN :N = 0 RK SONST DR [WERTEPAAR X Y EINGEBEN:]
 SETZE "PAAR EG DZ " SETZE "X ER :PAAR SETZE "Y LZ :PAAR
 SETZE "P :P + :X * :Y SETZE "R :R + :X SETZE "S :S + :Y
 SETZE "R2 :R2 + :X * :X SETZE "S2 :S2 + :Y * :Y
 DATEN :N - 1
ENDE

PR SGN :X
 WENN :X < 0 RG - 1 SONST WENN :X = 0 RG 0 SONST RG 1
ENDE
```

<u>Beispiel</u> 84 REGEN/ZUFALLSGENERATOREN

<u>Problem</u>. Mit verschiedenen Zufallsgeneratoren soll in einem quadratischen Raster ein "Regen" simuliert werden.

<u>Verfahren</u>. In einem 20x20-Rasterfeld werden nach der Abfrage der gewünschten 'Tropfenzahl' T mit drei verschiedenen Methoden nacheinander T Tropfen zufällig als Gitterpunkte X, Y ausgewählt und im Feld ausgegeben. Die drei Methoden sind

(1) X = ZUFALLSZAHL 2Ø
    Y = ZUFALLSZAHL 2Ø

(2) X = (X +Π)↑8 - INT(X + Π)↑8
    Y = (X +Π)↑8 - INT(X + Π)↑8

(3) X = EXP(X+Π) - INT(EXP(X+Π))
    Y = EXP(X+Π) - INT(EXP(X+Π))

<u>Hinweis</u>. Die drei Methoden sind nach Zeitbedarf und Güte sehr unterschiedlich. Akzeptabel ist eigentlich nur der LOGO-interne Zufallsgenerator. Die indirekten Verfahren (2) oder (3) sind entweder zu langsam oder führen wegen der geringen Stellenzahl sehr schnell in einen unerwünschten Zyklus, d.h. die Zufallszahlen wiederholen sich nach kurzer Folge.
Die Prozedur EXP :X zur Bestimmung einer Näherung von e^X hat nur eine geringe Genauigkeit, was bei der Erzeugung von Zufallszahlen jedoch toleriert werden kann.

<u>Aufgabe</u> 84 Ändern Sie das Programm so ab, daß statt eines quadratischen Rasters ein kreisförmiges Raster beregnet wird.

```
84 REGEN/ZUFALLSGENERATOREN ??
TROPFENANZAHL FUER 400 FELDER?1000
METHODE 1
```

```
PR REGEN
 LS DZ "'84  REGEN/ZUFALLSGENERATOREN'
 DR [TROPFENANZAHL FUER 400 FELDER?]
 SETZE "PI 3.14159 SETZE "T ER EINGABE
 DZ [METHODE 1] METHODE1 :T
 LS DZ [METHODE 2] METHODE2 :T ZZ 4
 LS DZ [METHODE 3] METHODE3 :T ZZ 4
ENDE

PR METHODE1 :T
 WENN :T = 0 RK
 BLINKER 6 + ZZ 20 4 + ZZ 20 DR "*
 METHODE1 :T - 1
ENDE

PR METHODE2 :T :X
 WENN :T = 0 RK SONST SETZE "X :X + :PI
 SETZE "X :X * :X SETZE "X :X * :X SETZE "X :X * :X
 SETZE "X :X - INT :X SETZE "Y :X + :PI
 SETZE "Y :Y * :Y SETZE "Y :Y * :Y SETZE "Y :Y * :Y
 SETZE "Y :Y - INT :Y
 BLINKER 6 + INT 20 * :X 4 + INT 20 * :Y DR "*
 METHODE2 :T - 1 :X * :X
ENDE

PR METHODE3 :T :X
 WENN :T = 0 RK
 SETZE "X ( EXP :X + :PI ) - INT EXP ( :X + :PI )
 SETZE "Y ( EXP :X + :PI ) - INT EXP ( :X + :PI )
 BLINKER 6 + INT 20 * :X 4 + INT 20 * :Y DR "*
 METHODE3 :T - 1 :X
ENDE

PR EXP :X
 PRUEFE ZAHL? :X
 WW WENN :X < 0 SETZE "1 ( - :X ) SONST SETZE "1 :X
 WW SETZE "2 :X SETZE "3 0 RG EXP SATZ "1 "1
 PRUEFE LZ :X < 2.N6
 WW WENN :2 > 0 RG ER :X SONST RG 1 / ER :X
 SETZE "3 :3 + 1
 RG EXP SATZ ( ER :X ) + :1 / :3 * LZ :X :1 / :3 * LZ :X
ENDE
```

Beispiel 85 IRRFAHRT AUF DEM WÜRFEL

Problem. Die 'Irrfahrt' eines Käfers auf den Kanten eines Würfels soll simuliert werden. Der Käfer startet in einer Ecke des Würfels und wählt dort einen der drei möglichen Wege mit der gleichen Wahrscheinlichkeit. Erreicht der Käfer die diagonal gegenüberliegende Ecke vom Start her gesehen, so ist die 'Irrfahrt' beendet. In einer anderen Ecke wird wieder ein Weg von drei möglichen mit gleicher Wahrscheinlichkeit ausgewählt.
Für eine vorgegebene Anzahl N von Irrfahrten soll ermittelt werden, wie oft einzelne Weglängen(Anzahl der durchlaufenen Kanten) auftreten und wie groß die durchschnittliche Weglänge aller N Irrfahrten ist.

Verfahren. Jeder der acht Ecken wird ihre 'Entfernung' vom Startpunkt(Z = Ø) zugeordnet. Für die Ecke mit Z = 3 gibt es kein Entrinnen(Ende). Die Übergangswahrscheinlichkeit für die Ecken mit Z = 0, 1 bzw. 2 ergibt sich aus der folgenden Tabelle:

Übergangswahrscheinlichkeit von Z auf Z-1 bzw. Z+1

Z	0	1	2
Z-1	0	1/3	2/3
Z+1	1	2/3	1/3

Die Übergangswahrscheinlichkeit wird in der Prozedur WEG :I :Z durch

Z(neu) = Z + 2*INT((ZZ 32000)/32000+(3-Z)/3) - 1

mit dem LOGO-Zufallsgenerator ZZ (Zufallszahl) bestimmt.
Die erhaltene WEGLÄNGE wird in der Prozedur WEGLAENGE :I in die LISTE :WEGE aller aufgetretenen Weglängen eingebaut.
Die Summe aller WEGLÄNGEN wird auf S gebildet.

Aufgabe 85 Ändern Sie das Programm so ab, daß der Käfer auch bei einer Rückkehr zum Start Z = 0 gestoppt wird und geben Sie die Häufigkeit des Endes in Z = 0 und Z = 3 an.

```
PR IRRFAHRT
 DZ "'85  IRRFAHRT AUF DEM WUERFEL'
 SETZE "S 0 SETZE "WEGE []
 DR [WIEVIEL VERSUCHE:] SETZE "N ER EINGABE
 VERSUCHE :N
 DZ "'WEGLAENGE   WIE OFT?' AUSGABE :WEGE
 ( DZ "DURCHSCHNITTSLAENGE: :S / :N "KANTEN )
 IRRFAHRT
ENDE

PR VERSUCHE :N
 WENN :N = 0 RK SONST SETZE "I WEG 0 0 SETZE "S :S + :I
 SETZE "WEGE WEGLAENGE :I :WEGE
 VERSUCHE :N - 1
ENDE

PR AUSGABE :W
 WENN :W = [] RK SONST DR ER ER :W
 BLINKER 15 .HOLE 37 DZ LZ ER :W AUSGABE OE :W
ENDE

PR WEGLAENGE :I :W
 WENN :W = [] RG ME SATZ :I 1 :W
 WENN ER ER :W < :I RG ME ER :W WEGLAENGE :I OE :W
 WENN ER ER :W = :I RG ME SATZ :I 1 + LZ ER :W OE :W
 RG ME SATZ :I 1 :W
ENDE

PR WEG :I :Z
 WENN :Z = 3 RG :I
 SETZE "X INT ( ZZ 32000 ) / 32000 + ( 3 - :Z ) / 3
 RG WEG :I + 1 :Z + 2 * :X - 1
ENDE
```

```
85  IRRFAHRT AUF DEM WUERFEL  ?
WIEVIEL VERSUCHE:100
WEGLAENGE   WIE OFT?
3            14
5            20
7            16
9            13
11            9
13            5
15            6
17            2
19            3
21            2
23            3
27            1
29            1
31            3
41            1
43            1
DURCHSCHNITTSLAENGE: 10.6 KANTEN
```

<u>Beispiel</u> 86 MAUS IM LABYRINTH

<u>Problem</u>. Die Bewegung einer Maus in einem Labyrinth bis zum Ausgang soll simuliert werden. Zyklen(Schleifen) sollen dabei gelöscht werden.

<u>Verfahren</u>. Das feste Labyrinth wird auf FELD gesetzt und mit AUSGABE :F ausgegeben. Die Maus befindet sich in der linken oberen Ecke. In jeder Position würfelt das Rahmenprogramm eine der acht denkbaren Nachbarpositionen für die Maus. In der Prozedur FREI :F :X wird geprüft, ob die Position :X in :FELD frei ist(keine Wand), sonst wird neu gewürfelt(Marke 100). Jetzt wird mit ELEMENT? :I :G geprüft, ob die erreichte Position :I im 'Gedächtnis' :G enthalten ist, dann liegt ein Zyklus vor, der mit der Prozedur LOESCHE :I :G im Gedächtnis :G gelöscht wird. Falls kein Zyklus vorliegt, so wird mit der LOGO-Funktion BLINKER :Y :X die Maus in die erreichte Position auf dem Bildschirm gesetzt. Wenn die erreichte Position :I nicht der Ausgang des Labyrinths(=142) ist, wird zum Würfeln zurückgekehrt(Marke 100), sonst wird das Erreichen des Ausgangs mit der Anzahl :ANZAHL der gemachten 'Schritte' angezeigt.

<u>Aufgabe</u> 86 Erweitern Sie das Programm so, daß die Maus aus der jeweiligen Position möglichst 'geradeaus' läuft, d.h. ihre bisherige Richtung beibehält.

```
86  MAUS IM LABYRINTH   ?
II--------------------II
II @                  II
II  II  ----  II----  II
II  II    II  II  II  II
II  II----II      II  II
II        II  II      II
II--  ------  II    --II
II            II      II
II  II  II------  II  II
II  II  II        II  II
II          II        II
II-----------------  --II
```

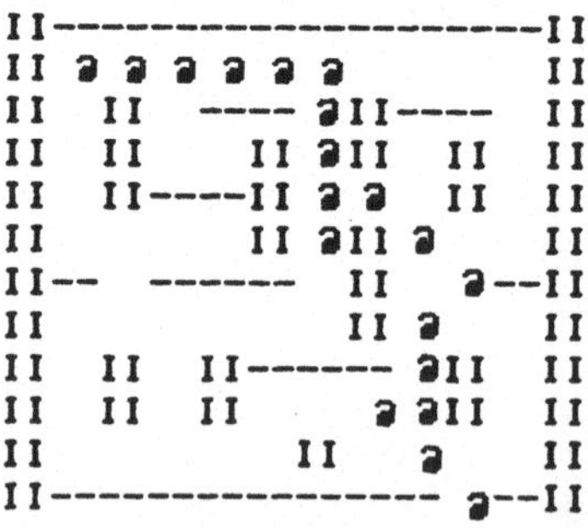

MAUS AM AUSGANG!

NACH 147 SCHRITTEN!

```
PR MAUS
 LS DZ "'86  MAUS IM LABYRINTH'
 SETZE "LABYRINTH LABYRINTH
 SETZE "ANZAHL 0 SETZE "X 14 SETZE "G [14]
 AUSGABE :LABYRINTH
 100: SETZE "I :X - 1 + ( ZZ 3 ) + 12 * ( - 1 + ZZ 3 )
 WENN EINES? NICHT FREI :LABYRINTH :I :I = ER :G GEHE "100
 PRUEFE ELEMENT? :I :G
 WW SETZE "G LOESCHE :I :G SETZE "X :I GEHE "100
 SETZE "G ME :I :G SETZE "X :I
 BLINKER 2 * ( - 1 + REST :I 12 ) 1 + DIV :I 12 DR "' @'
 SETZE "ANZAHL :ANZAHL + 1
 WENN NICHT :X = 142 GEHE "100
 DZ " ( DZ "'MAUS AM AUSGANG! NACH' :ANZAHL "SCHRITTEN! )
 DZ " DR "'WEITER?(J/N)' WENN TASTE = "J MAUS
ENDE

PR LABYRINTH
 SETZE "F [I----------I I@.........I I.I.--.I--.I]
 SETZE "F SATZ :F [I.I..I.I.I.I I.I--I...I.I I....I.I...I]
 SETZE "F SATZ :F [I-.---.I..-I I......I...I I.I.I---.I.I]
 SETZE "F SATZ :F [I.I.I....I.I I.....I....I I--------.-I]
 RG :F
ENDE

PR AUSGABE :F
 WENN :F = [] RK SONST SETZE "Z ER ER :F
 WENN :Z = ". DR "'  ' GEHE "100
 WENN :Z = "@ DR "' @' GEHE "100
 ( DR :Z :Z )
 100: WENN OE ER :F = " DZ " AUSGABE OE :F RK
 AUSGABE ME OE ER :F OE :F
ENDE

PR FREI :F :X
 WENN :X > 12 RG FREI OE :F :X - 12
 WENN :X > 1 RG FREI ME OE ER :F OE :F :X - 1
 WENN ER ER :F = ". RG "WAHR SONST RG "FALSCH
ENDE

PR ELEMENT? :I :G
 WENN :G = [] RG "FALSCH SONST WENN :I = ER :G RG "WAHR
 RG ELEMENT? :I OE :G
ENDE

PR LOESCHE :I :G
 WENN :I = ER :G RG :G
 BLINKER 2 * ( - 1 + REST ER :G 12 ) 1 + DIV ER :G 12
 DR "'  ' RG LOESCHE :I OE :G
ENDE
```

Beispiel 87 GEBURTSTAG

Problem. Es soll die Wahrscheinlichkeit dafür bestimmt werden, daß in einer Gruppe von N Personen zwei Personen am gleichen Tag des Jahres ihren Geburtstag haben.

Verfahren. Nach der Eingabe der Anzahl N der Personen wird in der Prozedur PRODUKT :N zunächst die Wahrscheinlichkeit dafür ermittelt, daß alle N Personen verschiedene Geburtstage in einem Jahr haben. Die Wahrscheinlichkeit dafür ist

$$Q = \frac{365}{365} * \frac{364}{365} * \quad \dots \quad * \frac{365-N+1}{365}$$

Für N = 1 ist also Q = 1 und für N > 365 ist Q = Ø .
Die im Problem gesuchte Wahrscheinlichkeit P dafür, daß zwei Personen am gleichen Tag des Jahres Geburtstag haben, ist

$$P = 1 - Q$$ (Komplement von Q).

Hinweis. Interessant ist, daß die Chance für zwei gleiche Geburtstage schon für 23 Personen größer als 50 Prozent wird. In der Realität ist die Chance i.a. sogar noch größer, weil die realen Geburten nicht gleichmässig über das Jahr verteilt sind.

Aufgabe 87 Schreiben Sie ein LOGO-Programm für das Umkehrproblem: Gegeben ist eine Wahrscheinlichkeit P. Gesucht ist die Mindestanzahl N von Personen, so daß zwei von ihnen mit der angegebenen Wahrscheinlichkeit P am gleichen Tag des Jahres Geburtstag haben.

```
PR GEBURTSTAG
 LS DZ "'87  GEBURTSTAG'
 30: DR [WIEVIELE PERSONEN?] SETZE "N ER EG
 DZ [WAHRSCHEINLICHKEIT, DASS 2 PERSONEN]
 DZ [AM GLEICHEN TAG DES JAHRES GEBURTSTAG]
 ( DZ [HABEN:] ( RUNDE 100 * ( 1 - PRODUKT :N ) ) / 100 )
 DZ " GEHE "30
ENDE

PR PRODUKT :N
 SETZE "Q 1
 70: SETZE "Q :Q * ( 366 - :N ) / 365
 SETZE "N :N - 1 WENN :N > 1 GEHE "70 SONST RG :Q
ENDE
```

```
87  GEBURTSTAG
WIEVIELE PERSONEN?22
WAHRSCHEINLICHKEIT, DASS 2 PERSONEN AM
SELBEN TAG DES JAHRES GEBURTSTAG HABEN:
.476

WIEVIELE PERSONEN?365
WAHRSCHEINLICHKEIT, DASS 2 PERSONEN AM
SELBEN TAG DES JAHRES GEBURTSTAG HABEN:
1.

WIEVIELE PERSONEN?1
WAHRSCHEINLICHKEIT, DASS 2 PERSONEN AM
SELBEN TAG DES JAHRES GEBURTSTAG HABEN:
0.

WIEVIELE PERSONEN?2
WAHRSCHEINLICHKEIT, DASS 2 PERSONEN AM
SELBEN TAG DES JAHRES GEBURTSTAG HABEN:
3.N3

WIEVIELE PERSONEN?10
WAHRSCHEINLICHKEIT, DASS 2 PERSONEN AM
SELBEN TAG DES JAHRES GEBURTSTAG HABEN:
.117

WIEVIELE PERSONEN?2
WAHRSCHEINLICHKEIT, DASS 2 PERSONEN AM
SELBEN TAG DES JAHRES GEBURTSTAG HABEN:
3.N3

WIEVIELE PERSONEN?70
WAHRSCHEINLICHKEIT, DASS 2 PERSONEN AM
SELBEN TAG DES JAHRES GEBURTSTAG HABEN:
.999
```

Beispiel 88 UMGEKEHRTE POLNISCHE NOTATION(UPN)

Problem. Ein arithmetischer Ausdruck, in dem neben den vier Grundrechenarten Potenzierungen erlaubt sind, soll in seine klammerfreie Umgekehrte Polnische Notation verwandelt werden.

Verfahren. Zur Vereinfachung werden nur Ziffern als Operanden zugelassen. Der Buchstabe H (=Hoch) fungiert als Kennzeichen eines Exponenten(z. B. 2H5 = 2^5).
Zunächst wird der gesamte Ausdruck in der Prozedur PRIOR :L Zeichen für Zeichen bewertet. Die Operatoren + und - bzw. * und / erhalten dabei die gleiche Priorität. Die höchste Priorität 5 erhält die Potenzierung H.
In der Prozedur UPN :A :O wird der Ausdruck :A von vorn nach Operanden (ZAHL?) und nach schließenden Klammern) durchsucht. Tritt einer der beiden Fälle ein, so wird in der Prozedur UMBAU :A :O der Aufbau der umgekehrten Notation gemäß den Prioritäten des jeweiligen Zeichens vorgenommen.
Der Ausdruck F(X) = (2 + 3*4) wird z.B. in 34*2+ umgewandelt. Die klammerfreie Ausführung des UPN-Ausdruckes erfolgt dann so: Der Ausdruck wird von links abgearbeitet, bis ein Rechenzeichen (+ - * / oder H) gefunden wird. Das Rechenzeichen bindet die beiden unmittelbar vor ihm stehenden (einstelligen) Operanden. Fortsetzung bis zum letzten Rechenzeichen am Ende des UPN-Ausdruckes, das zugleich den Typ (Summe, Differenz, Produkt, Quotient, Potenz) des Ausdruckes angibt.

Hinweis. In diesem Beispiel kann LOGO wieder einmal seine besonderen Stärken in der LISTEN-Verarbeitung ausspielen. Der gesamte Umwandlungsprozeß kann ohne jeden Zähler oder Index abgewickelt werden. Beachten Sie auch, daß in der Unterprozedur UMBAU :A :O die rufende Prozedur UPN :A :O selbst wieder rekursiv aufgerufen wird!

Aufgabe 88 Erweitern Sie das Programm so, daß statt der einstelligen Operanden auch mehrstellige Zahlen korrekt verarbeitet werden.

```
PR UP
 DZ "'88  UMGEKEHRTE POLNISCHE NOTATION'
 DZ [AUSDRUCK OHNE LEERSTELLEN: F(X)=] SETZE "A ER EG
 DZ PRIOR :A DZ [IST DIE BEWERTUNG VON F(X)]
 DZ [UMGEKEHRTE POLNISCHE NOTATION:] DZ UPN :A "
ENDE

PR PRIOR :L
 WENN :L = " RG " SONST SETZE "D ER :L
 WENN :D = "( RG WORT "1 PRIOR OE :L
 WENN :D = ") RG WORT "2 PRIOR OE :L
 WENN EINES? :D = "+ :D = "- RG WORT "3 PRIOR OE :L
 WENN EINES? :D = "* :D = "/ RG WORT "4 PRIOR OE :L
 WENN :D = "H RG WORT "5 PRIOR OE :L
 RG WORT "0 PRIOR OE :L
ENDE

PR UPN :A :O
 WENN :A = " RG "
 WENN ZAHL? ER :A RG WORT ER :A UMBAU OE :A :O
 WENN ER :A = ") RG UMBAU OE :A OL :O
 RG UPN OE :A WORT :O ER :A
ENDE

PR UMBAU :A :O
 WENN :O = " RG UPN :A :O
 WENN :A = " RG WORT LZ :O UPN :A :O
 WENN PRIOR LZ :O < PRIOR ER :A RG UPN :A :O
 RG WORT LZ :O UMBAU :A OL :O
ENDE
```

```
88  UMGEKEHRTE POLNISCHE NOTATION
AUSDRUCK OHNE LEERSTELLEN: F(X)=
(2+3*4H2)*((3-5/6)*8-2H8)
1030405024110304024030502
IST DIE BEWERTUNG VON F(X)
UMGEKEHRTE POLNISCHE NOTATION:
2342H*+356/-8*28H-*

88  UMGEKEHRTE POLNISCHE NOTATION
AUSDRUCK OHNE LEERSTELLEN: F(X)=
((2*3-1))
110403022
IST DIE BEWERTUNG VON F(X)
UMGEKEHRTE POLNISCHE NOTATION:
23*1-

88  UMGEKEHRTE POLNISCHE NOTATION
AUSDRUCK OHNE LEERSTELLEN: F(X)=
(3H5-3/2)*(1-7/5*3)*(3*(1+2/3/4))
105030402410304040241041030404022
IST DIE BEWERTUNG VON F(X)
UMGEKEHRTE POLNISCHE NOTATION:
35H32/-175/3*-*3123/4/+**
```

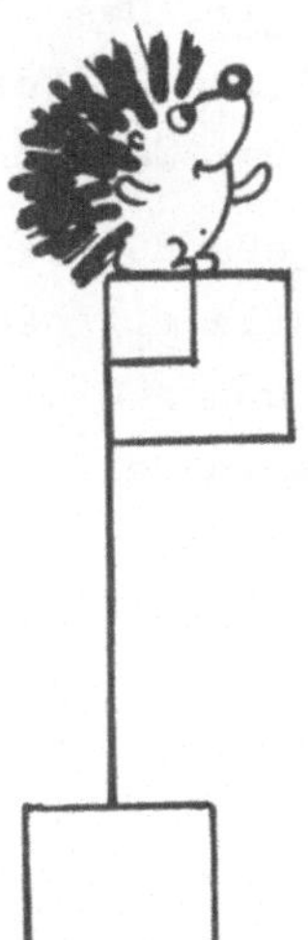

Beispiel 89 SITZZAHL NACH D'HONDT

Problem. Es sollen N Abgeordnetensitze auf Parteien/Listen nach dem Höchstzahlverfahren von D'HONDT verteilt werden.

Verfahren. Nach dem Verfahren von D'HONDT sind die Gesamtstimmenzahlen der einzelnen Parteien/Listen durch die Zahlen 1, 2, 3 usw. zu dividieren. Die N vorhandenen Sitze sind dann nach der Größe der erhaltenen QUOTIENTEN zu vergeben.
In der Prozedur DATEN wird zunächst der jeweilige Name der PARTEI/LISTE und die Stimmenanzahl abgefragt. DATEN erzeugt eine LISTE aus den Eingabe-Paaren und fügt den ersten TEILER 1 noch jeweils am Ende ein, bis eine leere Eingabe erfolgt.
Da in DATEN bereits die Gesamtstimmenzahl :SUMME gebildet wurde kann in PROZENTE :P sogleich eine Tabelle der prozentualen Anteile auf eine Stelle nach dem Komma ausgegeben werden.
SITZVERTEILUNG :I :P ermittelt mit MAXI :P :M den jeweils größten QUOTIENTEN(=Sitz) innerhalb der Parteien/Listen.
In MAXI :P :M wird dafür nicht nur der größte QUOTIENT in :M ermittelt, sondern auch der TEILER für das jeweilige Maximum um 1 erhöht.
Nach der Verteilung aller Sitze wird noch in SITZPROZENTE :P der prozentuale Anteil der Parteien/Listen nach der Sitzverteilung als Tabelle ausgegeben.

Hinweis. Das D'HONDT-sche Verfahren begünstigt im Mittel die größeren Parteien/Listen. Es wird dennoch in den meisten Fällen bei Wahlen angewendet.

Aufgabe 89 Erweitern Sie das Programm so, daß in der letzten Tabelle mit den Namen der Parteien/Listen, den erhaltenen Sitzen und dem prozentualen Anteil an der Gesamtsitzzahl die Ausgabe in der Reihenfolge absteigender Sitzzahlen erfolgt.

```
PR SITZZAHL
 ( DZ "'89 ' [SITZZAHL NACH D'HONDT] )
 SETZE "SUMME 0 DZ [PARTEI/LISTE STIMMENZAHL]
 SETZE "PARTEIEN DATEN EINGABE
 DZ [PROZENTUALE VERTEILUNG] PROZENTE :PARTEIEN
 DR [ANZAHL DER SITZE?] SETZE "N ER EG
 ( DZ [VERTEILUNG DER] :N [SITZE] )
 SETZE "PARTEIEN SITZVERTEILUNG 1 :PARTEIEN
 DZ "'PARTEI/LISTE     SITZE    PROZENT'
 SITZPROZENTE :PARTEIEN
ENDE

PR DATEN :EIN
 WENN :EIN = [] RG []
 SETZE "SUMME :SUMME + LZ :EIN
 RG ME ML 1 :EIN DATEN EINGABE
ENDE

PR PROZENTE :P
 WENN :P = [] RK SONST DR ER ER :P BLINKER 20 .HOLE 37
 ( DZ .1 * RUNDE 1000 / :SUMME * ER OE ER :P "% )
 PROZENTE OE :P
ENDE

PR SITZVERTEILUNG :I :P
 WENN :I > :N RG :P
 SETZE "P MAXI OE :P ER :P
 ( DZ [SITZ] :I [GEHT AN:] ER LZ :P )
 RG SITZVERTEILUNG :I + 1 :P
ENDE

PR MAXI :P :M
 PRUEFE :P = []                              ( 1 + LZ :M )
 WW SETZE "P SATZ ER :M ( ER OE :M ) * ( LZ :M ) /
 WW RG ME SATZ :P 1 + LZ :M []
 WENN ER OE ER :P > ER OE :M RG ME :M MAXI OE :P ER :P
 RG ME ER :P MAXI OE :P :M
ENDE

PR SITZPROZENTE :P
 WENN :P = [] DANN RK
 DR ER ER :P BLINKER 18 .HOLE 37
 DR ( LZ ER :P ) - 1 BLINKER 24 .HOLE 37
 DZ .1 * RUNDE 1000 * ( ( LZ ER :P ) - 1 ) / :N
 SITZPROZENTE OE :P
ENDE
```

```
89  SITZZAHL NACH D'HONDT
PARTEI/LISTE STIMMENZAHL
CDU 120000
SPD 100000
FDP 20000

PROZENTUALE VERTEILUNG
CDU                     50. %
SPD                     41.7 %
FDP                     8.3 %
```

Beispiel 90 VERFOLGUNG

Problem. Die Verfolgung eines Hasen durch einen Fuchs soll simuliert werden. Der Hase soll sich mit einer konstanten Sprunglänge vom Ursprung eines gedachten Koordinatensystems in Richtung der positiven y-Achse(Norden) bewegen. Der Fuchs kann in einem angegebenen Punkt (X Y) mit der Sprunglänge Q starten. Er soll immer auf die jeweilige Position des Hasen zulaufen. Er fängt ihn, wenn der Abstand Hase Fuchs unter die halbe Sprunglänge des Fuchses absinkt.

Verfahren. Die Position (X Y) des Fuchses und die Sprunglängen P und Q werden angefordert. Der Hase befindet sich nach K Sprüngen in der Position (0 K*P). Die Position des Fuchses nach K Sprüngen ergibt sich durch die K-fache Ersetzung

X(neu) = X - Q*X/D und
Y(neu) = Y + Q*(K*P - Y)/D

wobei D der Abstand Hase-Fuchs mit $D^2 = X^2 + (Y - k*P)^2$ ist. Der Ablauf wird nicht wie im BASIC-Band numerisch, sondern in LOGO mit Hilfe der IGEL-Grafik simuliert. In LAUF :Z :X :Y werden die Bewegungen von Hase und Fuchs gezeichnet, wobei der Hase in der MITTE startet.

Hinweis. Um hinreichend große Bilder der Verfolgung zu erhalten, sollte der Abstand Hase-Fuchs zu Beginn mindestens 50 Einheiten(Bildpunkte) betragen. In der Simulation entspricht eine Einheit einem Meter in der Wirklichkeit.

Aufgabe 90 Ändern Sie das Programm so ab, daß für Hase und Fuchs ein angegebener Ermüdungsfaktor PH bzw. QF bei der Verfolgung berücksichtigt wird.

```
ANZAHL DER SITZE?10
VERTEILUNG DER 10 SITZE
SITZ 1 GEHT AN: CDU
SITZ 2 GEHT AN: SPD
SITZ 3 GEHT AN: CDU
SITZ 4 GEHT AN: SPD
SITZ 5 GEHT AN: CDU
SITZ 6 GEHT AN: SPD
SITZ 7 GEHT AN: CDU
SITZ 8 GEHT AN: SPD
SITZ 9 GEHT AN: CDU
SITZ 10 GEHT AN: FDP
```

PARTEI/LISTE	SITZE	PROZENT
SPD	4	40.
CDU	5	50.
FDP	1	10.

```
PR VERFOLGUNG
 DZ "'90  VERFOLGUNG'
 DR [HASE IN (0 0), FUCHS IN X Y IN M:]
 SETZE "XY EINGABE SETZE "X ER :XY SETZE "Y LZ :XY
 DR [...SPRUNGLAENGE HASE FUCHS IN CM:] SETZE "XY EG
 SETZE "P ( ER :XY ) / 100 SETZE "Q ( LZ :XY ) / 100
 LS VERSTECKIGEL LAUF 0 :X :Y
 VERFOLGUNG
ENDE

PR LAUF :Z :X :Y
 MITTE STIFTAB AUFY :Z
 STIFTHOCH AUFXY :X :Y
 SETZE "D QW :X * :X + ( :Y - :Z ) * ( :Y - :Z )
 ( DZ "ABSTAND ( RUNDE 10 * :D ) / 10 )
 WENN :D < :Q / 2 ( DZ "'GEFANGEN BEI Y=' RUNDE :Y ) RK
 SETZE "X :X - :Q * :X / :D
 SETZE "Y :Y + :Q * ( :Z - :Y ) / :D
 STIFTAB AUFXY :X :Y STIFTHOCH
 LAUF :Z + :P :X :Y
ENDE
```

```
90  VERFOLGUNG
HASE IN (0 0), FUCHS IN X Y IN M:30 30
...SPRUNGLAENGE HASE FUCHS IN CM:40 80
ABSTAND 42.4
ABSTAND 41.3
ABSTAND 40.3
ABSTAND 39.2
ABSTAND 38.1
ABSTAND 37.
ABSTAND 36.
ABSTAND 34.9
ABSTAND 33.8
ABSTAND 32.8
ABSTAND 31.7
ABSTAND 30.7
ABSTAND 29.6
ABSTAND 28.5
ABSTAND 27.5
ABSTAND 26.5
ABSTAND 25.4
ABSTAND 24.4
ABSTAND 23.3
ABSTAND 22.3
ABSTAND 21.3
ABSTAND 20.3
ABSTAND 19.3
ABSTAND 18.3
ABSTAND 17.3
ABSTAND 16.3
ABSTAND 15.3
ABSTAND 14.3
ABSTAND 13.4
ABSTAND 12.4
ABSTAND 11.5
ABSTAND 10.5
ABSTAND 9.6
ABSTAND 8.7
ABSTAND 7.8
ABSTAND 7.
ABSTAND 6.1
ABSTAND 5.3
ABSTAND 4.6
ABSTAND 3.8
ABSTAND 3.1
ABSTAND 2.5
ABSTAND 1.9
ABSTAND 1.4
ABSTAND .9
ABSTAND .5
ABSTAND .1
GEFANGEN BEI Y= 18
```

<u>Beispiel</u> 91 REZEPTE

<u>Problem</u>. Aus zwei Rezept-Listen soll ein Menue von N Gängen zufällig zusammengestellt werden.

<u>Verfahren</u>. Aus einer 1. LISTE von 'Rezepten' (ZIGEUNER- SAUER-SAHNE- ...) und einer 2. LISTE (KAESE BRATEN TORTE ...) werden nach Eingabe der Anzahl N der gewünschten GÄNGE in der Prozedur MENUE :I N zufällige Kombinationen aus einem Element der 1. und der 2. LISTE mit Hilfe des LOGO-Zufallsgenerators ZZ (ZUFALLSZAHL) zusammengestellt und ausgegeben.

<u>Hinweis</u>. Beachten Sie, daß die Kombination mit Hilfe des LOGO-Grundwortes WORT in MENUE :I gebildet wird, um eine Leerstelle zwischen den beiden Teilen zu vermeiden. Man hätte auch auf die Bindestriche - in der 1. LISTE verzichten können, wenn der Bindestrich in der Prozedur MENUE :I eingefügt werden würde.

<u>Aufgabe</u> 93 Erweitern Sie das Programm auf die Kombination von drei sinnvollen Rezept-Begriffen.

```
PR REZEPTE
 DZ "'91  REZEPTE'
 DR [WIEVIEL GAENGE?] SETZE "N ER EG
 SETZE "L [ZIGEUNER- SAUER- SAHNE- KRAEUTER- WURST- NUDEL-]
 SETZE "L SATZ :L [RAUCH- MILCH- HEFE- FISCH- BRAT- DAMPF-]
 SETZE "L SATZ :L [SEMMEL- WIND- SAND- LEBER- REIS- RUM-]
 SETZE "M [KAESE BRATEN TORTE PUDDING AUFLAUF TASCHEN EIS]
 SETZE "M SATZ :M [KLOESSE EIER GEBAECK KOMPOTT BREI]
 SETZE "M SATZ :M [FLEISCH KEULE RAGOUT RUECKEN SUPPE MUS]
 WENN :N = 0 RK SONST MENUE 1
 REZEPTE
ENDE

PR MENUE :I
 WENN :I > :N DZ " RK
 ( DR :I "'.GANG:    ' )
 DZ WORT VORN ZZ 18 :L HINTEN ZZ 18 :M
 MENUE :I + 1
ENDE

PR HINTEN :X :M
 WENN :X = 0 RG ER :M SONST RG HINTEN :X - 1 OE :M
ENDE

PR VORN :X :L
 WENN :X = 0 RG ER :L SONST RG VORN :X - 1 OE :L
ENDE
```

```
91  REZEPTE   ?
WIEVIEL GAENGE?3
1.GANG:    RUM-SUPPE
2.GANG:    SAHNE-TORTE
3.GANG:    KRAEUTER-KOMPOTT

91  REZEPTE
WIEVIEL GAENGE?4
1.GANG:    FISCH-EIER
2.GANG:    WIND-BRATEN
3.GANG:    RAUCH-SUPPE
4.GANG:    KRAEUTER-GEBAECK

91  REZEPTE
WIEVIEL GAENGE?4
1.GANG:    SAHNE-GEBAECK
2.GANG:    KRAEUTER-RUECKEN
3.GANG:    HEFE-EIS
4.GANG:    WURST-PUDDING

91  REZEPTE
WIEVIEL GAENGE?3
1.GANG:    REIS-GEBAECK
2.GANG:    RUM-BREI
3.GANG:    ZIGEUNER-KAESE
```

Beispiel 92 KONZENTRATION

Problem. Ein Wirk- oder Schadstoff soll mit der konstanten Konzentration 1 in regelmässigen Intervallen eingesetzt werden. Für den Abbau des Wirk- oder Schadstoffes innerhalb des Einsatzintervalles soll ein fester Prozentsatz angenommen werden. Der Verlauf der Wirk- bzw- Schadstoffkonzentration über N Intervalle soll ermittelt werden.

Verfahren. Am Ende eines Intervalles ergibt sich bei einer Anfangskonzentration K des Wirk- bzw. Schadstoffes die Restkonzentration

$$K(neu) = K*(1 - P/100) ,$$

wenn P der Prozentsatz des Abbaus ist.
Nach Eingabe des Abbauprozentsatzes P und der Anzahl N der Intervalle wird in der Prozedur VERLAUF :I :K der Verlauf der Konzentration :K berechnet und ausgegeben.

Hinweis. Überraschend ist zunächst, daß bei nur 50-prozentigem Abbau des Wirk- bzw. Schadstoffes die Ausgangskonzentration 1 am Ende nicht überschritten wird. Das ist aber selbstverständlich, weil mit der Konzentration 2 (Rest 1 + neue Dosis 1) am Ende des Intervalls wieder ein Rest 1 (50 % von 2) übrig ist.

Aufgabe 92 Erweitern Sie das Programm so, daß sich der Abbau der Konzentration mit wachsendem Wert von K verringert bzw. vergrößert. Führen Sie dazu einen additiven Gleitanteil G in der Form P + (K - 1)*G ein. Das Vorzeichen von G entscheidet dann über Verringerung des Abbaus(G negativ) oder Zunahme des Abbaus(G positiv).

```
92 KONZENTRATION
SCHAD-/WIRKSTOFF =1 PRO EINSATZ
ABBAU IN % PRO INTERVALL:50
WIEVIEL INTERVALLE?10
ENDE 1 .INTERVALL: .5
ENDE 2 .INTERVALL: .75
ENDE 3 .INTERVALL: .88
ENDE 4 .INTERVALL: .94
ENDE 5 .INTERVALL: .97
ENDE 6 .INTERVALL: .98
ENDE 7 .INTERVALL: .99
ENDE 8 .INTERVALL: 1.
ENDE 9 .INTERVALL: 1.
ENDE 10 .INTERVALL: 1.
```

```
PR KONZENTRATION
 DZ "'92  KONZENTRATION'
 DZ [SCHAD-/WIRKSTOFF =1 PRO EINSATZ]
 DR [ABBAU IN % PRO INTERVALL:] SETZE "P ER EG
 DR [WIEVIEL INTERVALLE?] SETZE "J ER EG
 VERLAUF 1 ( 1 - :P / 100 )
 KONZENTRATION
ENDE

PR VERLAUF :I :K
 WENN :I > :J DZ " RK
 ( DZ "ENDE :I ".INTERVALL: ( RUNDE 100 * :K ) / 100 )
 VERLAUF :I + 1 ( :K + 1 ) * ( 1 - :P / 100 )
ENDE
```

```
92  KONZENTRATION
SCHAD-/WIRKSTOFF =1 PRO EINSATZ
ABBAU IN % PRO INTERVALL:30
WIEVIEL INTERVALLE?10
ENDE 1 .INTERVALL: .7
ENDE 2 .INTERVALL: 1.19
ENDE 3 .INTERVALL: 1.53
ENDE 4 .INTERVALL: 1.77
ENDE 5 .INTERVALL: 1.94
ENDE 6 .INTERVALL: 2.06
ENDE 7 .INTERVALL: 2.14
ENDE 8 .INTERVALL: 2.2
ENDE 9 .INTERVALL: 2.24
ENDE 10 .INTERVALL: 2.27
```

```
92  KONZENTRATION
SCHAD-/WIRKSTOFF =1 PRO EINSATZ
ABBAU IN % PRO INTERVALL:25
WIEVIEL INTERVALLE?20
ENDE 1 .INTERVALL: .75
ENDE 2 .INTERVALL: 1.31
ENDE 3 .INTERVALL: 1.73
ENDE 4 .INTERVALL: 2.05
ENDE 5 .INTERVALL: 2.29
ENDE 6 .INTERVALL: 2.47
ENDE 7 .INTERVALL: 2.6
ENDE 8 .INTERVALL: 2.7
ENDE 9 .INTERVALL: 2.77
ENDE 10 .INTERVALL: 2.83
ENDE 11 .INTERVALL: 2.87
ENDE 12 .INTERVALL: 2.9
ENDE 13 .INTERVALL: 2.93
ENDE 14 .INTERVALL: 2.95
ENDE 15 .INTERVALL: 2.96
ENDE 16 .INTERVALL: 2.97
ENDE 17 .INTERVALL: 2.98
ENDE 18 .INTERVALL: 2.98
ENDE 19 .INTERVALL: 2.99
ENDE 20 .INTERVALL: 2.99
```

Beispiel 93 ZIELVERSUCH

Problem. Ein Ziel in 100 Meter Entfernung soll mit einem Wurf unter dem Abwurfwinkel A und einer Abwurfgeschwindigkeit V getroffen werden. Als Treffer zählt eine Abweichung vom Ziel unter 1 Prozent der Entfernung. Nach jedem 'Treffer' wird die Zielentfernung um 100 Meter vergrößert.

Verfahren. Nach der Eingabe des Abwurfwinkels A und der Abwurfgeschwindigkeit V wird die Wurfweite R bestimmt als

R = 2/9.81*V*V*SIN(A)*COS(A) ,

wobei angenommen wird, daß sich das Ziel und der Abwurfpunkt in gleicher Höhe befinden. Die erzielte Wurfweite R wird ausgegeben.

Falls die Treffergenauigkeit von unter 1 Prozent der Entfernung erreicht wurde, wird dies gemeldet und die Zielentfernung um 100 Meter erhöht.

Hinweis. Das Argument der LOGO-Funktionen SIN bzw. COS kann direkt als Gradzahl des Abwurfwinkels gesetzt werden.

Aufgabe 93 Ändern Sie das Programm so ab, daß nach jedem 'Treffer' die Zielentfernung beliebig vorgegeben werden kann.

```
PR ZIELVERSUCH
 DZ "'93  ZIELVERSUCH'
 ZIEL 100
ENDE

PR ZIEL :Z
 ( DZ "'ZIEL IST' :Z "'METER ENTFERNT.' )
 DR "'WINKEL(GRAD) GESCHWDK.(M/SEC):' SETZE "AV EINGABE
 SETZE "A ER :AV SETZE "V LZ :AV
 SETZE "R 2 / 9.81 * :V * :V * ( SIN :A ) * COS :A
 DR "'WURF LANDET BEI '
 ( DZ ( RUNDE 100 * :R ) / 100 "METER! )
 WENN EINES? :R > :Z * 1.01 :R < :Z * .99 ZIEL :Z
 DZ "'BRAVO. TREFFER!!' DZ "
 ZIEL :Z + 100
ENDE
```

```
93  ZIELVERSUCH
ZIEL IST 100 METER ENTFERNT.
WINKEL(GRAD) GESCHWDK.(M/SEC):45 30
WURF LANDET BEI 91.74 METER!
ZIEL IST 100 METER ENTFERNT.
WINKEL(GRAD) GESCHWDK.(M/SEC):45 33
WURF LANDET BEI 111.01 METER!
ZIEL IST 100 METER ENTFERNT.
WINKEL(GRAD) GESCHWDK.(M/SEC):45 31.5
WURF LANDET BEI 101.15 METER!
ZIEL IST 100 METER ENTFERNT.
WINKEL(GRAD) GESCHWDK.(M/SEC):45 31.3
WURF LANDET BEI 99.87 METER!
BRAVO. TREFFER!!

ZIEL IST 200 METER ENTFERNT.
WINKEL(GRAD) GESCHWDK.(M/SEC):45 60
WURF LANDET BEI 366.97 METER!
ZIEL IST 200 METER ENTFERNT.
WINKEL(GRAD) GESCHWDK.(M/SEC):45 45
WURF LANDET BEI 206.42 METER!
ZIEL IST 200 METER ENTFERNT.
WINKEL(GRAD) GESCHWDK.(M/SEC):45 44
WURF LANDET BEI 197.35 METER!
ZIEL IST 200 METER ENTFERNT.
WINKEL(GRAD) GESCHWDK.(M/SEC):45 44.5
WURF LANDET BEI 201.86 METER!
BRAVO. TREFFER!!

ZIEL IST 300 METER ENTFERNT.
```

<u>Beispiel</u> 94 PHOTOELEKTRISCHER EFFEKT

<u>Problem</u>. Der photoelektrische Effekt nach Albert EINSTEIN, wonach Elektronen bei Bestrahlung aus Metalloberflächen nur bis zu einer maximalen Wellenlänge austreten, soll für die Metalle PLATIN, BLEI und EISEN simuliert werden.

<u>Verfahren</u>. Zunächst wird die Wahl des Elementes PLATIN(1), BLEI(2) oder SILBER(3) abgefragt. Die Grenzfrequenz(Rotgrenze) wird als LISTE auf V gesetzt. Die Intensität K wird zufällig auf 1 oder 2 gesetzt. In der Prozedur SCHRITT :L :E :S wird über den kritischen Wellenlängenbereich der Photostrom mit der Prozedur STROM :J simuliert. Es werden je drei 'Versuche' ausgeführt, wobei dem 'Photostrom' ein statistisches Rauschen beigemischt wird.
Nach Ablauf einer Versuchsreihe kann für das gleiche Metall die Intensität vergrößert bzw. verkleinert werden(Faktor K). Außerdem kann eines der beiden anderen Metalle gewählt werden.

<u>Aufgabe</u> 94 Erweitern Sie das Programm so, daß aus den drei Teilversuchen zusätzlich das arithmetische Mittel gebildet und ausgegeben wird.

```
PLATIN(1), BLEI(2), SILBER(3)
WELCHES METALL?1


                       MICROAMPERE
WELLENL.  INTENS.    A      B      C
2380        2      20.5   20.8   20.6
2500        2      20.8   20.8   20.8
2631        2      20.5   20.5   20.1
2777        2      20.6   20.1   20.8
2941        2      20.3   20.5   20.3
3125        2      20.6   20.4   20.3
3333        2      3.2    2.     3.9
3571        2      3.6    2.6    1.4
3846        2      4.7    3.9    0.

ERHOEHUNG DER INTENSITAET(JA?)NEIN
EIN ANDERES METALL(JA)?NEIN
```

```
PR PHOTOELEKTRISCHER.EFFEKT
 DZ "'94  PHOTOELEKTRISCHER EFFEKT'
 20: DZ "'PLATIN(1), BLEI(2), SILBER(3)'
 DR "'WELCHES METALL?' SETZE "N ER EG
 SETZE "V GRENZE :N [.308 .34 .385] SETZE "K 1 + ZZ 2
 110: DZ " TAB 20 DZ "MICROAMPERE
 DZ "'WELLENL. INTENS.    A      B      C'
 SCHRITT .42 .25 "-2.N2
 DZ " DR "'ERHOEHUNG DER INTENSITAET(JA?)'
 PRUEFE EG = [JA]
 WW DR "'WELCHER FAKTOR?' SETZE "K :K * ER EG GEHE "110
 DR "'EIN ANDERES METALL(JA)?'
 WENN EG = [JA] DZ " GEHE "20
ENDE

PR GRENZE :N :L
 WENN :N = 1 RG ER :L SONST RG GRENZE :N - 1 OE :L
ENDE

PR SCHRITT :L :E :S
 WENN :L < :E RK SONST DR INT 1000 / :L TAB 12 DR :K
 STROM 3 DZ " SCHRITT :L + :S :E :S
ENDE

PR TAB :X
 BLINKER :X - 1 .HOLE 37
ENDE

PR STROM :J
 WENN :J = 0 RK SONST PRUEFE :L > :V
 WW SETZE "I QW :K * :K * 100 + ZZ 35
 WF SETZE "I QW ZZ 25
 TAB 36 - 6 * :J DR .1 * RUNDE 10 * :I STROM :J - 1
ENDE
```

```
94  PHOTOELEKTRISCHER EFFEKT
PLATIN(1), BLEI(2), SILBER(3)
WELCHES METALL?2

                         MICROAMPERE
WELLENL.  INTENS.    A      B      C
2380         1      10.2   11.    10.6
2500         1      10.    11.    10.1
2631         1      11.6   11.4   11.3
2777         1      10.5   10.8   11.2
2941         1      3.2    3.     2.8
3125         1      4.2    4.9    2.8
3333         1      2.2    4.7    1.
3571         1      2.4    3.9    2.8
3846         1      2.     2.     1.4

ERHOEHUNG DER INTENSITAET(JA?)NEIN
EIN ANDERES METALL(JA)?JA
```

Beispiel 95 PERIODENSYSTEM

Problem. Aus der Ordnungszahl eines chemischen Elementes soll seine Elektronen-Konfiguration ermittelt werden.

Verfahren. Nach Abfrage der Ordnungszahl N wird in der Prozedur KONFIGURATION :S :W :SCH aus der 'Schalenbelegung' :SCHALEN und der Wertigkeit :WERT die theoretische Elektronenbelegung bestimmt. Abweichungen vom theoretischen Modell werden nicht berücksichtigt. Bei einer Ordnungszahl N = 103 wird vor der Ausgabe der Belegung gemeldet: ELEMENT IST UNBEKANNT!
Bei N = Ø endet das Programm regulär.

Aufgabe 95 Erweitern Sie das Programm so, daß die Abweichungen vom theoretischen Schalenmodell berücksichtigt werden.

Beispiel 96 EINSTEIN

Problem. Größe, Gewicht und Alter eines Zwillings, der sich relativ zum anderen Zwilling mit V Prozent der Lichtgeschwindigkeit C bewegt, sollen bestimmt werden.

Verfahren. Nach der Abfrage des Prozentsatzes V der Lichtgeschwindigkeit C = 299 792 km/sec werden die Größe, das Gewicht und das Alter im System des ersten Zwillings als

GRÖSSE*G   MASSE/G   ALTER*G

mit dem EINSTEIN'schen Relativitätsfaktor G = QW(1 - V*V) ermittelt. QW ist dabei die LOGO-Funktion Quadratwurzel und V die Relativgeschwindigkeit Prozentsatz V/100, bei halber Lichtgeschwindigkeit also V = Ø.5 zwischen beiden Systemen.

Aufgabe 96 Erweitern Sie das Programm so, daß vor der Ausgabe der berechneten Werte eine Schätzung angefordert und die prozentuale Abweichung zu den tatsächlichen Werten bestimmt und mit ausgegeben wird.

```
96 EINSTEIN
WIEVIEL PROZENT VON C? 90
GROESSE(CM) GEWICHT(KG) ALTER?
170 70 49

GESCHWINDIGKEIT ZWILLING:
270 MILL. M / SEC
DU                       ZWILLING
CM:170                   74.1
KG:70                    160.59
JR:49                    21.36
```

```
PR PERIODENSYSTEM
 DZ "'95  PERIODENSYSTEM'
 SETZE "SCHALEN [1S 2S 2P 3S 3P 4S 3D 4P 5S 4D 5P 4F]
 SETZE "SCHALEN SATZ :SCHALEN [5D 6P 7S 5F 6D 7P 8S]
 SETZE "SCHALEN SATZ :SCHALEN [5G 6F 7D 8P]
 SETZE "WERT [2 2 6 2 6 2 10 6 2 10 6 2 14 10 6]
 SETZE "WERT SATZ :WERT [2 14 10 6 2 18 14 10 6]
 90: DR "'WELCHE ORDNUNGSZAHL?' SETZE "N ER EG
 WENN :N > 103 DZ "'ELEMENT UNBEKANNT!'
 WENN :N = 0 DANN AUSSTIEG
 DZ "'DIE KONFIGURATION IST:'
 DZ KONFIGURATION 0 :WERT :SCHALEN GEHE "90
ENDE
```

```
PR KONFIGURATION :S :W :SCH
 WENN :SCH = [] RG "'ENDE FEHLT!'
 PRUEFE :S < :N - ER :W                    ┘ :W OE :SCH )
 WW RG ( SATZ ER :SCH ER :W KONFIGURATION :S + ER :W OE
 RG SATZ ER :SCH :N - :S
ENDE
```

```
95  PERIODENSYSTEM
WELCHE ORDNUNGSZAHL?1
DIE KONFIGURATION IST:
1S 1
WELCHE ORDNUNGSZAHL?50
DIE KONFIGURATION IST:
1S 2 2S 2 2P 6 3S 2 3P 6 4S 2 3D 10 4P 6 5S 2 4D 10 5P 2
WELCHE ORDNUNGSZAHL?104
ELEMENT UNBEKANNT!
DIE KONFIGURATION IST:
1S 2 2S 2 2P 6 3S 2 3P 6 4S 2 3D 10 4P 6 5S 2 4D 10 5P 6
4F 2 5D 14 6P 10 7S 6 5F 2 6D 14 7P 2
WELCHE ORDNUNGSZAHL?0
```

```
PR EINSTEIN
 DZ "'96  EINSTEIN'
 DR "'WIEVIEL PROZENT VON C?' SETZE "V ( ER EG ) / 100
 SETZE "G QW 1 - :V * :V
 DZ "'GROESSE(CM) GEWICHT(KG) ALTER?' SETZE "DU EG
 DZ " DZ "'GESCHWINDIGKEIT ZWILLING:'
 ( DZ ( RUNDE :V * 299.792 ) "'MILL. M / SEC' )
 DR "DU TAB 22 DZ "ZWILLING
 ( DR "CM: ER :DU )
 TAB 22 DZ ( RUNDE 100 * :G * ER :DU ) / 100
 ( DR "KG: ER OE :DU )
 TAB 22 DZ ( RUNDE 100 / :G * ER OE :DU ) / 100
 ( DR "JR: LZ :DU )
 TAB 22 DZ ( RUNDE 100 * :G * LZ :DU ) / 100
 DZ " EINSTEIN
ENDE
```

```
PR TAB :X
 BLINKER :X - 1 .HOLE 37
ENDE
```

Beispiel 97 HASEN UND FÜCHSE

Problem. Zu einem Anfangszeitpunkt befinden sich in einem umgrenzten Gebiet X Hasen und Y Füchse. Die Entwicklung der beiden Populationen soll unter der Bedingung simuliert werden, daß für die Hasen stets ausreichend Nahrung vorhanden ist.

Verfahren. Die Anzahlen X und Y der Hasen bzw. Füchse werden als Funktionen der Zeit T angenähert beschrieben durch das System

```
X'(T)=2*X(T)-2*X(T)*Y(T) = 2*X*(1 - Y)
Y'(T)= -Y(T) + X(T)*Y(T) =   Y*(X - 1)
```

mit den Differentialquotienten X'(T) und Y'(T).
Für X = 1 und Y = 1 ist das System stabil, d.h. die zugehörige Population der Hasen bzw. Füchse ändert sich nicht.

Zur Lösung der beiden Differentialgleichungen wird die recht einfache Methode der EULER-Polygone verwendet. Der jeweilige Zustand (X,Y) wird im folgenden Zeitpunkt ersetzt durch

(X + H , Y + H*Y*(X - 1)) ,

wobei H die gewählte (zeitliche) Schrittweite ist.
Für die Schrittweite wird H = 0.005 verwendet.
Als stabiler Punkt des HASEN-FÜCHSE-Systems wird

X = 200 (Hasen) und Y = 20 (Füchse)

angenommen.

Hinweis. Der zeitliche Ablauf wird in der Prozedur ABLAUF :X :Y mit der IGEL-Grafik (im ersten Quadranten) dargestellt. Außerdem wird der numerische Verlauf der Anzahlen ausgegeben. Die Maßeinheiten der Achsen entsprechen mit 200 Hasen(X-Achse) und 20 Füchsen(Y-Achse) dem gewählten Stabilitätspunkt (200,20). Der Ablauf kann nur mit CTRL-G beendet werden. Man beobachte die unterschiedlichen Zeitverhältnisse im Verlauf der Kurve und den i.a. nicht zyklischen Verlauf des Systems.

Aufgabe 97 Ergänzen Sie das Programm so, daß entweder das Aussterben (=1 Exemplar) gemeldet wird, oder ggf. ein fortpflanzungsfähiges Paar durch (wiederholtes) Einsetzen in das Gebiet garantiert ist.

```
PR HASEN.UND.FUECHSE
 DZ "'97  HASEN UND FUECHSE'
 DR "'ANZAHL HASEN FUECHSE:' SETZE "PAAR EG
 ACHSEN VI AUFXY ( ER :PAAR ) / 10 2 * LZ :PAAR SA
 ABLAUF ( ER :PAAR ) / 200 ( LZ :PAAR ) / 10
ENDE
PR ACHSEN
 WH 3 [STIFTAB VW 20 SH VW 20] MITTE RE 90
 WH 3 [SA VW 20 STIFTHOCH VW 20]
ENDE
PR ABLAUF :X :Y
 AUFXY 20 * :X 20 * :Y BLINKER 10 20
 ( DZ "HASEN: RUNDE 200 * :X RUNDE 10 * :Y "FUECHSE )
 ABLAUF :X + :X * ( 1 - :Y ) * 9.99998N3 :Y + :Y *
ENDE                                          ( :X - 1 ) * 5.N3
```

```
97  HASEN UND FUECHSE
ANZAHL HASEN FUECHSE:200 6
              HASEN: 220 6 FUECHSE
              HASEN: 243 6 FUECHSE
              HASEN: 266 6 FUECHSE
              HASEN: 291 7 FUECHSE
              HASEN: 314 7 FUECHSE
              HASEN: 336 8 FUECHSE
              HASEN: 352 8 FUECHSE
              HASEN: 363 9 FUECHSE
              HASEN: 365 10 FUECHSE
              HASEN: 358 11 FUECHSE
              HASEN: 341 13 FUECHSE
              HASEN: 316 14 FUECHSE
              HASEN: 286 14 FUECHSE
              HASEN: 253 15 FUECHSE
              HASEN: 222 15 FUECHSE
              HASEN: 193 16 FUECHSE
              HASEN: 168 15 FUECHSE
              HASEN: 148 15 FUECHSE
              HASEN: 131 14 FUECHSE
              HASEN: 119 14 FUECHSE
              HASEN: 109 13 FUECHSE
              HASEN: 102 12 FUECHSE
              HASEN: 97 12 FUECHSE
              HASEN: 94 11 FUECHSE
              HASEN: 93 10 FUECHSE
              HASEN: 94 9 FUECHSE
              HASEN: 96 9 FUECHSE
              HASEN: 99 8 FUECHSE
              HASEN: 104 8 FUECHSE
              HASEN: 111 7 FUECHSE
              HASEN: 119 7 FUECHSE
              HASEN: 129 7 FUECHSE
              HASEN: 140 6 FUECHSE
              HASEN: 154 6 FUECHSE
              HASEN: 170 6 FUECHSE
              HASEN: 188 6 FUECHSE
              HASEN: 208 6 FUECHSE
```

Beispiel 98 LIFE

Problem. Die bekannte LIFE-Simulation nach JOHN CONWAY soll ausgeführt werden. Vorgegeben werden kann eine Ausgangspopulation von 'Zellen/Lebewesen' als Ø.Generation. Die Entwicklung der nachfolgenden Generationen wird unter folgenden Spielregeln vorgenommen:

1. Jede Zelle mit 2 oder 3 Nachbarzellen überlebt in der betr. Generation.
2. Jede Zelle mit mehr als 3 Nachbarzellen stirbt wegen Überbevölkerung.
3. An jeder leeren Position mit genau 3 Nachbarzellen(Vater, Mutter, Hebamme) wird eine neue Zelle geboren.

Zugrundegelegt wird ein regelmässiges Gitternetz für die Zellverteilung, so daß sich an jedem Gitterpunkt eine Zelle befinden kann und insgesamt acht Nachbarzellen möglich sind.

Verfahren. Die Ausgangspopulation wird mit Prozedur FELD :E :I aufgebaut, wobei für eine Zelle das Zeichen * und für eine leere Position + einzugeben ist. Die Eingabe endet mit Eingabe von ENDE. Die Ausgabe der Populationen :FELD übernimmt die Prozedur AUSGABE :F :I zeilenweise mit Z :Z :K auf dem Bildschirm. Dabei wird die Anzahl der in der betr. Generation vorhandenen Zellen genannt.
Mit NEU :G :I wird die neue Population ermittelt und an :FELD zurückgegeben. Mit TEST :K werden die Spielregeln für jeden Gitterpunkt simuliert. Die Anzahl der Nachbarn wird über die Prozedur NACHBARN :F bzw. die Unterprozedur ANZAHL :F :Y festgestellt. Stirbt die Population aus (:FELD = []), dann endet die Simulation mit der Meldung: AUSGESTORBEN!

Hinweis. Bei dieser Simulation werden die Stärken von LOGO deutlich. Es muß nämlich kein 'volles' Gitternetz, sondern immer nur die LISTE :FELD der relevanten Zellen geführt werden. Die LISTE enthält zeilenweise die Daten einer Verteilung. Als erstes Element der ZEILE wird die Zeilennummer und danach die Nummern der besetzten Positionen notiert.

Aufgabe 98 Ändern Sie die Spielregeln ab und erzeugen Sie ein stehendes Bild bei der Ausgabe.

```
98  LIFE
WIEVIEL GENERATIONEN?10
AUSGANGSPOPULATION IN ZEILEN:
ZELLE=* LEER=+ ENDE=ENDE
****
****
****
****
++++****
++++****
++++****
++++****
ENDE
GENERATION 0
****
****
****
****
    ****
    ****
    ****
    ****
ES LEBEN JETZT: 32
GENERATION 1
  **
 *  *
*    *
*    *
 *    **
  **    *
    *    *
    *    *
     *  *
      **
ES LEBEN JETZT: 22
GENERATION 2
   **
  ****
 **  **
 **   *
  **   **
   **   **
     *   **
     **  **
      ****
       **
ES LEBEN JETZT: 34
GENERATION 3
   *  *
  *    *
       *
      **
  *  *  ***
   ***  *  *
      **
      *
      *    *
       *  *
ES LEBEN JETZT: 24
GENERATION 4
       **
        **
       ** *
    * *  ***
    ***  * *
     * **
      **
       **
ES LEBEN JETZT: 24
GENERATION 5
        ***
        *   *
     * *    *
     *    * *
     *   *
       ***
ES LEBEN JETZT: 16
GENERATION 6
          *
          *
         *
       *     **
     **     *
          *
         *
         *
ES LEBEN JETZT: 12
GENERATION 7
          **
       *      *
       *      *
          **
ES LEBEN JETZT: 8
GENERATION 8
ES LEBEN JETZT: 0
AUSGESTORBEN!
```

```
PR LIFE
DZ "'98  LIFE'
DR "'WIEVIEL GENERATIONEN?' SETZE "N ER EG
DZ "'AUSGANGSPOPULATION IN ZEILEN:'
DZ "'ZELLE=* LEER=+ ENDE=ENDE'
SETZE "FELD FELD ER EG 1 SETZE "G 0
100: DZ SATZ "GENERATION :G SETZE "G :G + 1
( DZ "'ES LEBEN JETZT:' AUSGABE :FELD )
WENN :FELD = [] DZ "AUSGESTORBEN! AUSSTIEG
WENN :G < :N + 1 SETZE "FELD NEU [] 0 GEHE "100
ENDE

PR FELD :E :I
WENN :E = "ENDE RG []
RG ME SATZ :I ZEILE :E 1 FELD ER EG :I + 1
ENDE

PR ZEILE :E :K
WENN :E = " RG []
WENN ER :E = "* RG ME :K ZEILE OE :E :K + 1
RG ZEILE OE :E :K + 1
ENDE

PR AUSGABE :F
WENN :F = :FELD SETZE "A 0
WENN :F = [] RG :A
Z OE ER :F 1 RG AUSGABE OE :F
ENDE

PR Z :Z :K
WENN :Z = [] DZ " RK SONST PRUEFE ER :Z = :K
WW DR "* SETZE "A :A + 1 Z OE :Z :K + 1
WF DR "' ' Z :Z :K + 1
ENDE

PR NEU :G :I
WENN :I > 1 + ER LZ :FELD RG :G
SETZE "ZEILE TEST 0
WENN :ZEILE = [] DANN RG NEU :G :I + 1
RG NEU ML SATZ :I + 1 :ZEILE :G :I + 1
ENDE

PR TEST :K
PRUEFE :K = 0
WW SETZE "F BAND :FELD SETZE "MAX 1 + MAX :F 0
WENN :K > :MAX DANN RG [] SONST SETZE "X "
SETZE "NACHBARN NACHBARN :F
WENN :NACHBARN = 3 RG SATZ :K + 1 TEST :K + 1
PRUEFE ( EINES? :NACHBARN > 3 :NACHBARN < 2 :X = " )
WW RG TEST :K + 1 SONST RG SATZ :X TEST :K + 1
ENDE
```

```
PR BAND :F
 WENN :F = [] DANN RG []
 WENN :I + 1 < ER ER :F RG []
 WENN :I > 1 + ER ER :F RG BAND OE :F
 RG ME ER :F BAND OE :F
ENDE

PR MAX :F :MAX
 WENN :F = [] RG :MAX
 WENN LZ ER :F > :MAX SETZE "MAX LZ ER :F
 RG MAX OE :F :MAX
ENDE

PR NACHBARN :F
 WENN :F = [] DANN RG 0
 RG ( ANZAHL OE ER :F ER ER :F ) + NACHBARN OE :F
ENDE

PR ANZAHL :F :Y
 WENN :F = [] RG 0
 WENN EINES? :K + 1 < ER :F :K > 1 + LZ :F RG 0
 WENN :K - 1 = ER :F RG 1 + ANZAHL OE :F :Y
 PRUEFE :K = ER :F
 WW WENN :I = :Y SETZE "X :K + 1 RG ANZAHL OE :F :Y
 WW WENN NICHT :I = :Y RG 1 + ANZAHL OE :F :Y
 WENN :K + 1 = ER :F RG 1 SONST RG ANZAHL OE :F :Y
ENDE
```

```
98 LIFE
WIEVIEL GENERATIONEN?6
AUSGANGSPOPULATION IN ZEILEN:
ZELLE=* LEER=+ ENDE=ENDE
******
******
******
******
******
******
ENDE
GENERATION 0
******
******
******
******
******
******
ES LEBEN JETZT: 36
GENERATION 1
  ****
 *    *
*      *
*      *
*      *
*      *
 *    *
  ****
ES LEBEN JETZT: 20
```

```
GENERATION 2
    **
   ****
  ******
 **    **
***    ***
***    ***
 **    **
  ******
   ****
    **
ES LEBEN JETZT: 44
GENERATION 3
    *  *
   *    *
  *      *
 *   **   *
    *  *
    *  *
 *   **   *
  *      *
   *    *
    *  *
ES LEBEN JETZT: 24
```

Beispiel 99 BUNNY

Problem. Der Kopf des Hasen BUNNY soll auf dem Drucker dargestellt werden.

Verfahren. Anders als bei den üblichen Micky-Mouse-Bildern wird das Zeichen-Raster nicht direkt zeilenweise aus dem Programm auf den Drucker gegeben. Die einzelnen Zeilen des Rasters werden vielmehr als Paare aus Anfangs- und Endposition der Druckbereiche in einer LISTE :Y im Programm als Elemente gesetzt und dann mit dem Zeilen-Grundraster :A mit der Prozedur ZEILE :T :Z :A ausgegeben.

Hinweis. Die Druckbereiche der Zeilen werden in der LISTE :Y sukzessive aufgebaut, um für das Listing des Programmes ein 'schmaleres' Format zu erreichen. Man kann die LISTE :Y auch in einer Setzung definieren.

Aufgabe 99 Realisieren Sie eine andere Figur durch die Ersetzung von :A (Grundmuster) und :Y (Druckbereiche der Zeilen).

```
PR BUNNY
 DZ "'99  BUNNY'
 SETZE "A "BUNNYBUNNYBUNNYBUNNYBUNNYBUNNY
 SETZE "A WORT :A "BUNNYBUNNYBUNNYBUNNYBUNNYBUNNY
 SETZE "Y [[2 3] [1 3 46 51] [1 6 44 53] [1 8 42 53]]
 SETZE "Y SATZ :Y [[2 10 38 51] [3 12 37 51] [4 14 35 50]]
 SETZE "Y SATZ :Y [[5 15 33 49] [6 16 32 48] [7 17 31 46]]
 SETZE "Y SATZ :Y [[8 18 30 45] [9 20 29 44] [10 21 28 42]]
 SETZE "Y SATZ :Y [[11 22 27 41] [12 23 26 39] [13 23 25 37]]
 SETZE "Y SATZ :Y [[14 35] [15 34] [16 32] [18 30] [19 28]]
 SETZE "Y SATZ :Y [[20 27] [17 29] [14 31] [12 32] [11 33]]
 SETZE "Y SATZ :Y [[9 34] [8 35] [7 14 17 35] [6 13 17 36]]
 SETZE "Y SATZ :Y [[5 13 17 36] [4 13 16 36] [3 36] [2 36]]
 SETZE "Y SATZ :Y [[3 35] [4 35] [5 34] [7 35] [11 33 36 36]]
 SETZE "Y SATZ :Y [[15 18 20 26 29 32 37 37]]
 SETZE "Y SATZ :Y [[16 20 24 31 38 38]]
 SETZE "Y SATZ :Y [[15 19 22 22 25 31 39 39]]
 SETZE "Y SATZ :Y [[14 19 24 30 34 40] [13 30 32 34]]
 SETZE "Y SATZ :Y [[12 14 18 18 20 20 23 23 25 32]]
 SETZE "Y SATZ :Y [[11 12 18 19 23 23 25 25 30 30]]
 SETZE "Y SATZ :Y [[23 24 27 30] [28 30] [29 30]]
 AUSGANG 1 HASE :Y
 AUSGANG 0
ENDE

PR HASE :L
 WENN :L = [] RK
 ZEILE - 4 ER :L :A
 HASE OE :L
ENDE

PR ZEILE :T :Z :A
 WENN :Z = [] DZ " RK
 WENN ER :Z > :T DR "' ' ZEILE :T + 1 :Z OE :A RK
 WENN ER OE :Z < :T ZEILE :T OE OE :Z :A RK
 DR ER :A ZEILE :T + 1 :Z OE :A
ENDE
```

```
99  BUNNY
     UN
    BUN                                          BUNNYB
    BUNNYB                                     NYBUNNYBUN
    BUNNYBUN                                 UNNYBUNNYBUN
     UNNYBUNNY                           NNYBUNNYBUNNYB
      NNYBUNNYBU                        UNNYBUNNYBUNNYB
       NYBUNNYBUNN                    YBUNNYBUNNYBUNNY
        YBUNNYBUNNY                 NNYBUNNYBUNNYBUNN
         BUNNYBUNNYB               UNNYBUNNYBUNNYBUN
          UNNYBUNNYBU             BUNNYBUNNYBUNNYB
           NNYBUNNYBUN           YBUNNYBUNNYBUNNY
            NYBUNNYBUNNY        NYBUNNYBUNNYBUNN
             YBUNNYBUNNYB      NNYBUNNYBUNNYBU
              BUNNYBUNNYBU    UNNYBUNNYBUNNYB
               UNNYBUNNYBUN  BUNNYBUNNYBUNN
                NNYBUNNYBUN YBUNNYBUNNYBU
                 NYBUNNYBUNNYBUNNYBUNNY
                  YBUNNYBUNNYBUNNYBUNN
                   BUNNYBUNNYBUNNYBU
                     NNYBUNNYBUNNY
                      NYBUNNYBUN
                       YBUNNYBU
                    UNNYBUNNYBUNN
                 NYBUNNYBUNNYBUNNYB
               UNNYBUNNYBUNNYBUNNYBU
              BUNNYBUNNYBUNNYBUNNYBUN
            NYBUNNYBUNNYBUNNYBUNNYBUNN
           NNYBUNNYBUNNYBUNNYBUNNYBUNNY
          UNNYBUNN  UNNYBUNNYBUNNYBUNNY
         BUNNYBUN   UNNYBUNNYBUNNYBUNNYB
        YBUNNYBUN   UNNYBUNNYBUNNYBUNNYB
       NYBUNNYBUN  BUNNYBUNNYBUNNYBUNNYB
      NNYBUNNYBUNNYBUNNYBUNNYBUNNYBUNNYB
     UNNYBUNNYBUNNYBUNNYBUNNYBUNNYBUNNYB
      NNYBUNNYBUNNYBUNNYBUNNYBUNNYBUNNY
       NYBUNNYBUNNYBUNNYBUNNYBUNNYBUNNY
        YBUNNYBUNNYBUNNYBUNNYBUNNYBUNN
          UNNYBUNNYBUNNYBUNNYBUNNYBUNNY
              BUNNYBUNNYBUNNYBUNNYBUN  B
                  YBUN YBUNNYB  NYBU    U
                   BUNNY   NYBUNNYB      N
                  YBUNN  U   YBUNNYB      N
                 NYBUNN    NYBUNNY   NYBUNNY
                NNYBUNNYBUNNYBUNNY UNN
               UNN   N Y  N YBUNNYBU
              BU     NN   N Y    Y
                          NN  UNNY
                               NNY
                                NY
```

6 LOGO-Latein

Der Streit um die 'richtige' Programmiersprache ist so alt wie der Computer selbst. Vielen geht es mit ihren Sprachen wie mit manchen Ehen. Erst schwärmt man kritiklos für den Partner, dann gewöhnt man sich an ihn(oder sie) und zum Schluß wird der Aufwand für eine Trennung zu groß.
Die Geschichte der Programmiersprachen ist voll von sehr guten theoretischen Konzepten und dem praktischen weltweiten Siegeszug wenig anspruchsvoller Sprachen wie FORTRAN oder nun BASIC. So gut man auch Sprachkonzepte begründen kann, so groß ist das Beharrungsvermögen normativer Fakten.
Wie bei den natürlichen Sprachen scheint es wenig sinnvoll, einer SUPER-Einheitsprache das Wort zu reden. Bei der stark abnehmenden Bedeutung der herkömmlichen Programmierung für den einzelnen Anwender könnte man die Sache auf sich beruhen lassen. Die Entscheidung für eine bestimmte Sprache ist aber vor allem im Ausbildungsbereich immer noch von besonderer Bedeutung für die notwendigen didaktischen Folgerungen.
Grundkenntnisse und praktische Fertigkeiten in der Benutzung von Programmiersprachen werden auch längerfristig eine gute Voraussetzung für den Einsatz kompletter Programmsysteme sein.
Da heute jedes Computersystem mehrere Programmiersprachen zuläßt, sollte man im Ausbildungsbereich der Zweisprachigkeit das Wort reden.
Ein zweisprachiges Konzept schafft offenbar -wie bei den natürlichen Sprachen- eine größere Anwendungs- und Ausdrucksbreite. Man muß dann auch nicht mehr soweit gehen, die Verwendung einer bestimmten Programmiersprache als schädlich für das logische Denken zu verdächtigen.
LOGO ist von seinen Möglichkeiten her sicher neben BASIC ein hervorragendes Sprachkonzept für den Schulbereich. So läßt sich LOGO bekanntlich bereits mit der IGEL-Grafik im Grundschulbereich propädeutisch verwenden. Die bloße Verwendung von LOGO im Schulbereich dürfte dagegen an den Realitäten vorbeigehen. Die Chance besteht wohl eher darin, auf den in wenigen Jahren ohnehin vorhandenen BASIC-Kenntnissen der Schüler aufzubauen und daraus die Stärken von LOGO zu zeigen.

Die Diskussion über die 'richtige' Programmiersprache soll hier nicht um eine weitere Variante angereichert werden.
Es darf aber festgestellt werden, daß die von den Fachleuten 'ungeliebten' Sprachen FORTRAN und BASIC weiterhin eine starke Spitzenstellung einnehmen. Wesentliche Veränderungen können aus der zunehmenden Verfügbarkeit 'höherwertiger' Sprachen auf kleinen Mikrocomputern erwartet werden.
Wenn ein Benutzer mehrere Sprachen zur Auswahl hat, so ist er mangels eigener Primärerfahrung wohl an sachlicher Information interessiert. So wird im Abschnitt 6.1 versucht, einen groben Vergleich zwischen LOGO und BASIC aus praktischer Sicht zu ziehen.
Solange es sich um eine individuelle Entscheidung für oder gegen eine bestimmte Sprache handelt, sollte man mit einer Bewertung 'gut' oder 'schlecht' zurückhaltend sein. Anders sieht es dagegen bei Entscheidungen aus, die für andere zu treffen sind. Gemeint sind insbesondere die Entscheidungen, die mit dem wachsenden Einzug der Computer in die Schule notwendig werden.Die Kultusverwaltungen sind sicher gut beraten, wenn sie den Fachlehrern diese methodische Auswahl ebenso wenig abnehmen, wie die Geräte-Auswahl. Schließlich führt die Vielfalt zu sachlicher Konkurrenz, zur Eigenverantwortung und nicht zuletzt zu Vergleichsmöglichkeiten. Wegen der in der Regel fehlenden Computer-Ausbildung der heutigen Lehrerschaft bedarf es jedoch sachlicher Information und der Möglichkeit, eigene Vergleiche zwischen verschiedenen Konzepten anstellen zu können. Dazu möchte auch die hier vorgelegte Beispiel-Sammlung einen kleinen Beitrag leisten.
LOGO hat in einem Vergleich mit BASIC oder PASCAL ganz gute Argumente auf seiner Seite. Besonders wichtig scheint dabei zu sein, daß man in LOGO mit einfachen Strukturen beginnen und dann diese von Altersstufe zu Altersstufe erweitern kann. Man sollte sich aber immer bewußt bleiben, daß man gerade mit LOGO auch schnell über das Ziel hinausschießen kann. Aus der heutigen Sicht läßt sich LOGO für den Schuleinsatz mit gutem Gewissen empfehlen. Der praktische Härtetest steht aber noch aus.'

6.1 Vergleich mit BASIC

Überzeugte LOGO-Fans werden ob eines Vergleichs mit BASIC nur milde lächeln. Sind sie doch davon überzeugt, daß LOGO immer das bessere Konzept bietet. Richtig. Nur wird man mit einem Sportwagen keine Möbeltransporte machen. Und schwere Möbel müssen eben ab und zu auch transportiert werden.
Bevor wir uns dazu einige Details anschauen, soll zunächst etwas über die Auswahl der vorgelegten 100 Beispiele gesagt werden. Man kann sicher an dieser Auswahl Kritik üben: Sie sei zu punktuell, größere Beispiele fehlten ganz, ein größerer Zusammenhang sei nicht erkennbar. Alles richtig! Nur, diese Beispiele gibt es eben. Und auch LOGO muß sich an dem Anspruch messen lassen, als universelle Sprache dafür überzeugende Lösungen anzubieten. Am Beginn dieses Bandes stand die direkte Anknüpfung an die 100 BASIC-Beispiele, aus der sich dann der Vergleich folgerichtig ergibt. Der Autor erhebt weder den Anspruch, die besten LOGO-Lösungen gefunden zu haben, noch alle anspruchsvollen Möglichkeiten von LOGO aufgezeigt zu haben. Das ganze ist viel bescheidener. Dem Leser sollen Anregungen für eigene und auch bessere Umsetzungen geboten werden. In diesem Punkt ist sich der Autor aber sehr sicher. Die Leser bestätigen, daß sie aus konkreten Beispielen mehr gelernt haben als aus anspruchsvollen theoretischen Abhandlungen.
Nun aber zum Vergleich von LOGO mit BASIC.
Zur theoretischen Seite dazu nur wenige Bemerkungen. Wie schon in Kapitel 2 bis 4 beschrieben, besitzt LOGO zweifellos das strukturell weit überlegene Sprachkonzept. Auch der Autor bekennt sein Vergnügen an der Arbeit mit LOGO. Sie läßt kurze, elegante und auf das Wesentliche konzentrierte Formulierungen zu. Gegenüber BASIC erfordert LOGO als 'Preis' jedoch eine abstraktere Denkweise. BASIC kommt mit seiner Schleifenvorstellung, dem Platzhalter- und Zählerdenken, d.h. der computernahen Darstellung, der direkten Anschauung sehr entgegen. Sicher ist der rekursive und modulare Ansatz von LOGO auf einer höheren Ebene auch anschaulich, nur dürfte diese Ebene dem normalen zwölfjährigen Schüler nicht zur Verfügung stehen.

Abgemildert wird die höhere Abstraktion bei LOGO durch die Möglichkeit des direkten Tests der einzelnen Prozeduren.
Es bietet sicher auch für jüngere Schüler eine Faszination, die einzelnen Prozedur-Bausteine experimentell zu entwickeln und zu testen.
Eine gute Chance sieht der Autor darin, den BASIC-Kenner über BASIC-nahe LOGO-Formulierungen schrittweise an konsequente LOGO-Strukturen heranzuführen. Die auch in BASIC notwendigen Grundelemente der dynamischen Zuordnung, der korrekten Abbruchbedingung und der Zeichenkettenverarbeitung sind wohl gute Grundlagen für einen Einstieg in die LOGO-Welt.
Nun zum praktischen Vergleich.
Dieser Vergleich kann sich nicht an dem theoretischen Konzept von LOGO, sondern notwendigerweise an der konkreten Realisierung auf den heutigen Mikrocomputern festmachen.
Hier gibt es zwei deutliche Schwächen von LOGO gegenüber dem einfachsten BASIC. Die eine Schwäche ist die geringe numerische Genauigkeit. Mit sechs Ziffern ist LOGO heute jedem kleinen Taschenrechner deutlich unterlegen. Das Argument, LOGO sei eine listenorientierte, und keine zahlenorientierte Sprache ist kaum ein Trost. BASIC bietet im numerischen Bereich hier einfach mehr Genauigkeit und damit mehr Möglichkeiten. Man kann nur hoffen, daß mit der Ausweitung der Hauptspeicher auf mindestens 128 kByte diese speicherplatzbedingte Schwäche in Kürze behoben wird. Auf der gleichen Ebene liegt das Problem der Rechengeschwindigkeit. Durch die aufwendige lokale Daten- und Rekursionsverwaltung kommt LOGO i.a. auf deutlich größere Rechenzeiten. Schwere Zeit-Möbel fahren sich mit BASIC doch leichter. Das Problem der Rechenzeiten dürfte sich aber mit zunehmend schnelleren Prozessoren auch weiter entschärfen.
Für den Benutzer von LOGO gibt es auch noch ein Kostenproblem. BASIC steht mit jedem Computer 'kostenlos' und direkt abrufbar zur Verfügung. Für ein LOGO-System müssen heute noch beachtliche Preise bezahlt werden. Es wäre sehr zu wünschen, daß LOGO in die Grundausstattung von HEIM- und PERSONAL-Computern aufgenommen würde, wobei die Einbringung als eigener ROM(Nur-Lesespeicher) die idealste Lösung wäre.

Bleibt noch die zweite Schwäche von LOGO. Es ist die grundsätzliche Schwäche des rekursiven Prinzips mit seiner Notwendigkeit der internen 'Kellerung'(Aufbewahren von Daten und Parametern nach jedem Rekursionsschritt).
Man muß sich bei der Anwendung des rekursiven Ansatzes immer überlegen, ob die zur Verfügung stehende 'Speichertiefe' für eine korrekte Ausführung ausreicht. Da die Rekursionstiefe aber häufig von unbekannten Daten abhängt, läuft man häufig Gefahr, daß die Rekursion wegen Überlauf des Kellers 'aussteigt'. Eine Ausnahme bildet dabei die 'endständige' Rekursion, bei der der rekursive Aufruf als letzte Anweisung in einer Prozedur steht. Von dieser Möglichkeit sollte man soweit irgend möglich, immer Gebrauch machen. Leider lassen sich aber nicht alle Rekursionen in dieser Form durchführen. Abhilfe für 'kritische' Rekursionen kann dabei die Rückkehr zum iterativen Ansatz schaffen. Besser ist jedoch der Einsatz der endständigen Rekursion mit Rückgabe; siehe dazu S. 218f.
Man sollte sich ohnehin davor hüten, die rekursive Lösung zur Sucht werden zu lassen. In vielen Fällen ist die direkte Schleifenlösung einfacher und übersichtlicher, von der sicheren Ausführung einmal abgesehen.

Was läßt sich nun insgesamt daraus folgern?

1. Man sollte einen Algorithmus nicht in LOGO formulieren, wenn man eine numerische Genauigkeit von mehr als sechs Stellen erreichen will. Das gilt insbesondere für Lösungen mit starken Rundungs- und Verfahrensfehlern.
2. Man sollte immer dann in LOGO formulieren, wenn es sich um Programme handelt, die in anderen Programmen (modular) eingesetzt werden sollen. Das gleiche gilt, wenn es sich um eine listenorientierte Verarbeitung handelt.
3. Bei rekursiven Formulierungen sollte man auf eine sichere Ausführung für die zulässigen Daten achten. Falls möglich, wähle man eine endständige Formulierung des Rekursionsaufrufes. In kritischen Fällen scheue man auch in LOGO nicht den iterativen Ansatz mit der GEHE-Anweisung. Logobezogener ist jedoch die im folgenden Abschnitt beschriebene endständige Rekursion <u>mit</u> Rückgabe des Ergebnisses.

6.2 Echte und unechte Rekursionen

Die Struktur von LOGO beruht auf zwei Hauptpfeilern, das sind die Rekursion und das Prozedurkonzept(Bausteinprinzip), wenn man von der listenorientierten Datenstruktur einmal absieht. Bei der rekursiven Formulierung vieler Beispiele stößt man auf das Problem der speicherbedingten Grenze der Rekursionstiefe. Das bedeutet in der Praxis einen Zwangsabbruch bei vielen Testbeispielen.

Als Ausweg aus dieser unbefriedigenden Lage haben sich zwei Möglichkeiten angeboten. Die erste besteht darin, daß man die Rekursion nur in 'endständiger' Form verwendet. Der Aufruf in rekursiver Weise darf dann nur ohne eine Rückgabe in der letzten Zeile vor dem ENDE erfolgen. Im Angelsächsischen spricht man dann von einer last-line-recursion oder LL-Recursion. Davon kann man besonders in IGEL-Prozeduren einen guten Gebrauch machen, siehe Abschnitt 3.6, Seite 36. Die endständige Form der Rekursion haben wir auch in den Prozeduren für die drei Kontrollstrukturen SOLANGE, WIEDER und FUER, siehe Absch. 3.7, Seite 37 f., verwendet.

Ein anderer Ausweg besteht darin, daß man die Rekursion in eine Schleife mit Hilfe von GEHE "*Marke* umwandelt, siehe etwa S. 35. Dann kann man zwar nach wie vor ein Ergebnis zurückgeben(funktionales Prinzip), die Eleganz der echten Rekursion geht jedoch verloren.

Da zwischen der Rekursion und dem Bausteinprinzip der Prozeduren ein enger Zusammenhang besteht, soll das Rekursionsproblem jetzt noch im Zusammenhang an einem Beispiel erörtert werden.

Beispiel: Es soll eine LISTE der ersten N natürlichen Zahlen hergestellt werden.

1. Lösung: Normale Rekursion mit Rückgabe des Ergebnisses

```
PR ECHT :N :LISTE
 WENN :N = 0 RUECKGABE []
 RUECKGABE SATZ ECHT :N - 1 :LISTE :N
ENDE
```

Ergebnis: Rekursives und modulares Prinzip gelten, allerdings versagt die Prozedur schon bei N-Werten unter 100.

Von LOGO-Experten wird als Ersatz für die 1.Lösung geraten:

<u>2.Lösung</u>: Endständige Rekursion <u>ohne</u> Rückgabe des Ergebnisses

```
PR ECHT? :N :LISTE
 WENN :N = 0 RUECKKEHR
 SETZE "LISTE.EX SATZ :N :LISTE.EX
 ECHT? :N - 1
ENDE
```

<u>Ergebnis</u>: Das rekursive Prinzip bleibt erhalten, das modulare und das funktionale Prinzip gehen verloren. Die Prozedur kann nur verwendet werden, wenn vorher einem bestimmten Namen, hier LISTE.EX ein Anfangswert zugewiesen wurde. Damit ist keine Unabhängigkeit von den gewählten Namen mehr gegeben.

<u>3.Lösung</u>: Schleifenform <u>mit</u> Rückgabe des Ergebnisses

```
PR ECHT? :N
 WENN :N = 0 DANN RUECKKEHR
 SETZE "LISTE.EX SATZ :N :LISTE.EX
 ECHT? :N - 1
ENDE
```

<u>Ergebnis</u>: Das rekursive Prinzip geht verloren, das modulare und das funktionale Prinzip bleiben erhalten. Außerhalb der Prozedur müssen nicht wie in der 2.Lösung Werte gesetzt werden.

Den idealen Ausweg bei Wahrung aller LOGO-Prinzipien liefert die

<u>4.Lösung</u>: Endständige Rekursion <u>mit</u> Rückgabe des Ergebnisses

```
PR ECHTER :N :LISTE
 WENN :N = 0 DANN RUECKGABE :LISTE
 ECHTER :N - 1 SATZ :N :LISTE
ENDE
```

<u>Ergebnis</u>: Alle Prinzipien gelten, die Rekursionsgrenze entfällt! Die Prozedur läßt sich funktional nur in Verbindung mit TUE verwenden, z.B. in

```
DZ TUE [ECHTER 100 []]
```

<u>Zusammenfassung.</u>

Als vollwertiger Ersatz für die volle Rekursion kommt nur die 3. oder besser die 4.Lösung in Frage, um die Rekursionsgrenze zu umgehen. Die 2.Lösung leidet an der Namensabhängigkeit. Ideal ist die 4.Lösung unter Erhaltung der Rekursion, siehe dazu die Beispiele 1/3, 7, 8, 11f., 16, 76ff.

6.3 LOGOisches und UnLOGOisches

Von vielen LOGO-Autoren werden einige Grundregeln für das Arbeiten mit LOGO pauschal vertreten. Als da sind:

1. Verwende Namen für Prozeduren und Variable stets in der Langform, damit die semantische Bedeutung erkennbar ist.
2. Setze alle Größen, die du in einer Prozedur verwendest bzw. veränderst, ohne Ausnahme in den Prozedurkopf, damit die Prozedur völlig unabhängig verwendbar ist.
3. Schreibe keine Prozedur, die außer dem Prozedurkopf und dem ENDE mehr als vier Anweisungszeilen enthält.
4. Verwende keine GEHE-Anweisung, sondern formuliere 'Schleifen' als Prozeduraufrufe.

Trotz der angegebenen Begründungen darf man diese 'Regeln' in Zweifel ziehen. Abgesehen davon, daß LOGO kein Exerzierplatz ist(Freiheit für die GEHE-Anweisung!), kann man durchaus praktische Gründe angeben, die gegen eine pauschale Anwendung dieses LOGO-Lateins sprechen:
Als gehässigen Grund könnte man ansehen, daß die meisten Regel-Autoren ihre eigenen Grundsätze zwei Seiten später selbst verletzen; sicher haben sie dafür auch Gründe.
Gehen wir die 'Regeln' mal durch:

<u>zu 1.</u>: Wenn man diese Regel konsequent anwenden wollte, würde man 'Bandwürmer' erzeugen, weil Begriffe wie z.B. GLEICHUNG,FELD, DATEN nicht eindeutig sind und Zusätze (ohne Leerstellen!) erfordern. Man wähle also einen Mittelweg, so daß eine Assoziation erhalten bleibt.

<u>zu 2.</u>: Die unkritische Anwendung dieser Regel hat folgende Konsequenzen: Die Prozeduraufrufe werden lang und damit auch unübersichtlich, vor allem, wenn Regel 1 befolgt wird. Außerdem muß man alle Änderungen in der rufenden Prozedur mit Hilfe der RUECKGABE übertragen. Die Rückgabe wird also nicht nur umständlich, sondern muß in der rufenden Prozedur erst wieder aufgelöst werden. Auch hier ist wieder ein Mittelweg zu empfehlen. Man nehme die wesentlichen Parameter in den Prozedurkopf. Der Test einer solchen Prozedur ist dann durch SETZEn der rest-

lichen Größen vor dem Prozeduraufruf immer noch bequem möglich.

zu 3.: Die pauschale Anwendung dieser Regel führt zu einer Prozedur-Schachtelung, die unübersichtlich sein kann und zu zusätzlichen Problemen bei der Rekursionstiefe beiträgt. Besonders die Rahmenprozedur soll den Grobverlauf des Algorithmus erkennen lassen und kann daher auch länger ausfallen.

zu 4.: Die GEHE-Anweisung kann uns helfen, wenn die Rekursion in einer Prozedur zu 'tief' wird und man deshalb zum iterativen Aufruf übergehen möchte. In der Rahmenprozedur kann eine GEHE-Anweisung dann sinnvoll sein, wenn das Grobkonzept eines Algorithmus dort deutlich werden soll.

Schließlich gibt es noch ein 'heiliges' Prinzip.
Man bringe sein gesamtes Programm erst zu Papier und denke nach, ob man logische Fehler gemacht hat!
"Sie predigten öffentlich Wasser und tranken heimlich Wein!"
Lassen Sie sich keine Schuldgefühle einreden und trinken Sie öffentlich LOGO-Wein!
LOGO ist eine 'experimentelle' Sprache. Sie besteht aus Bausteinen, Prozedur genannt. Entwickeln Sie Ihre Bausteine direkt am Computer. Dort können Sie sie nämlich viel besser testen als auf dem Papier!
Beim Entwickeln einer Prozedur im Dialog mit dem Computer werden Ihnen viele Ideen kommen, die das Papierstudium nicht hergibt. Damit wir uns nicht falsch verstehen: Sie müssen natürlich eine (richtige) Grundvorstellung von dem Problem und seiner Lösung haben. Ein falscher Algorithmus wird durch eine elegante LOGO-Formulierung natürlich nicht richtig. Aber LOGO hilft Ihnen, direkt am Computer die Tragfähigkeit des Ansatzes im Härtetest zu prüfen.
Als Test der LOGO-Strategie empfiehlt es sich, einige der 100 Beispiele aus dem Kopf mit steigendem Schwierigkeitsgrad nachzuentwickeln. Am besten, Sie versuchen es gleich mal.
LOGO.

Literaturhinweise

ABELSON, H.: Einführung in LOGO
(engl.: LOGO for the APPLE II 1982,
übers. und bearbeitet von H.LÖTHE)
IWT Vaterstetten 1983

GÄRTNER, G.: LOGO mit dem Commodore 64
IWT Vaterstetten 1984

HOPPE, H.U.: LOGO im Mathematikunterricht
IWT Vaterstetten 1984

HOPPE, U./LÖTHE, H.: Problemlösen und Programmieren
mit LOGO (MCP-Reihe)
TEUBNER Stuttgart 1984

McDOUGALL, A./ADAMS, T. u. P.: Einstieg in LOGO
HANSER/PRENTICE HALL 1984

SENFTLEBEN, D.: Programmieren mit Logo
CHIP Würzburg 1984

SENFTLEBEN, D.: Start mit dem Commodore-Logo
CHIP Würzburg 1984

STEIN, H.: LOGO Grafik, Sprache, Mathematik
MARKT & TECHNIK Haar b. München 1984

WATT, D: LOGO Computersprache für Eltern und Kinder
te - wi München 1985

Die in diesem Buch verwendete Beispielsammlung
liegt als BASIC-Version vor in:

K. MENZEL BASIC in 100 Beispielen, 4.Auflage
TEUBNER Stuttgart 1984

Sachverzeichnis

LOGO LOGO LOGO LOGO LOGO LOGO LOGO
OGO LOGO LOGO LOGO LOGO LOGO LOGO L
GO LOGO LOGO LOGO LOGO LOGO LOGO LO
O LOGO LOGO LOGO LOGO LOGO LOGO LOG
 LOGO LOGO LOGO LOGO LOGO LOGO LOGO
LOGO LOGO LOGO LOGO LOGO LOGO LOGO
OGO LOGO LOGO LOGO LOGO LOGO LOGO L
GO LOGO LOGO LOGO LOGO LOGO LOGO LO
O LOGO LOGO LOGO LOGO LOGO LOGO LOG
 LOGO LOGO LOGO LOGO LOGO LOGO LOGO
LOGO LOGO LOGO LOGO LOGO LOGO LOGO
OGO LOGO LOGO LOGO LOGO LOGO LOGO L
GO LOGO LOGO LOGO LOGO LOGO LOGO LO
O LOGO LOGO LOGO LOGO LOGO LOGO LOG
 LOGO LOGO LOGO LOGO LOGO LOGO LOGO
LOGO LOGO LOGO LOGO LOGO LOGO LOGO
OGO LOGO LOGO LOGO LOGO LOGO LOGO L
GO LOGO LOGO LOGO LOGO LOGO LOGO LO
O LOGO LOGO LOGO LOGO LOGO LOGO LOG
 LOGO LOGO LOGO LOGO LOGO LOGO LOGO
LOGO LOGO LOGO LOGO LOGO LOGO LOGO
OGO LOGO LOGO LOGO LOGO LOGO LOGO L
GO LOGO LOGO LOGO LOGO LOGO LOGO LO
O LOGO LOGO LOGO LOGO LOGO LOGO LOG
 LOGO LOGO LOGO LOGO LOGO LOGO LOGO
LOGO LOGO LOGO LOGO LOGO LOGO LOGO
OGO LOGO LOGO LOGO LOGO LOGO LOGO L
GO LOGO LOGO LOGO LOGO LOGO LOGO LO
O LOGO LOGO LOGO LOGO LOGO LOGO LOG
 LOGO LOGO LOGO LOGO LOGO LOGO LOGO
LOGO LOGO LOGO LOGO LOGO LOGO LOGO
OGO LOGO LOGO LOGO LOGO LOGO LOGO L
GO LOGO LOGO LOGO LOGO LOGO LOGO LO
O LOGO LOGO LOGO LOGO LOGO LOGO LOG
 LOGO LOGO LOGO LOGO LOGO LOGO LOGO
LOGO LOGO LOGO LOGO LOGO LOGO LOGO
OGO LOGO LOGO LOGO LOGO LOGO LOGO L
GO LOGO LOGO LOGO LOGO LOGO LOGO LO
O LOGO LOGO LOGO LOGO LOGO LOGO LOG
 LOGO LOGO LOGO LOGO LOGO LOGO LOGO
LOGO LOGO LOGO LOGO LOGO LOGO LOGO
OGO LOGO LOGO LOGO LOGO LOGO LOGO L
GO LOGO LOGO LOGO LOGO LOGO LOGO LO
O LOGO LOGO LOGO LOGO LOGO LOGO LOG
 LOGO LOGO LOGO LOGO LOGO LOGO LOGO
LOGO LOGO LOGO LOGO LOGO LOGO LOGO
OGO LOGO LOGO LOGO LOGO LOGO LOGO L
GO LOGO LOGO LOGO LOGO LOGO LOGO LO
O LOGO LOGO LOGO LOGO LOGO LOGO LOG
 LOGO LOGO LOGO LOGO LOGO LOGO LOGO

Liste der LOGO-Beispiele (fortlaufend)

Liste der LOGO-Beispiele (alphabetisch)

MikroComputer-Praxis

DISKETTEN

Die nachstehenden Disketten ($5^1/_4$ Zoll) enthalten die Programme der gleichnamigen zugehörigen Bücher, wobei Verbesserungen oder vergleichbare Änderungen vorbehalten sind.

Duenbostl/Oudin/Baschy: **BASIC-Physikprogramme 2**
Diskette für Apple II
Empf. Preis DM 52,–
Diskette für C 64 / VC 1541, CBM-Floppy 2031, 4040; SIMON'S BASIC
Empf. Preis DM 52,–

Erbs: **33 Spiele mit PASCAL**
. . . und wie man sie (auch in BASIC) programmiert
Diskette für Apple II; UCSD-PASCAL Empf. Preis DM 46,–

Grabowski: **Computer-Grafik mit dem Mikrocomputer**
Diskette für Apple II
Empf. Preis DM 48,–
Diskette für C 64 / VC 1541, CBM-Floppy 2031, 4040
Empf. Preis DM 48,–
Diskette für CBM 8032, CBM-Floppy 8050, 8250; Commodore-Grafik
Empf. Preis DM 48,–

Hainer: **Numerik mit BASIC-Tischrechnern**
Diskette für C 64 / VC 1541; CBM-Floppy 2031, 4040 Empf. Preis DM 48,–

Hoppe/Löthe: **Problemlösen und Programmieren mit LOGO**
Ausgewählte Beispiele aus Mathematik und Informatik
Diskette für Apple II; IWT-LOGO
Empf. Preis DM 42,–
Diskette für C 64 / VC 1541; CBM-Floppy 2031, 4040
Empf. Preis DM 42,–

Lehmann: **Projektarbeit im Informatikunterricht**
Entwicklung von Softwarepaketen und Realisierung mit PASCAL
Diskette „ZINSY" (Zeitschriften-Informationssystem) für Apple II; UCSD-PASCAL
Empf. Preis DM 46,–
Diskette „MUCHO" (Multiple Choice-Test) für Apple II; UCSD-PASCAL
Empf. Preis DM 46,–

Lehmann: **Lineare Algebra mit dem Computer**
Diskette für Apple II; UCSD-PASCAL
Empf. Preis DM 46,–

Menzel: **BASIC in 100 Beispielen**
Diskette für Apple II; DOS 3.3 Empf. Preis DM 42,–
Buch mit Beilage Diskette für CBM-Floppy 8050, 8250 DM 62,–
Diskette für C 64 / VC 1541; CBM-Floppy 2031, 4040 Empf. Preis DM 42,–

Menzel: **Dateiverarbeitung mit BASIC**
Diskette für Apple II; DOS 3.3 bzw. CP/M Empf. Preis DM 48,–
Diskette für C 64 / VC 1541; CBM-Floppy 2031, 4040 In Vorbereitung

Preisänderungen vorbehalten

B. G. Teubner Stuttgart

MikroComputer-Praxis
DISKETTEN

Die nachstehenden Disketten (5¹/₄ Zoll) enthalten die Programme der gleichnamigen zugehörigen Bücher, wobei Verbesserungen oder vergleichbare Änderungen vorbehalten sind.

Fortsetzung

Menzel: **LOGO in 100 Beispielen**
Diskette für Apple II; MIT-Logo, dt. IWT-Version
Empf. Preis DM 42,–
Diskette für C 64 / VC 1541; CBM-Floppy 2031, 4040
Empf. Preis DM 42,–

Mittelbach: **Simulationen in BASIC**
Diskette für Apple II; DOS 3.3 Empf. Preis DM 46,–
Diskette für C 64 / VC 1541; CBM-Floppy 2031, 4040
Empf. Preis DM 46,–
Diskette für CBM 8032, CBM-Floppy 8050, 8250
Empf. Preis DM 46,–

Nievergelt/Ventura: **Die Gestaltung interaktiver Programme**
Buch mit Beilage Diskette für Apple II; UCSD-PASCAL DM 62,–

Ottmann/Schrapp/Widmayer: **PASCAL in 100 Beispielen**
Diskette für Apple II; UCSD-PASCAL Empf. Preis DM 48,–

Die Reihe wird durch weitere Bände und Disketten fortgesetzt.

Preisänderungen vorbehalten

B. G. Teubner Stuttgart